智能制造专业“十三五”规划教材
西门子（中国）有限公司官方指定培训教材
机械工业出版社精品教材

五轴数控系统加工编程与操作

主　编　贺琼义　杨铁峰
副主编　韩加喜　李晓辉　师小明　李　杰
参　编　余　旋　魏长江　刁文海　李　晨　李昌宝
　　　　王展超　沈　梁　王同刚　沈建楠　方　仁
　　　　薄向东　鲍　磊　邓中华
主　审　张敬毅

机械工业出版社

本书系统地介绍了五轴数控系统加工编程与操作方法。本书主要内容包括：五轴数控机床分类及典型应用，五轴加工坐标系转换，五轴空间变换定向加工基础，五轴空间变换定向加工进阶，五轴联动加工旋转刀具中心点手动编程，五轴数控机床工件测头应用。

本书可供职业技术院校、技工学校数控专业师生使用，还可供相关技术人员参考。

图书在版编目（CIP）数据

五轴数控系统加工编程与操作 / 贺琼义，杨轶峰主编．—北京：机械工业出版社，2019.9（2025.2 重印）
智能制造专业“十三五”规划教材
ISBN 978-7-111-62962-7

Ⅰ．①五…　Ⅱ．①贺…②杨…　Ⅲ．①数控机床－加工－高等职业教育－教材②数控机床－程序设计－高等职业教育－教材　Ⅳ．①TG659

中国版本图书馆 CIP 数据核字（2019）第 195291 号

机械工业出版社（北京市百万庄大街 22 号　邮政编码 100037）
策划编辑：赵磊磊　侯宪国　责任编辑：赵磊磊
责任校对：王　欣　　　　　责任印制：李　昂
北京捷迅佳彩印刷有限公司印刷
2025 年 2 月第 1 版第 6 次印刷
184mm × 260mm · 13.5 印张 · 356 千字
标准书号：ISBN 978-7-111-62962-7
定价：45.00 元

电话服务　　　　　　　　　网络服务
客服电话：010-88361066　机　工　官　网：www.cmpbook.com
　　　　　010-88379833　机　工　官　博：weibo.com/cmp1952
　　　　　010-68326294　金　　书　　网：www.golden-book.com
封底无防伪标均为盗版　　机工教育服务网：www.cmpedu.com

序

第一代SINUMERIK数控系统的样机，今天还静静地躺在德意志博物馆里，仿佛在诉说着历史的变迁和技术的发展。SINUMERIK数控系统作为德国近现代工业发展历史的一部分，被来自世界各地的广大用户信任、依赖，并且成为制造业现代化和大国崛起的重要支撑力量。

SINUMERIK平台采用统一的模块化结构、统一的人机界面和统一的指令集，使得学习SINUMERIK数控系统的效率很高。读者通过对本书的学习就可以大大简化对西门子数控系统的学习过程。

零件加工过程，本质上是一个工程任务。作为完成这样一个工程任务的载体，SINUMERIK数控系统本身也凝结了很多严谨的工程思维和近乎苛刻的工程实施方法与步骤。所以说，SINUMERIK数控系统完美地展示了德国式的工程思维逻辑和过程方法论。

在数字化浪潮席卷各个行业、诸多领域的今天，工业领域比以往任何时候都更需要具有工匠精神的工程师和技工。他们受过良好的操作训练，掌握扎实的基础理论知识，有着敏感的互联网思维，深谙严谨的工程思维和方法论。

期待本书和其他西门子公司支持的书籍一样，能够为培养中国制造领域的创新型人才尽一份力，同时也为广大工程技术人员提供更多技术参考。

西门子（中国）有限公司
数字化工业集团运动控制部
机床数控系统总经理
杨大汉

前言
PREFACE

数控技术是制造系统的动力源泉，集机械制造、自动化控制、微电子、信息处理等技术于一身，在实现制造智能化、自动化、集成化、网络化的过程中占据着举足轻重的地位。传统意义上认为，五轴数控技术是数控技术中难度最大、最高端的组成部分，但是随着五轴数控系统 HMI 人机对话图形编程界面的不断成熟，许多复杂的多面零件空间加工编程只需要在动态图形界面输入参数就可以完成。同时，数控系统自带的曲面优化、高速高精、防碰撞功能和 CAM 软件的结合，更进一步降低了五轴数控技术的门槛。从市场需求角度看，智能制造时代，对制造业产品定制化、柔性化等方面的需求，更离不开五轴数控技术的柔性化功能特点及定制化生产优势。目前，不同档次的五轴数控设备以每年近万台的速度进入市场，开始大量应用于不同层次的制造型企业。但随之而来的问题是，人才需求缺口对院校及培训机构提出了重大挑战。

本书就是在这个背景下应运而生的。本书系统地介绍了五轴数控技术的特点、相关应用、加工编程与操作方法，通过典型案例深入浅出地帮助读者掌握该技术。本书主要特色如下：

1. 编写人员来自知名数控系统厂家、企业及学校，内容采用任务驱动模式编写，充分体现了校企合作的编写特点。

2. 多名编写人员曾在全国数控技能大赛决赛、省赛的五轴组赛项荣获冠军称号，实战经验丰富。

3. 教材着力帮助读者解决五轴空间变换的问题，从而提升主动防碰撞意识，减少教学及培训过程中生产设备的误撞，避免后续学习自动编程时缺乏直观变换思考，为学习 CAM 技术打下坚实基础。

本书可供数控技术人员使用，也可供职业技术院校、技工学校的数控专业师生使用。由于西门子 840D sl 系统是数届世界技能大赛五轴设备的唯一指定数控系统，也是全国数控技能大赛五轴设备的指定数控系统，故本书还可供国际、国内数控、模具加工类比赛选手和培训机构参考。

本书由贺琼义、杨铁峰担任主编，韩加喜、李晓辉、师小明、李杰担任副主编，余旋、魏长江、刁文海、李晨、李昌宝、王展超、沈梁、王同刚、沈建楠、方仁、薄向东、鲍磊、邓中华参加编写。本书由张敬毅担任主审。本书的编写还得到了西门子（中国）有限公司机床数控系统教育行业经理李建华的大力支持。在此一并致谢。

在本书编写过程中，所有的编写人员及所在单位均给予了全力支持，在此对全体编写人员及编写人员所在单位表示衷心感谢。让我们共同努力推动五轴加工技术在我国的普及！

由于编写时间仓促，书中错误在所难免，请广大读者批评指正。

编者

目录
CONTENTS

绪 论

INTRODUCTION

五轴加工技术是未来制造业发展的重要技术，但是对五轴技术的理解需要放在未来工业领域的大背景中。目前，工业领域正在全球范围内发挥越来越重要的作用，是推动科技创新、经济增长和社会稳定的重要力量。但与此同时，市场竞争变得越发激烈，制造企业也经受着日益严峻的挑战。例如，为了在激烈的全球竞争中保持优势，制造企业要最大化利用资源，将生产变得更加高效；同时，尽可能地缩短产品上市时间，对市场的响应更加快速；为满足市场多元化的需求，制造企业还要快速实现各环节的灵活变动，将生产变得更加柔性。针对这些挑战，大量的国际制造业领军企业，关注于制造企业的整体数字化解决方案，尤其是机床数字化。它可以帮助企业实现数字化转型，直面挑战，抓住机遇，缩短产品上市时间，提高生产效率和灵活性，在激烈的市场竞争中立于不败之地。

在中国，随着“中国制造 2025”的提出，数字化制造技术大面积应用。五轴加工技术作为数字化制造领域的高层次技术，应用范围不断扩大。它与高档数控机床、航空航天、海洋工程装备及高技术船舶等多个“中国制造 2025”重点领域直接相关，推动了制造业的转型升级，提升了产品的制造精度和效率。新一代大型运载火箭长征五号、国产大飞机 C919 等国家重大科技进展的背后，都离不开五轴加工技术的飞速发展。尤其是在航空航天结构件、发动机零部件等领域批量应用，使其成为国计民生重要行业的关键制造技术。与此同时，机床数字化更有力地推动着高端制造业的快速发展。

机床数字化是机床最终用户和机床制造厂商应对市场需求的变化等诸多挑战，降低成本，提高生产质量、生产灵活性和生产效率，缩短客户和市场需求响应时间，开创全新、创新业务领域，提升市场竞争力的利器。下面以图 0-1 所示西门子提供的基于针对“机床最终用户”和“机床制造厂商”两种不同维度的机床制造业数字化解决方案为例进行介绍（基于机床制造业车间数字化 IT 框架）：

1. 机床最终用户数字化解决方案

图 0-2 所示是西门子提供的涵盖整个产品生命周期的全数字化方案。它涉及产品设计、生产规划、生产工程、生产执行、服务五大环节。用户可以使用 NX-CAD 和 NX-CAM 来高效、精确地设计从产品研发到零件生产的全部过程。此外，所有环节基于统一的数据管理平台 Teamcenter 共享数据，互相支持和校验，实现设计产品和实际产品的高度一致，数字化双胞胎在整个过程中发挥着重要作用。

1）产品设计阶段。在产品设计阶段，依托 CAD 软件可以协助用户方便高效地完成五轴加工工件的 3D 模型设计，如图 0-3 所示。

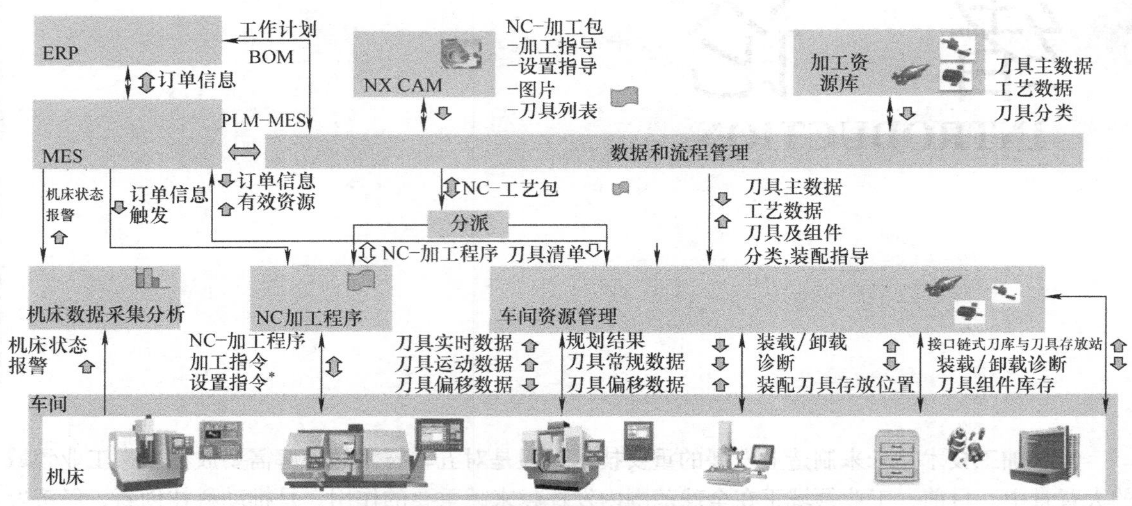

图 0-1　机床制造业车间数字化具体方案

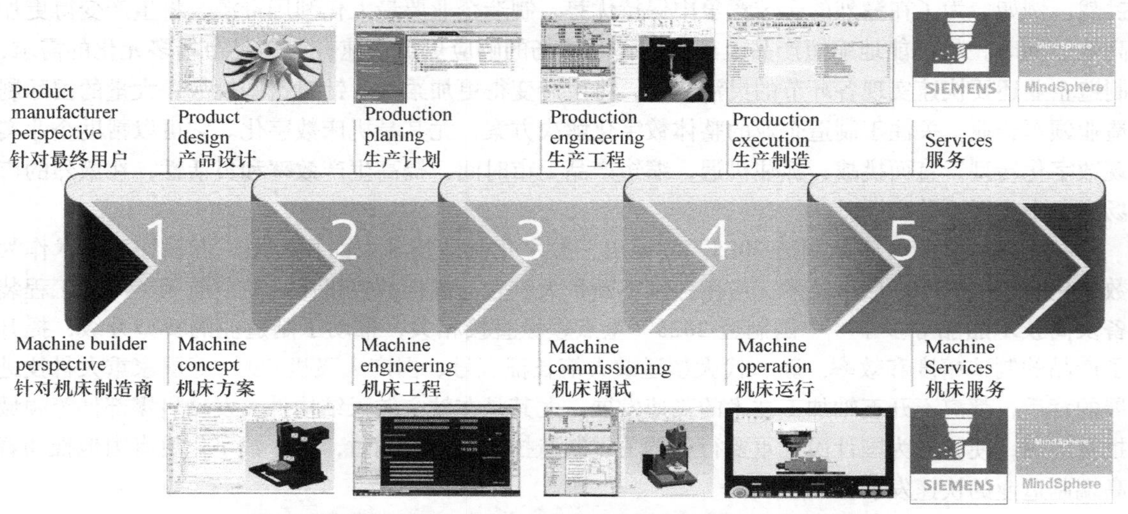

图 0-2　“机床用户”和制造厂商不同维度数字化解决方案

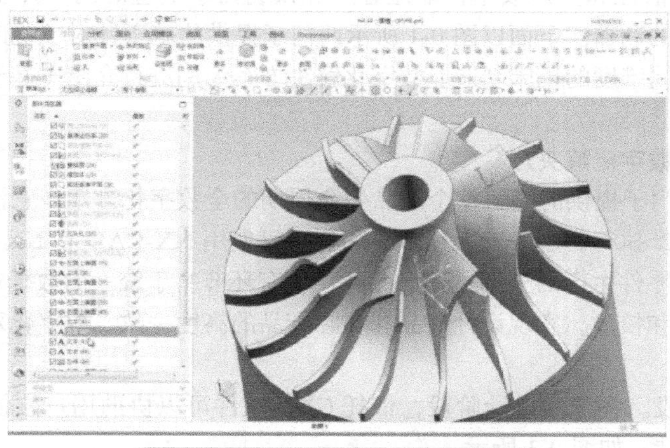

图 0-3　CAD 软件完成的 3D 模型

2）生产计划阶段。在生产计划阶段，基于产品生命周期管理系统 Teamcenter 软件中的工件工艺规划模块 Part Planner，可以协助我们进行科学、透明、可追溯的资源规划，包括工件加工所需的机床、夹具、刀具等。

3）生产工程阶段。在生产工程阶段可以运用数字化双胞胎 - 虚拟机床技术，如图 0-4 所示。在 CAM 软件帮助我们快速创建加工所需的加工程序、刀具清单等基础上，在实际加工之前，凭借基于 CAM 和 VNCK（虚拟 SINUMERIK 840D sl 数控系统）集成构建的虚拟机床，进行与真实五轴机床近乎 100% 仿真加工各种复杂零件，提前验证数控加工程序的正确性。同时发现并且规避可能的机械干涉和碰撞，精确预知生产节拍，为后续生产执行阶段的实际工件在真实机床上的加工提供安全保障，缩短试制时间，使机床加工在早期就实现最优化，最大限度提高工件加工表面质量和提升产能。

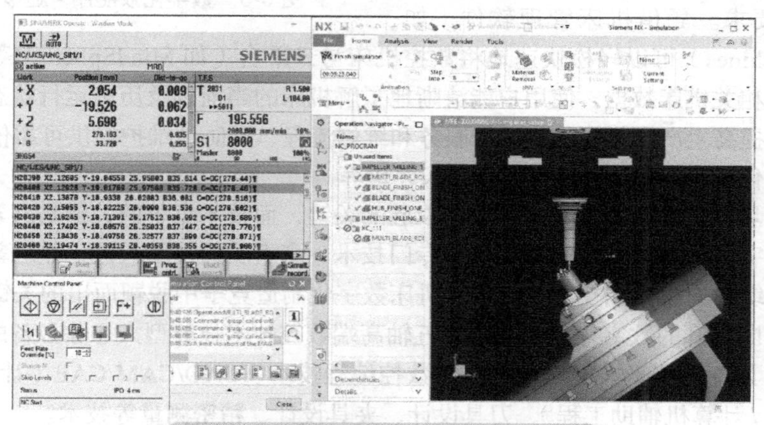

图 0-4　数字化双胞胎 - 虚拟机床技术

另一层面，数字化的支柱是全部机床设备的网络化、丰富的车间资源管理软件和 SINUMERIK Integrate 模块为该过程提供高效透明的刀具管理软件，让加工所需刀具的库存数量和存放位置一目了然，刀具安装、实际尺寸的测量和数据的输入方便可靠，使原本复杂的切削刀具管理变得清晰可控，进而提高资源利用率和灵活性，极大地减少刀具库存成本。使用机床性能分析软件可以实时采集机床状态，并完美地显示和分析机床的整体设备效率（OEE）、可用性，并且可以将这些数据上传到制造执行系统 MES，用于生产安排，从而使机床产能最大化。

2. 机床制造商数字化解决方案

对于机床制造商而言，可从机床方案、机床工程、机床调试、机床运行，直至机床服务的整个产品生命周期应用全数字化方案。在机床开发周期的最初阶段，机床制造商可以使用机电一体化概念设计系统软件（MCD），根据系统工程原则跟踪客户的要求，完成机床的设计。

1）在机床方案设计阶段。利用机电一体化概念设计软件（MCD），机械工程师可进行设备的三维形状和运动学的详细建模设计，可为机床工程和机床调试准备好模型。

2）在机床工程阶段。电气工程师可根据模型数据选择最佳的传感器和执行器等，如从 MCD 软件里导出数据到电动机驱动等选型软件 Sizer 软件中，进行电动机选型和系统配置。

3）在机床调试阶段。在机床进入物理生产之前，软件编程人员可以根据模型数据设计机械的基本逻辑控制的虚拟行为（图 0-5），并结合真实的 SINUMERIK 840D sl 开放型数控系统和机床的 3D 模型进行虚拟调试，实现和实际机床一模一样的整个机床的调试、测试和功能验证。

图 0-5　数字化双胞胎 - 虚拟调试技术

以上三个阶段，机械、电气和软件设计人员并行协同工作，并可对设计概念进行仿真、评估、验证，提前验证设计需求的合理性及可行性，避免方案设计上的错误和经济损失，并缩短多达 50%~65% 的实际调试时间，大大提高产品研发速度和缩短设计周期。

另一层面，借助集成自动化 TIA 博图 WinCC，无须具备高级语言编程技能，任何熟悉工艺的专业人员都能创建用于操作和监视的机床界面，使机床操作变得简单、高效，并满足个性化的要求。凭借机床管理软件（如 Manage My Machines）可以轻松快速地将数控机床与云平台（如 MindSphere）等相连，实时采集、分析和显示相关机床数据，使用户能清晰地了解机床的当前以及历史运行状态，从而为缩短机床停机时间、提高生产产能、优化生产服务和维修流程、预防性维护提供可靠依据。

3. 机床数字化解决方案需要高素质技能人才培养

在未来的市场竞争中，技术竞争将成为取胜的关键，而技术竞争的关键是高素质技能人才的竞争。在整个数字化解决方案中，拥有具有专门技术、高素质的技术人员，熟练掌握智能制造领域开放性数控系统的周边高端技术，就成为机床数字化制造竞争中脱颖而出的关键。

为了满足不断提升的数字化技术变化，五轴高端数控技术技能型人才除必备的机械制造基础知识外，还需要具备：基于人机对话的高端数控编程技术、CAD/CAM/CAE（计算机辅助设计 / 计算机辅助制造 / 计算机辅助工程）、刀具设计、夹具设计、精密测量等技术。

项目 1
CHAPTER 1

五轴数控机床分类及典型应用

学习任务

任务 1.1　五轴数控机床常见分类及特点
任务 1.2　五轴加工特点及优势
任务 1.3　五轴加工典型应用
任务 1.4　五轴加工方式分类
任务 1.5　五轴数控系统与编程方法
任务 1.6　五轴加工相关工艺系统

学习目标

知识目标

- 根据机床各坐标轴位置识别五轴数控机床的三大主要类型
- 了解五轴加工特点与优势
- 了解五轴数控机床常用行业及其典型零件
- 比较五轴同步加工与定向加工的特点及区别
- 了解五轴人机对话数控系统的特点及编程方法
- 归纳五轴常见工艺系统，如刀具系统、夹具的分类及特点

技能目标

- 能够根据机床结构进行区分并说出五轴数控机床所属类型
- 能够根据五轴典型零件的形状及特点分辨其所属行业领域
- 能够根据图样和零件特点选用五轴加工的方式
- 能够以 SINUMERIK 840D sl 五轴数控系统为例说出五轴加工的编程方法
- 能够根据图样和零件特点识别常用工艺系统产品，如刀具系统、夹具

本项目学习任务思维导图如下：

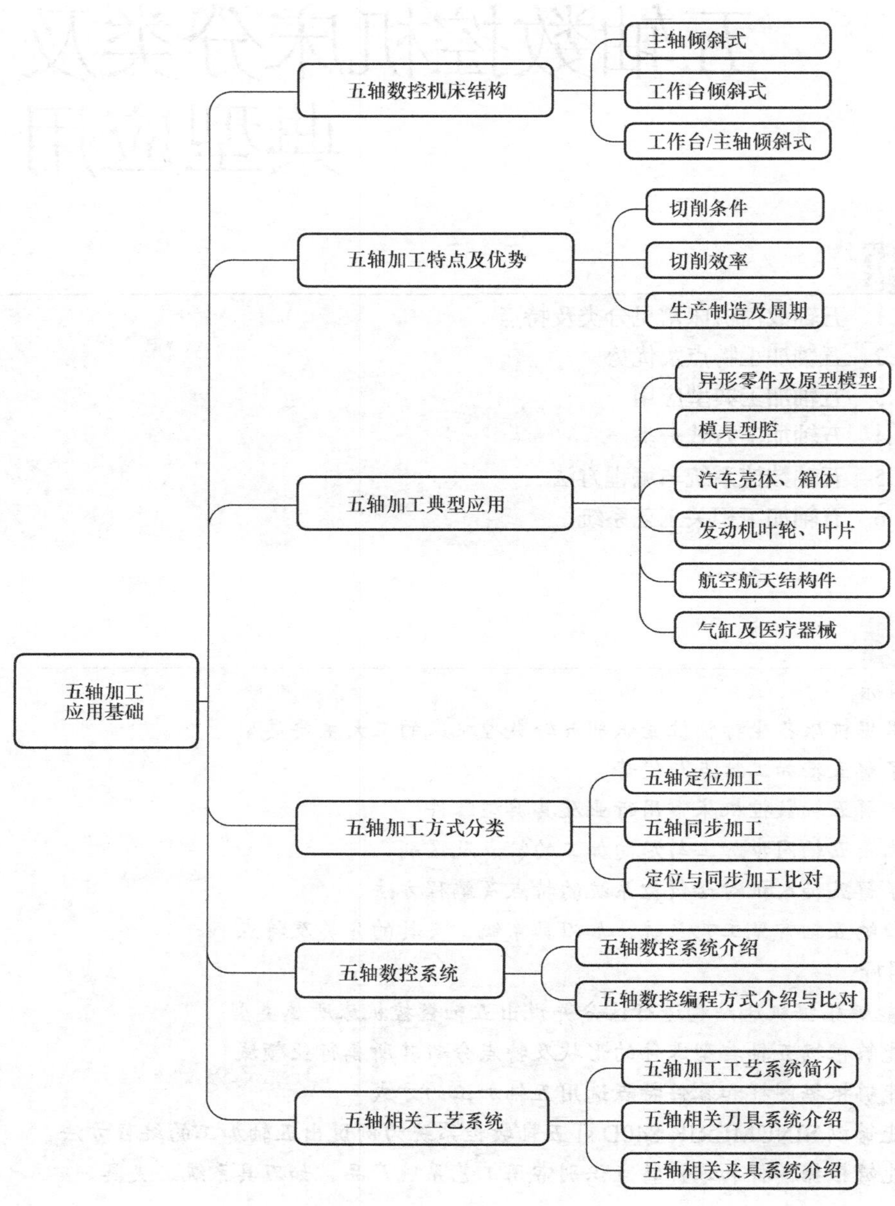

任务 1.1　五轴数控机床常见分类及特点

五轴数控机床（5-Axis），指的是 X、Y、Z 三根常见的直线轴上加上 A、B、C 三轴中的两根旋转轴，其中两根旋转轴具有不同的运动方式。为满足不同产品的加工需求，从五轴加工中心的机械设计角度分为多种运动模式，主要有工作台转动和主轴头摆动两种，通过不同的组合，主要有主轴倾斜式、工作台倾斜式以及工作台 / 主轴倾斜式三大类形式。

1.1.1　主轴倾斜式五轴数控机床

两个旋转轴都在主轴头一侧的数控机床，称为主轴倾斜式五轴数控机床（或称为双摆头结构五轴机床）。主轴倾斜式五轴数控机床是目前应用较为广泛的五轴数控机床形式之一，这类五轴数控机床的结构特点是，主轴运动灵活，工作台承载能力强且尺寸可以设计得非常大。该结构的五轴数控机床，适用于加工船舶推进器、飞机机身模具、汽车覆盖件模具等大型零部件，但将两个旋转轴都设置在主轴头一侧，使得旋转轴的行程受限于机床的电路线缆，无法进行 360° 回转，且主轴的刚性和承载能力较低，不利于重载切削。该类机床主要可以分为以下两个结构形式：

1）图 1-1 所示为十字交叉型双摆头五轴数控机床结构，一般该结构的旋转轴部件 A 轴（或者 B 轴）与 C 轴在结构上十字交叉，且刀轴与机床 Z 轴共线。

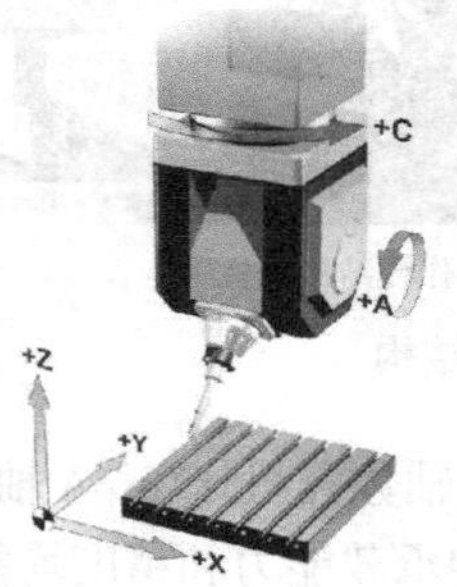

a) 十字交叉型双摆头结构

b) 十字交叉型双摆头结构的机床

图 1-1　十字交叉型双摆头五轴数控机床结构

2）如图 1-2 所示为刀轴俯垂型摆头五轴数控机床结构。刀轴俯垂型摆头结构又称为非正交摆头结构，即构成旋转轴部件的轴线（B 轴或者 A 轴）与 Z 轴成 45° 夹角。刀轴俯垂型摆头五轴数控机床通过改变摆头的承载位置和承载形式，有效提高了摆头的强度和精度，但采用非正交形式会增加回转轴的操作难度和 CAM 软件后置处理的定制难度。

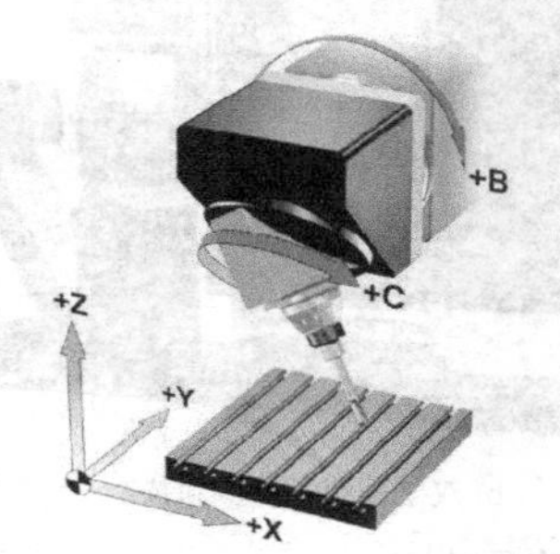

a) 刀轴俯垂摆头结构

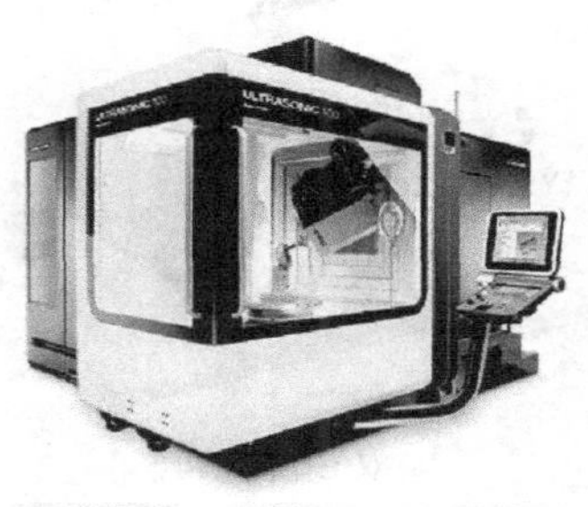

b) 刀轴俯垂摆头结构的机床

图 1-2　刀轴俯垂型摆头五轴数控机床结构

1.1.2 工作台倾斜式五轴数控机床

两个旋转轴都在工作台一侧的数控机床，称为工作台倾斜式五轴数控机床（或称为双转台五轴结构机床）。这种结构的五轴数控机床特点在于主轴结构简单，刚性较好，制造成本较低。工作台倾斜式五轴数控机床的C轴回转台可以无限制旋转，但由于工作台为主要回转部件，尺寸受限，且承载能力不大，因此不适合加工过大的零件。工作台倾斜式五轴数控机床可以进一步分为以下两种结构形式：

1）图1-3所示为B轴俯垂工作台五轴数控机床，B轴为非正交45° 回转轴，C轴为绕Z轴回转的工作台。该结构的五轴数控机床能够有效减小机床的体积，使机床的结构更加紧凑，但由于摆动轴为单侧支撑，因此在一定程度上降低了转台的承载能力和精度。

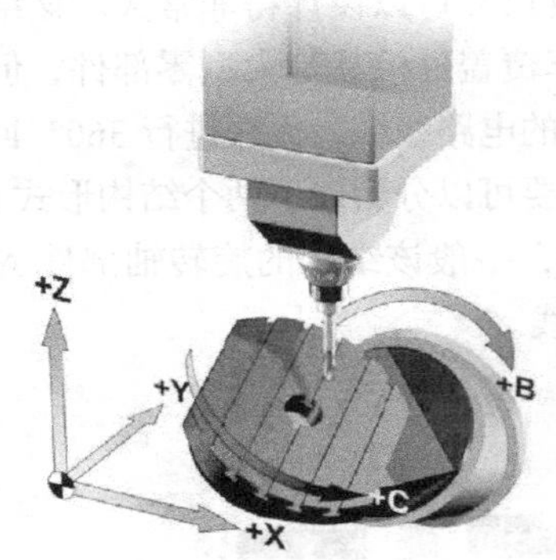

a) 俯垂工作台结构

b) 俯垂工作台结构的机床

图1-3 B轴俯垂工作台五轴数控机床结构

2）图1-4所示为双工作台五轴数控机床（或称为摇篮式五轴数控机床），A轴绕X轴摆动，C轴绕Z轴旋转。该结构是目前最常见的五轴结构，其工作台的承载能力和精度均能够控制在用户期望的使用范围内，且根据不同的精度需求，可以选择摆动轴单侧驱动和双侧驱动两种形式，从而更加有效地改善回转轴的机械精度。但由于床身铸造及制造的工艺限制，目前加工范围最大的双工作台五轴数控机床的工作直径只能被限制在1400mm之内。

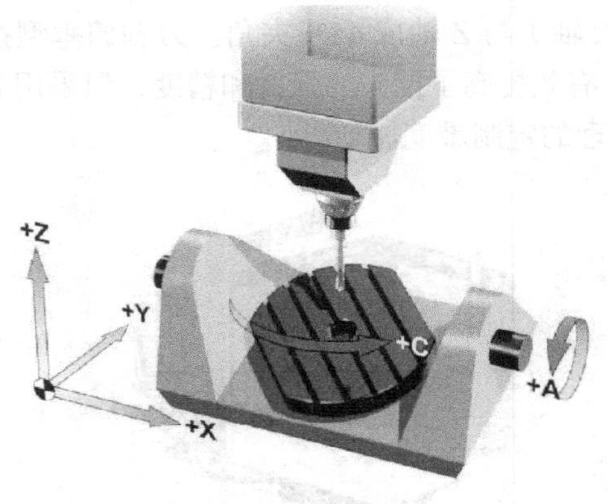

a) 双工作台结构

b) 双工作台结构的机床

图1-4 双工作台五轴数控机床结构

1.1.3　工作台 / 主轴倾斜式五轴数控机床

两个旋转轴中的主轴头设置在刀轴一侧，另一个旋转轴在工作台一侧，该结构称为工作台 / 主轴倾斜式五轴数控机床（或称为摆头转台式五轴数控机床）。此类机床的特点在于，旋转轴的结构布局较为灵活，可以是 A、B、C 三轴中的任意两轴组合，其结合了主轴倾斜和工作台倾斜的优点，加工灵活性和承载能力均有所改善。图 1-5 所示为工作台 / 主轴倾斜式五轴数控机床结构。

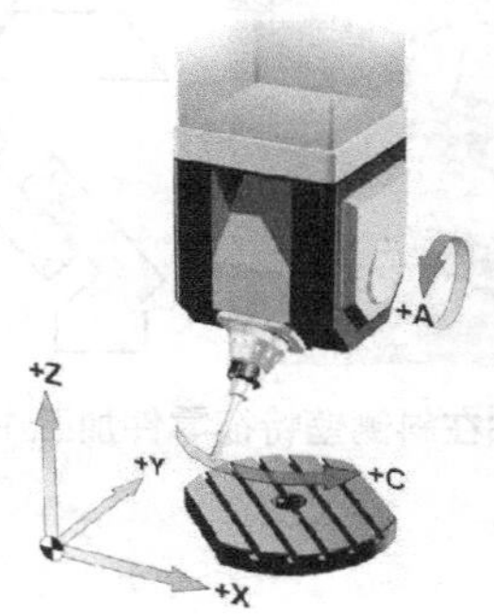

a) 工作台/主轴倾斜式结构

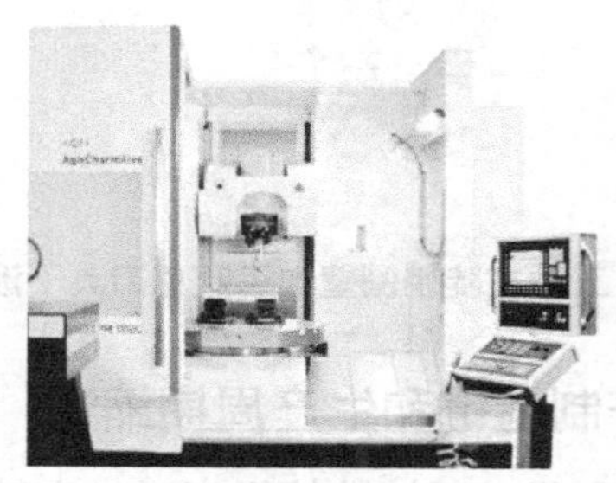

b) 工作台/主轴倾斜式结构的机床

图 1-5　工作台 / 主轴倾斜式五轴数控机床结构

任务 1.2　五轴加工特点及优势

与三轴数控加工设备相比，五联动数控机床有以下特点及优势。

1.2.1　改善切削状态和切削条件

如图 1-6a 所示，左图为三轴切削方式，当切削刀具向顶端或工件边缘移动时，切削状态逐渐变差。为保持最佳切削状态，就需要旋转工作台。如果要完整加工不规则平面，还需要将工作台向不同方向多次旋转。由图 1-6b 所示刀尖位置比对图可知，五轴机床偏转刀具可以避免球头立铣刀中心点切削速度为 0（图 1-6b 左）的情况，获得更好的表面质量。

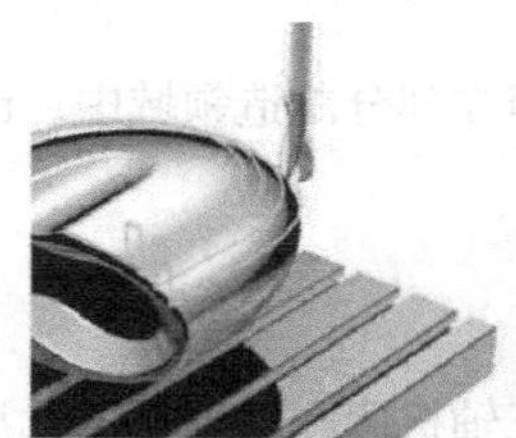

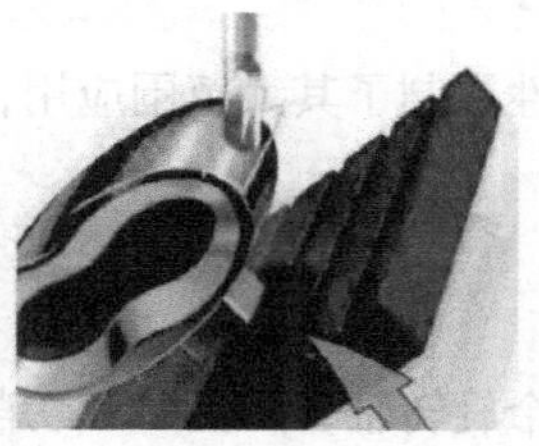

a) 三轴切削与五轴切削方式

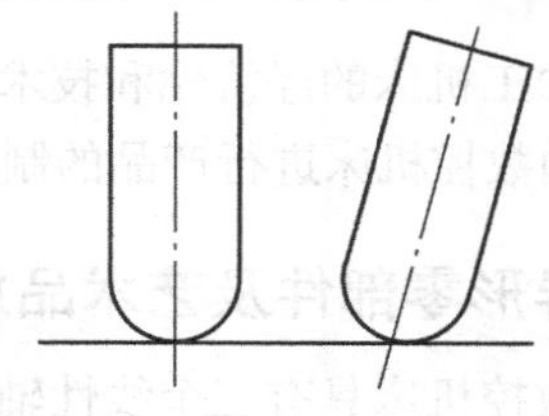

b) 球头立铣刀刀尖位置比对图

图 1-6　五轴切削加工优势对比

1.2.2　效率提升与干涉消除

如图 1-7 所示，针对叶轮、叶片和模具陡峭侧壁加工，三轴数控机床由于干涉问题无法满足加工要求，五轴数控机床则可以通过刀轴空间姿态角控制，完成此类加工内容。同时五轴数控机床的刀轴姿态角控制，可以实现短刀具加工深型腔，有效提升系统刚性，减少刀具数量，避免专用刀具，扩大通用刀具的使用范围，从而降低了生产成本。此外，如图 1-8 所示，对于一些倾斜面，五轴数控加工能够利用刀具侧刃以周铣方式完成零件侧壁切削，从而提高加工效率和表面质量。而同样的加工内容，三轴数控加工则依靠刀具的分层切削和后续打磨来逼近倾斜面。

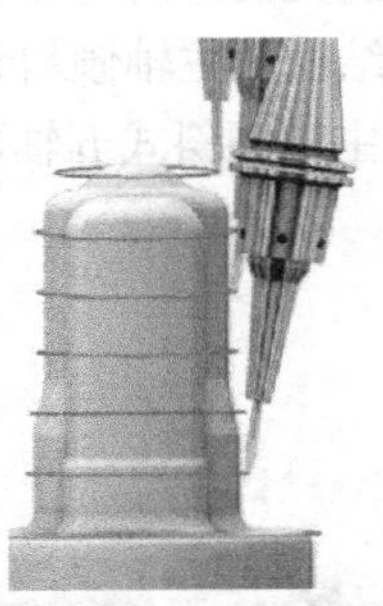

图 1-7 五轴在陡峭侧壁加工避免刀具干涉

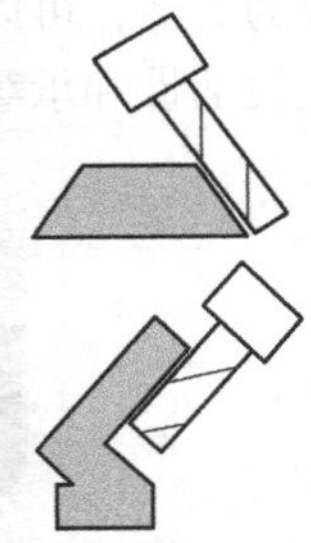

图 1-8 五轴在斜侧壁特征零件加工中的应用

1.2.3 生产制造链和生产周期缩短

如图 1-9 所示，五轴数控机床通过主轴头偏摆进行侧壁加工，不需要多次零件装夹，有效减少了定位误差，提高了加工精度。同时五轴数控机床制造链的缩短，设备数量、工装夹具、车间占地面积和设备维护费的减少，更有效地提升了加工质量。此外，生产制造过程链的缩短，使生产管理和计划调度得以简化。复杂零件的五轴加工相对于传统工序分散的加工方法更具优势。尤其在航空航天、汽车等领域，具备高柔性、高精度、高集成性和完整加工能力的五轴数控机床，能够很好地解决新产品研发过程中复杂零件加工的精度和周期问题，大大缩短新产品研发周期和研发成功率。

图 1-9 五轴一次装夹加工多面航空结构件

任务 1.3 五轴加工典型应用

五轴加工机床的经济性和技术复杂性限制了其大范围应用，但在部分制造领域中，已经普遍采用了五轴数控机床进行产品的制造。

1.3.1 异形零部件及艺术品加工

五轴数控机床具有三个线性轴和两个旋转轴，刀具可以切削三轴机床和四轴机床无法切削的位置，尤其是对于一些非对称且不在一个基准平面上的异形零部件，具有一次装夹、一次加工成形的优势，在异形零部件加工及艺术品的样品原型雕刻（图 1-10）中应用广泛。

1.3.2 模具制造领域应用

五轴数控机床能够进行负角度曲面和大尺寸复杂曲面的铣削加工，且刀轴矢量的自由控制可以避免球头立铣刀的静点切削，从而有效提高模具曲面的铣削效率和质量。五轴加工技术在模具制造中应用较广，如曲面、清角、深腔、空间角度孔等的加工。五轴加工技术能够解决模具中超高型芯和超深型腔等加工难题，尤其是汽车覆盖件等大型模具，如图 1-11 所示。当型腔和型芯的深度远大于刀具悬伸长度时，五轴数控机床依靠刀轴矢量的自由控制，避开加工过程中的干涉位置，以较短的刀具悬伸长度，加工大于刀具长度几倍甚至十几倍的型芯或者型腔。

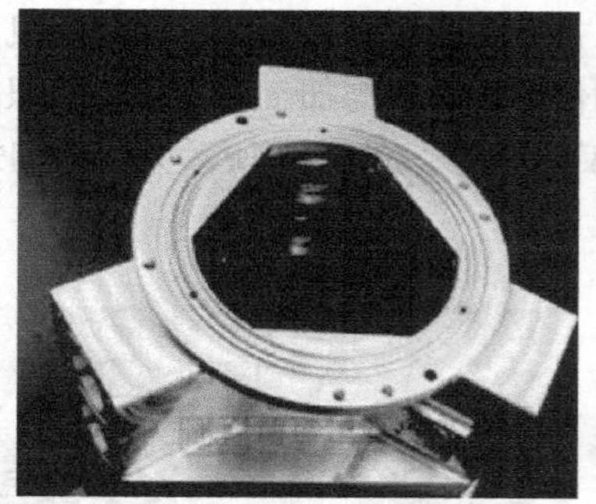
a) 异形零件加工

b) 艺术品模型加工

图 1-10　异形零部件及艺术品模型加工

a) 复杂型芯加工

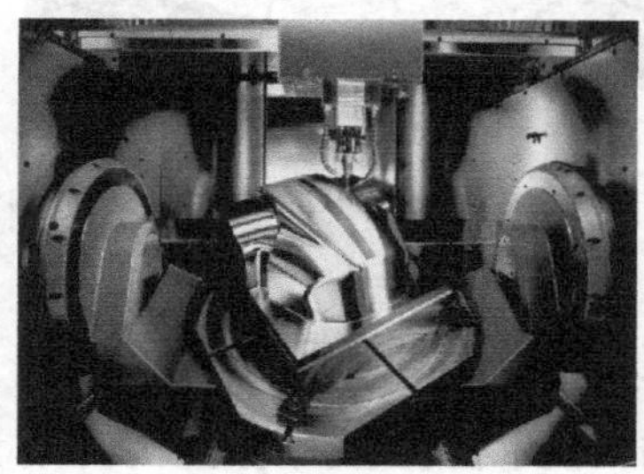
b) 冲压模具加工

图 1-11　模具加工制造

1.3.3　汽车领域结构壳体及箱体加工

汽车壳体和箱体类零件在传统加工中工艺复杂，且由于零件中的孔较多，孔与孔之间具有位置公差。此外，一般箱体零件的每个面都有待加工内容，因此此类零件的加工一般需要制作专用夹具，对零件进行多工序加工，以满足批量和精度等要求。故工序的分散和专用夹具的应用在一定程度上提高了生产成本，且增加了保证精度的难度。五轴数控机床的应用能够降低夹具的复杂性，通过简单的装夹方案，将工序进行集中，从而降低成本，提高加工精度。图 1-12 所示为壳体及箱体的加工实例。

a) 壳体加工

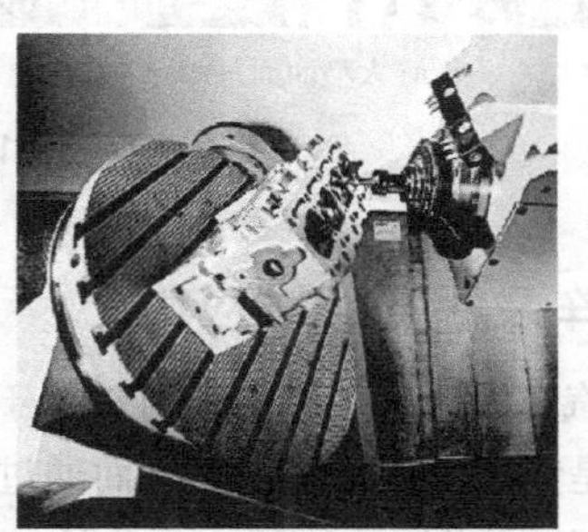
b) 箱体加工

图 1-12　壳体及箱体加工

1.3.4　发动机领域叶轮及叶片加工

叶轮和叶片是涡轮增压器、航空发动机、船舶推进器等关键装置的核心零部件。叶片为空间自由曲面，精度和曲面质量要求较高，依靠传统加工方案无法生产加工。五轴数控机床能够控制刀轴空间姿态，通过同步加工使刀具上某一最佳切削位置始终参与加工，实现曲面跟随切削，极大地提高了整体叶轮的曲面精度和叶轮在使用中的工作效率。图 1-13 所示为半封闭式叶轮和开放式叶轮的五轴加工实例。

a) 半封闭式叶轮加工

b) 开放式叶轮加工

图 1-13　叶轮五轴加工

1.3.5　航空、航天制造领域应用

五轴加工技术在航空、航天领域中有大量应用（图 1-14），从早期的复杂曲面零件加工到结构件和连接件加工，应用越来越广。航空结构件变斜面整体加工效果的实现，需要机床五轴联动配合刀具侧刃进行切削，以保证曲面连续性和完整性。此外，结构件连接肋板和强度肋板的负角度侧壁，以及大深度型腔的加工，都需要五轴控制刀轴矢量角实现有效切削。

a) 大型曲面加工

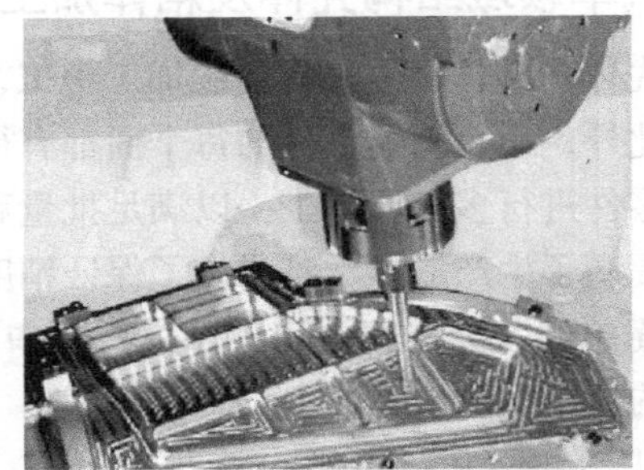

b) 变斜面结构件加工

图 1-14　航空结构件加工

1.3.6　汽车及医疗领域应用

在加工汽车发动机关键部位时，由于发动机气缸结构复杂，且气缸孔是一个弯曲腔体，因此采用三轴机床是无法完成加工的，然而通过五轴联动再配合管道的加工工艺方式可以实现弯曲气缸孔壁的铣削加工，如图 1-15a 所示。此外，医疗行业中骨骼关节板、牙模等空间异形零件的加工，若采用五轴数控机床，则可以简化此类零件的制造难度，有效提高生产效率，如图 1-15b 所示。

a) 汽车气缸加工

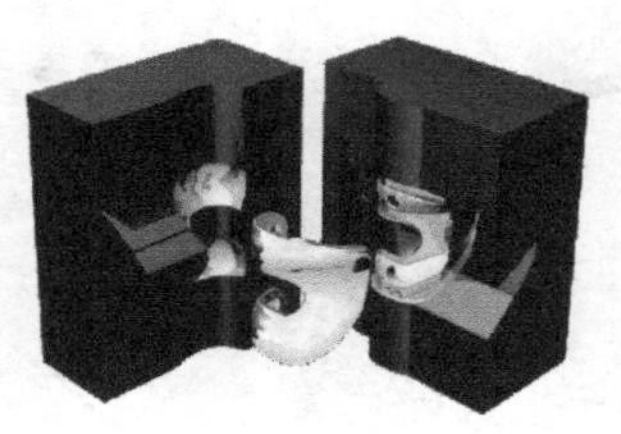
b) 骨骼关节板加工

图 1-15　汽车气缸及骨骼关节板的加工

任务 1.4　五轴加工方式分类

1.4.1　五轴定向加工

五轴定向加工分为“3+2”和“4+1”两种类型。五轴加工中 75%~85% 的生产内容均需要由定向加工完成，因此五轴加工中定向加工方式的实现是评价五轴数控系统的基本标准。SINUMERIK 840D sl 系统的 CYCLE800 定向功能将坐标系平移、旋转、再平移以及轴定位和轴复位等功能合理地结合为一个模块，有效地降低了五轴定向加工的编程难度。图 1-16 所示为五轴定向加工的应用案例。所谓“3+2”或“4+1”定向加工，即五轴数控机床的部分进给轴（主要是旋转轴）在加工动作实施过程中，仅起到刀具轴空间姿态或工件空间位置的方向改变且固定不做进给运动，同时另一部分进给轴实施进给动作，从而保证切削运动的有效实施。定向加工可以实现多工序集中，有效减少工件装夹的次数，从而避免定位误差对加工精度造成的影响。

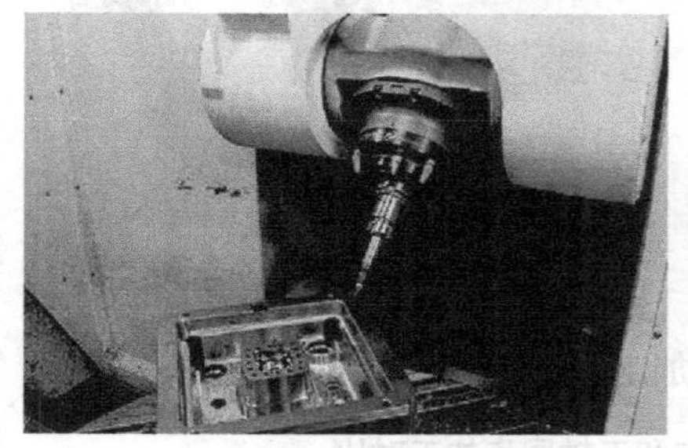
a) “3+2”五轴定向加工

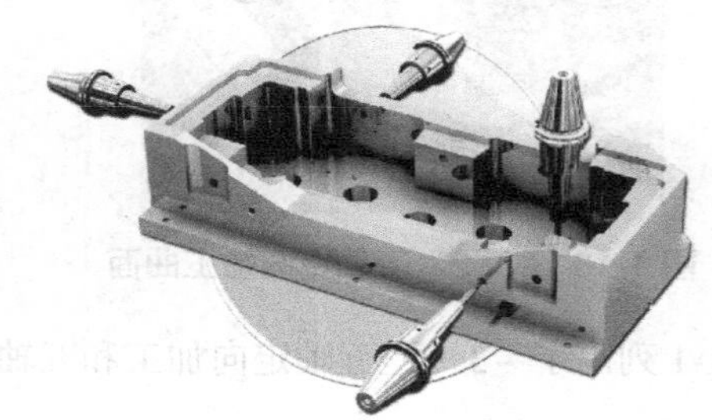
b) “4+1”五轴定向加工

图 1-16　五轴定向加工的应用

1.4.2　五轴同步加工

五轴同步加工又称为五轴联动加工，即机床的五个进给轴根据程序同时实现五轴插补运动。一般进行五轴同步加工时需要开启旋转刀具中心点（Rotated Tool Center Point，RTCP）西门子使用 TRAORI 指令开启 RTCP 功能，本书后续部分会详细介绍。该功能依托线性轴在加工过程中对回转轴的补偿，通过五个坐标轴的联动，保证采用刀具刃部切削速度最理想的位置进行切削，避免刀具制造误差和静点切削对零件尺寸和表面质量产生的影响，有效提高加工精度和加工效率，如图 1-17 所示。

a) 叶轮五轴同步加工

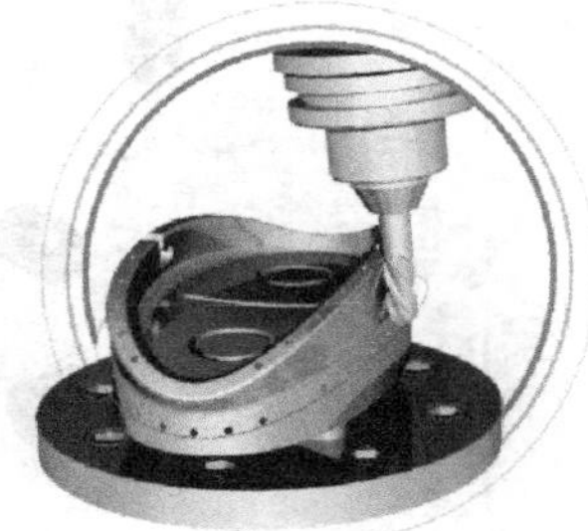

b) 空间直纹面五轴同步加工

图 1-17 五轴同步加工的应用

1.4.3 “3+2”五轴定向加工与五轴同步加工特点对比

“3+2”五轴定向加工与五轴同步加工是五轴加工的主要方式，考虑到五轴加工的经济性，当工件的几何尺寸和机床的运动特性允许时，建议采用以下步骤进行零件加工：首先采用 3 轴、“4+1”轴和“3+2”轴方式进行粗加工和精加工，当上述加工方式不能满足零件要求，或者进行最终精加工时，适合采用五轴同步方式进行加工。

图 1-18 和图 1-19 分别展示了“3+2”五轴定向加工曲面和五轴同步加工的情况。采用“3+2”轴方式进行粗加工能够更有效地去除余量，而采用五轴同步加工的方式进行最终精加工可以改变加工过程中的刀轴姿态，从而有效提高加工精度和表面质量。

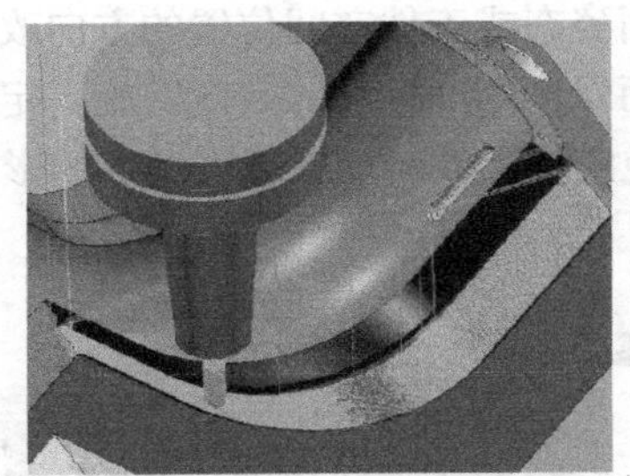

图 1-18 “3+2”五轴定向加工曲面

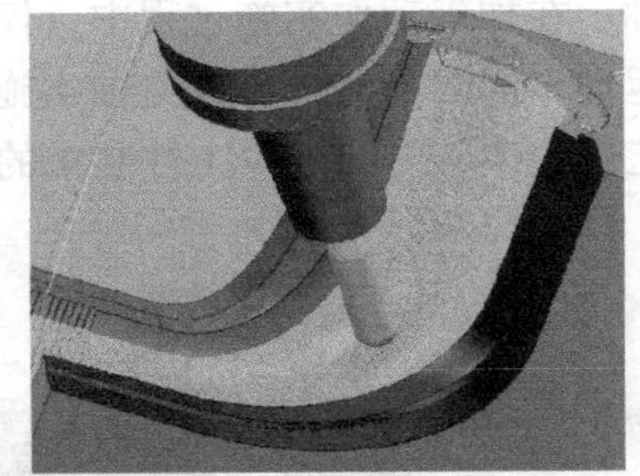

图 1-19 五轴同步精加工

表 1-1 列出了“3+2”五轴定向加工和五轴同步加工各自的特点。

表 1-1 “3+2”五轴定向加工和五轴同步加工对比

项目	“3+2”五轴定向加工	五轴同步加工
优点	1）较小的编程成本 2）只采用线性轴运动，因此无动态限制 3）加工具有较大的刚性，由此提高刀具寿命和表面质量	1）在固定装夹位置上可加工较深型腔侧壁和底面 2）可采用紧凑装夹位置的较短刀具 3）工件表面质量均匀，无过渡接刀痕迹 4）减少特种刀具的使用，降低成本
缺点	1）工件几何尺寸的限制，刀具无法切削到较深的型腔侧壁和底面 2）采用较长的刀具铣削深的轮廓，加工质量和效率会受到影响 3）进刀位置较多，增加了加工的时间且产生了明显的过渡接刀痕迹	1）较高的编程成本高碰撞危险 2）因运动的补偿运动，加工时间常常被延长 3）由于采用了更多的轴，运动误差可能会自行增加

1.4.4 “3+2”五轴定向加工方式在技能竞赛中的应用介绍

近几年“3+2”五轴定向加工方式在五轴加工技能竞赛中应用广泛，实现非正交平面上图形编程的应用和考核越来越多，不同的数控系统在编写“3+2”五轴定向加工程序时均有其特点。采用 SINUMERIK 840D sl 系统的 CYCLE800 循环（“3+2”五轴定向加工）进行定向程序编制，能够更加快捷、有效地解决倾斜面编程问题。

第七届数控技能大赛主舱体的加工图样（图 1-20 中，*A—A* 视图中的 50mm ± 0.05mm、*Ra*1.6μm 平面加工，径向 $2\times\phi12^{+0.019}_{0}$ mm 孔加工；右视图中的“空间一号”字体的雕刻加工，43mm ± 0.05mm 位置的 19mm 宽度的平台加工；主视图剖面中 $\phi20^{+0.035}_{0}$ mm、深 10mm 及 ϕ12mm 通孔的台阶孔组合加工；仰视图中两处 *R*1.5 圆弧槽等加工内容均可采用“3+2”五轴定向加工方式完成。如果参赛的竞赛选手熟悉五轴定向加工辅助循环 CYCLE800 功能，面对系统屏幕，采用人机对话方式完成这些部位的加工编程，不仅程序编制简单、易读，也方便程序的调整，省去使用三维软件建模、生成与传送加工代码程序的操作。

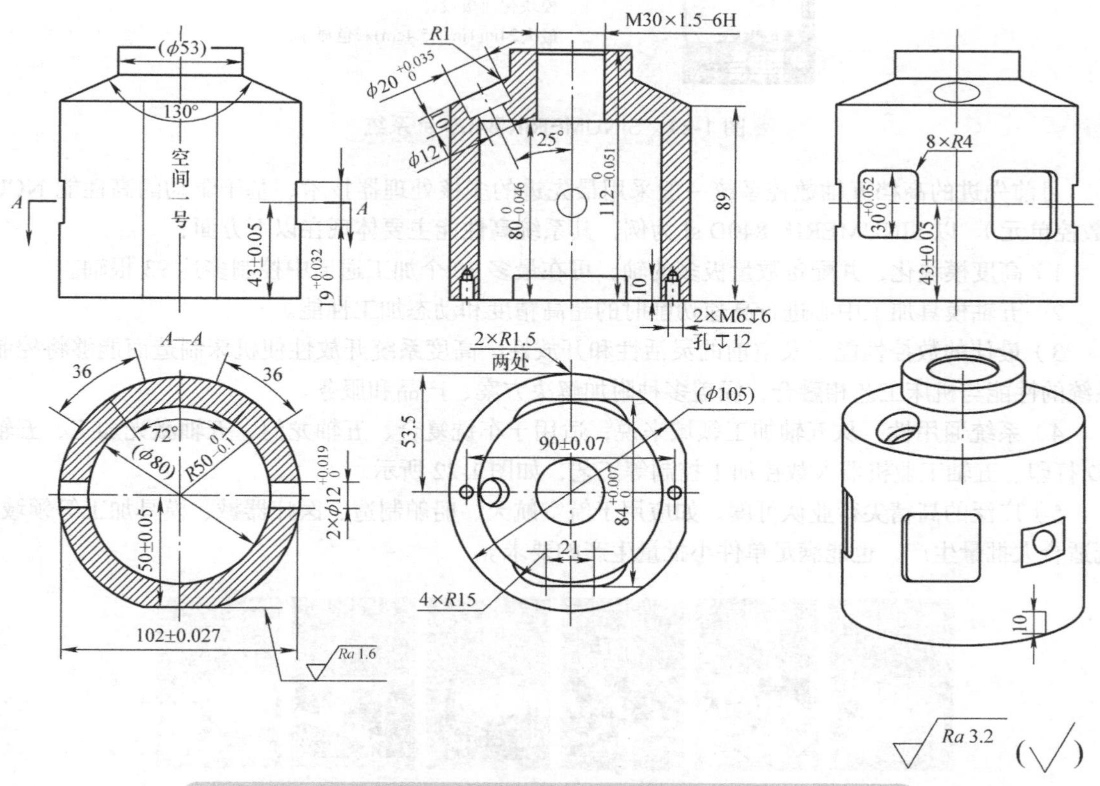

图 1-20 第七届数控大赛五轴加工赛项——主舱体零件图（样题）

当切削刀具向顶端或工件边缘移动时，切削状态逐渐变差。而要在此处也保持最佳切削状态，就需要旋转工作台。而如果要完整加工一个不规则平面，就必须将工作台向不同方向旋转多次。由此可以看出，五轴机床还可以避免球头立铣刀中心点线速度为 0 的情况，获得更好的表面质量。

任务 1.5　五轴数控系统与编程方法

五轴数控系统是五轴数控机床运动与控制的核心部分，五轴数控机床除了需要合理可靠的机床结构和高精度机床本体外，更需要控制机床长期、稳定、正确运行的数控系统。

1.5.1　高档五轴数控系统简介

本书主要介绍市场上普及性最广的高档数控系统 SINUMERIK 840D sl，如图 1-21 所示为西门子数控系统（SINUMERIK 828D 系统也能实现五轴“3+2”控制，但是在联动轴方面，只能实现五轴四联动）。

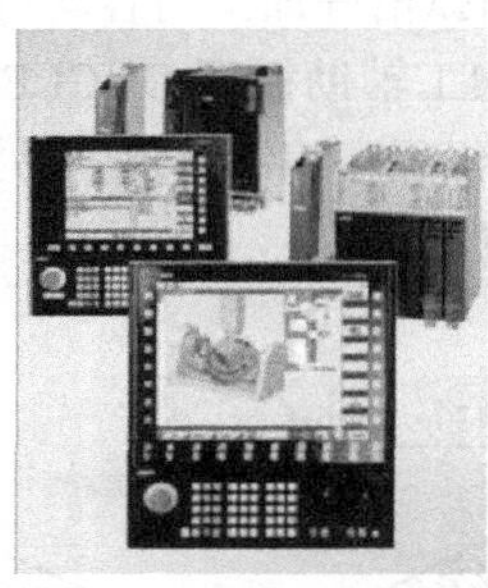

基于驱动的模块化的开放型数控系统
复合加工工艺数控系统
多达93轴/主轴以及任意数量的PLC轴
多达30个加工通道
模块化面板设计
最大24in(1in=25.4cm)彩色显示屏

图 1-21　SINUMERIK 840D sl 系统

目前先进的高档五轴数控系统一般采用最先进的多核处理器技术、基于驱动的高性能 NCU（数控单元）。以 SINUMERIK 840D sl 为例，其系统高性能主要体现在以下方面：

1）高度模块化，并配备数量极多的轴，可在最多 30 个加工通道中控制多达 93 根轴。

2）五轴模具加工中心进行高速切削时的超高精度和动态加工性能。

3）最佳的数控性能以及空前的灵活性和开放性。高度系统开放性使机床制造商能够将控制系统的性能与机床工艺相融合，涵盖多种附加解决方案、产品和服务。

4）系统通用性，从五轴加工领域来说，适用于车铣复合、五轴龙门、五轴激光加工、五轴 3D 打印、五轴工业机器人数控加工控制等工艺，如图 1-22 所示。

5）广泛的高精尖行业认可度，如应用于航空航天、船舶制造、医疗器械、模具加工等领域，既适合大批量生产，也能满足单件小批量生产的要求。

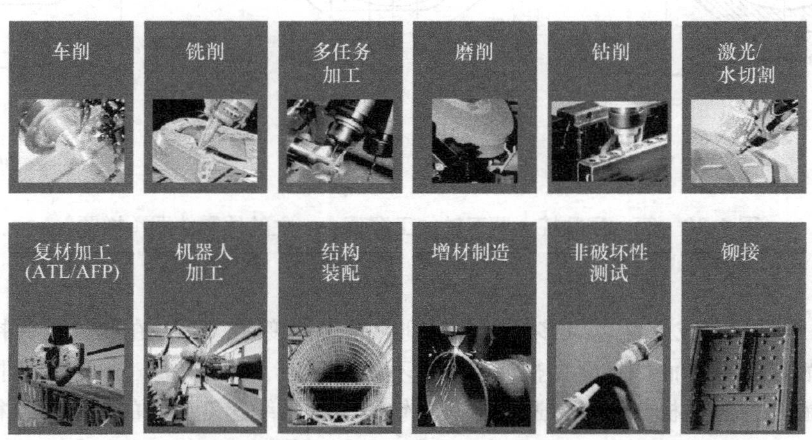

图 1-22　SINUMERIK 840D sl 五轴数控系统应用加工领域

1.5.2　五轴数控加工编程方式总体介绍

随着五轴加工技术的发展，针对不同的行业及产品类型，在不同的时期和不同的企业有不同的应用，五轴编程方式如表 1-2 所列。

表 1-2　各种编程方式比对

<table>
<tr><th>编程方式</th><th>特　点</th></tr>
<tr><td>国标 G 代码手工编程</td><td>一般通过 CAM 生成 G 代码，除极简单和老式五轴机床，基本不适用于手工 G 代码</td></tr>
<tr><td>宏程序（参数编程）</td><td>对编程人员要求很高，需要熟练记忆代码，只适用规则、少品种、大批量零件编程</td></tr>
<tr><td>人机对话混合编程</td><td rowspan="2">对于大多数的规则空间箱体、轴类、结构件适用，不用另外购置 CAM 软件及建模，只要懂得工艺即可编程，编程结果可以通过系统 3D 零件仿真，程序量小，系统直接启动（人机对话混合编程由于含部分代码，不如工步编程直观、简便）</td></tr>
<tr><td>人机对话工步编程</td></tr>
<tr><td>CAM 软件编程</td><td>适用于任何零件，尤其是曲面加工。但是对于软件后置处理（需熟悉数控系统五轴变换、刀尖跟随、程序压缩等指令）对复杂零件装夹和实体的建模要求较高</td></tr>
</table>

随着技术的革新，西门子系统在兼容上述所有编程方式的基础上推出了优秀的人机对话图形编程方式，如图 1-23 和图 1-24 所示。同时，为了适应不同用户的需求，其将人机对话图形编程方式细分为人机对话混合编程和人机对话工步编程两类。

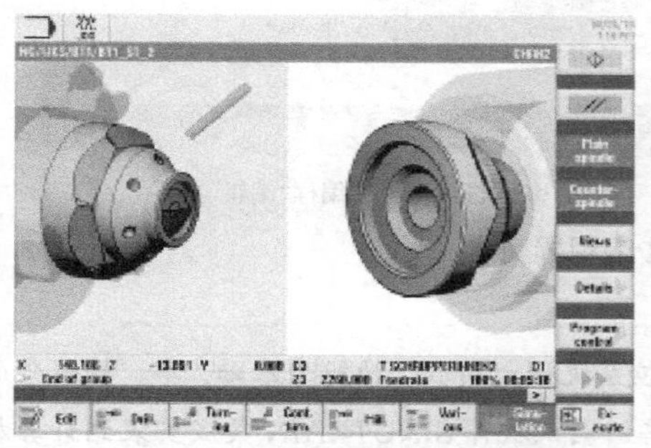

图 1-23　人机对话图形编程的 3D 显示

图 1-24　人机对话编程图形界面

目前，企业应用最多的两种五轴编程模式是 CAM 编程和人机对话图形编程（含混合编程、工步编程）。本节作为五轴编程的基础，主要讲解人机对话图形编程。这种编程与 CAM 编程可以相辅相成，对于一些形体规则的箱体、回转类含车铣特征的零件可以直接在系统上进行编程。特别是对于一些含辅助定位工装夹具的零件，人机对话图形编程可以帮助编程操作人员更多地考虑干涉（特别是单件小批量加工，直接使用系统人机对话编程，可以减少产品和夹具建模时间，效率更高）。混合编程和工步编程基本方式差异性不大，区别就在于混合编程可以将代码编程和图形编程相结合，而工步编程还可以与图形编程切换，与工艺过程对应更直观，不需要记忆代码。下面简述两种人机对话图形编程：

1）人机对话混合编程，如图 1-25 所示。

2）人机对话工步编程，如图 1-26 所示。对于一些复杂的空间变换编程，比如说车铣复合，一般直接采用人机对话工步编程（如西门子系统基于车类型（车铣复合也属于其中）称为 shopturn 功能，其余铣削结构的五轴可以使用 shopmill 功能）。

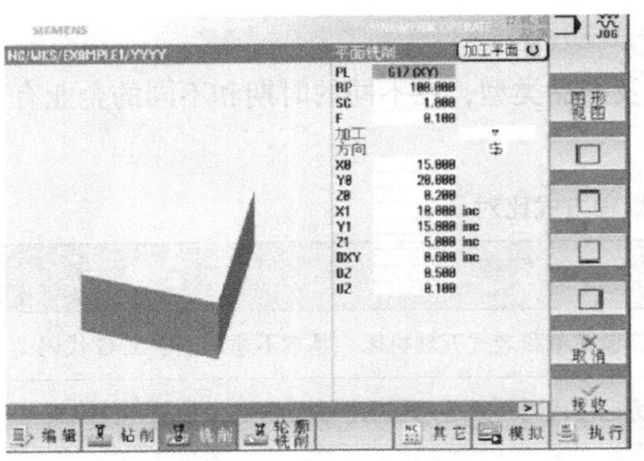

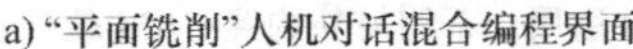
a)“平面铣削”人机对话混合编程界面

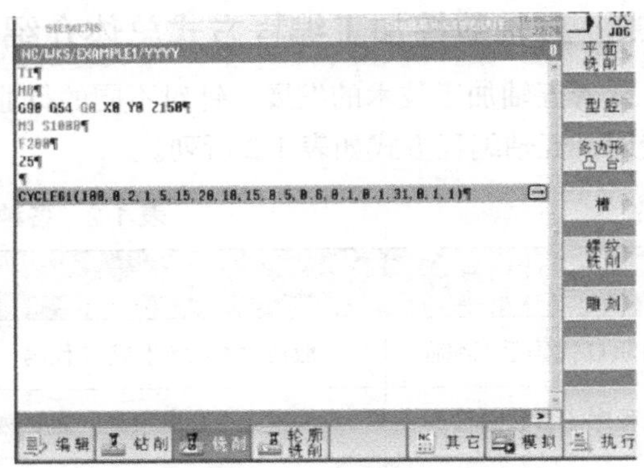

b)“平面铣削”人机对话混合编程结果

图 1-25　人机对话混合编程界面

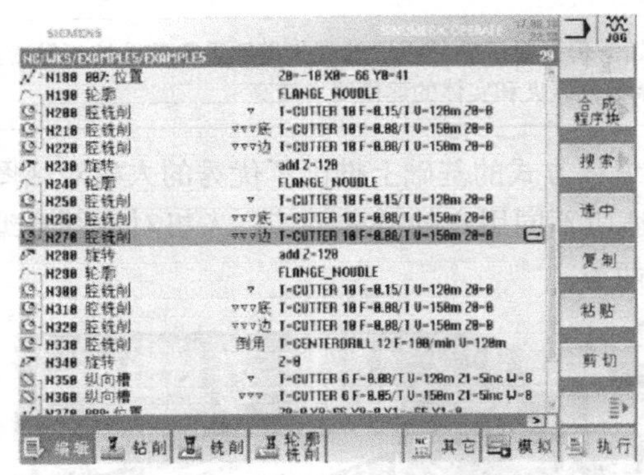
a) 人机对话工步编程“工步”选择界面

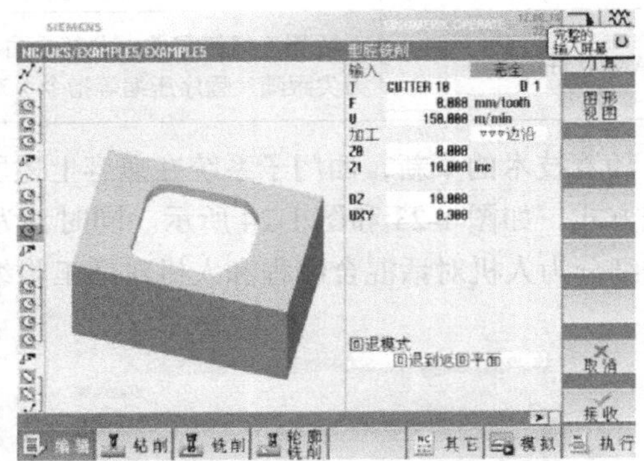
b) 人机对话工步编程“编辑”界面

图 1-26　人机对话工步编程界面

提示：车削 shopturn 和铣削 shopmill 是以西门子数控系统强大的 NC 功能为基础，车、铣俱佳的工步编程软件（可以内置到数控系统，也可以与西门子培训调试软件 SINUTRAIN 集成安装到计算机端，用于离线编程和培训学习）。软件内置车、铣加工工艺循环与刀具管理功能。测量循环与 3D 模拟相结合，不但能进行各种车削加工，还能在工件的端面和圆柱表面铣削出各种形状的轮廓。shopturn 和 shopmill 都采用交互式图形化编程，操作人员无需 G 代码编程基础，懂得加工工艺即可编写 NC 程序，大大缩短了从图样到工件加工的转换时间。工步编程的动态图形和程序模拟可以通过 3D 动画和轨迹即时显示，增强了程序的可靠性。

任务 1.6　五轴加工相关工艺系统

五轴加工工艺与三轴加工工艺基本相同，坐标轴数增加的作用可以减少工件的装夹定位次数，从而实现一次装夹完成尽可能多的加工内容，从而实现工序集中。传统的机械加工大部分的工艺及方法大体适用于五轴加工。简单来说，除机床外，五轴加工工艺系统（图 1-27）同样包括刀具系统（刀柄、刀具）、夹具系统和工件系统（工件不作为本节介绍内容）。

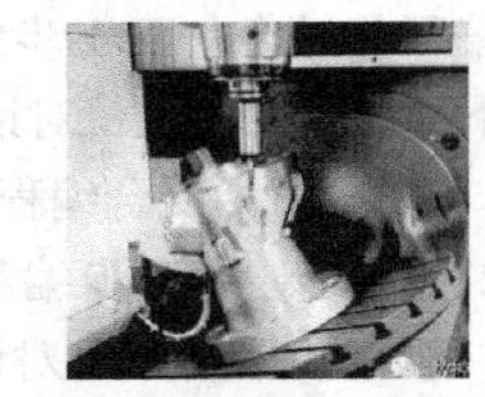
图 1-27　五轴加工工艺系统

1.6.1　五轴相关刀具系统介绍

图 1-28　部分常见五轴刀具系统

刀具系统是工艺系统的重要组成部分，由刀柄和刀具两部分组成，如图 1-28 所示。刀柄是实现五轴加工的核心之一，合理地选用刀柄不仅可以提高加工精度，还可以有效降低工艺难度。根据机床的主轴锥孔不同，通常分为两大类，即通用刀柄（锥度为 7 ：24，主要面向普通加工）和高速刀柄（短锥刀柄，锥度为 1 ：10 或 1 ：20，面向高速加工），介绍如下。

1. 通用刀柄

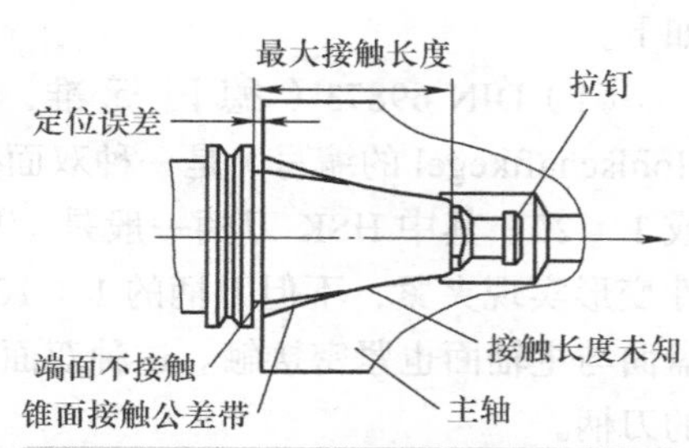

图 1-29　7 ：24 刀柄夹紧示意简图

7 ：24 锥度刀柄是机床领域应用最普遍的主轴接口形式，容易拆卸，无自锁，如图 1-29 所示。通常有 5 种标准和规格，即 NT（主要在传统机床上使用，一般不用于数控机床，以下不再赘述）、DIN 69871（德国标准）、ISO 7388/1（国际标准）、MAS BT（日本标准）、ANSI/ASME（美国标准），主轴通过刀柄尾部拉钉将刀柄拉紧。目前，国内使用最多的是 DIN 69871 型（即 JT）和 MAS BT 型两种，具体介绍如下。

（1）DIN 69871（德国标准，简称 JT(SK)、DIN、DAT 或 DV）　如图 1-30 所示，DIN 69871 型分为两种，即 DIN 69871 A/AD 型和 DIN 69871 B 型，前者是中心内冷，后者是法兰盘内冷，其他尺寸相同。

（2）MAS BT（日本标准，简称 BT）　如图 1-31 所示，BT 型是日本标准，安装尺寸与 DIN 69871、IS0 7388/1 及 ANSI 完全不同，不能换用，BT 型刀柄的对称性结构使它比其他三种刀柄的高速稳定性要好。

还有一种 BBT 刀柄（图 1-32），刀柄的标准锥度也为 7 ：24。区别在于约束面数目不同，BBT 是高精度刀柄，锥度和端面双重约束定位，在主轴轴线方向有两个定位面，双面接触夹持。BBT 的刀柄可用在 BT 的主轴上，但达不到较好效果和较高精度，一般不建议混用。

图 1-30　JT(SK) 刀柄

图 1-31　BT 刀柄图

图 1-32　BBT 刀柄

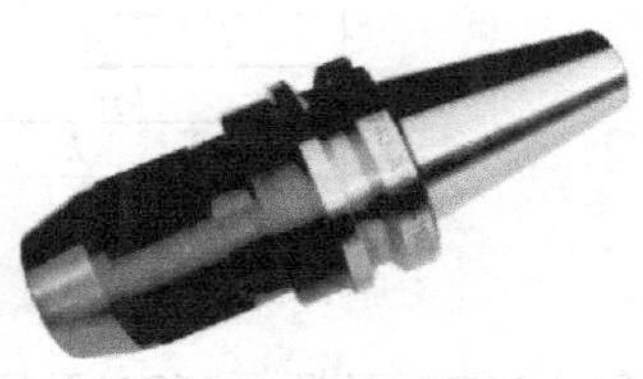
图 1-33　IT 刀柄图

（3）ISO 7388/1（国际标准，简称 IV 或 IT）　如图 1-33 所示，其刀柄安装尺寸与 DIN 69871 型没有区别，可将 ISO 7388/1 型刀柄安装在 DIN 69871 型锥孔的机床上，但将 DIN 69871 型刀柄安装在 ISO 7388/1 型机床上则有可能会发生干涉。ISO 7388/1 型的刀柄可以安装在 DIN 69871 型、ISO 7388/1 和 ANSI/ASME 主轴锥孔的机床上，所以就通用性而言，ISO 7388/1 型的刀柄是最好的。

（4）ANSI/ASME（美国标准）（简称 CAT） 如图 1-34 所示，CAT 型是美国标准，安装尺寸与 DIN 69871、ISO 7388/1 类似，但由于少一个楔缺口，所以 ANSI B5.50 型刀柄不能安装在 DIN 69871 和 IS0 7388/1 机床上，但 DIN 69871 和 IS0 7388/1 刀柄可以安装在 ANSI B5.50 型机床上。

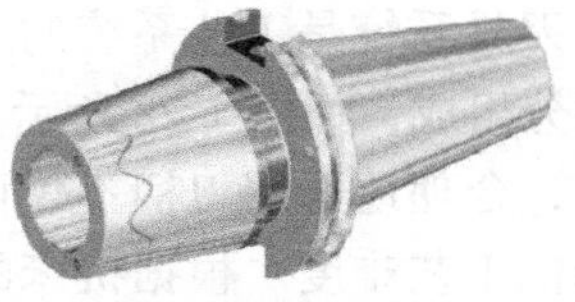

图 1-34 CAT 刀柄

2. 高速刀柄

由于 7 ：24 的通用刀柄是靠刀柄的 7 ：24 锥面与机床主轴孔的 7 ：24 锥面接触定位连接的，在高速加工、连接刚性和重合精度三方面有局限性。在五轴加工，尤其是高速中出现了 HSK，其余还有 KM、NC5 刀柄、CAPTO 等多种型号类型，介绍如下。

（1）DIN 69873（德国标准，简称 HSK） 如图 1-35 所示，HSK 刀柄（它是德文 Hohlschaftkegel 的缩写）是一种双面夹紧刀柄，在双面夹紧刀柄中最具代表性，其锥度为 1 ：10 或 1 ：20，其中 HSK 刀柄一般是 1/10，严格地说是 1/9.98 的锥度。 HSK 高速刀柄靠刀柄的弹性变形实现夹紧，不但刀柄的 1 ：10 锥面与机床主轴孔的 1 ：10 锥面接触，而且使刀柄的法兰盘面与主轴面也紧密接触。这种双面接触系统在高速加工、连接刚性和重合精度上均优于 7 ：24 的刀柄。

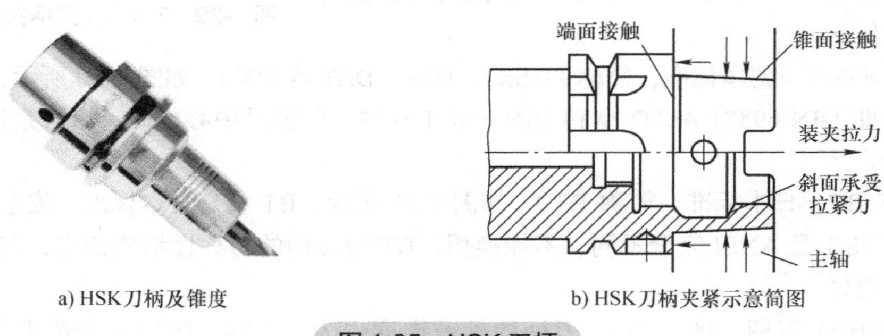

a) HSK刀柄及锥度　　b) HSK刀柄夹紧示意简图

图 1-35 HSK 刀柄

（2）KM 刀柄 KM 刀柄的结构与 HSK 刀柄相似，也是采用了空心短锥结构，锥度为 1/10，且也是采用锥面和端面同时定位、夹紧工作方式，如图 1-36 所示。主要区别在于使用的夹紧机构不同，KM 刀具系统的夹紧力更大，刚度更高。不过由于 KM 刀柄锥面上开有两个对称的圆弧凹槽(夹紧时应用)，损失了刀柄的强度，且它需要非常大的夹紧力才能正常工作。

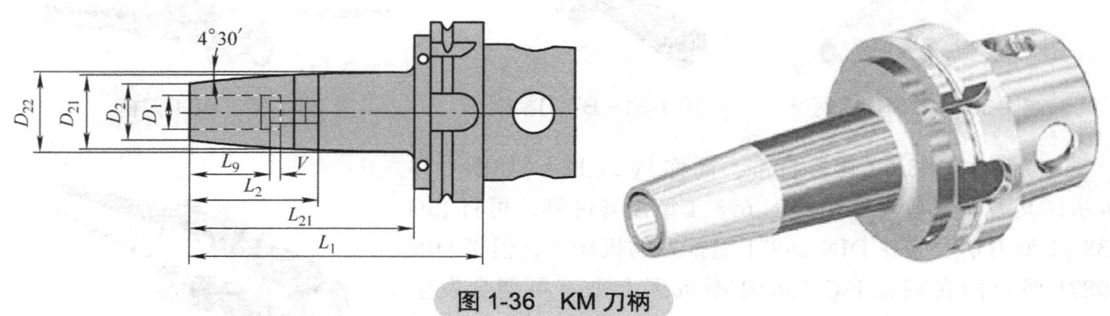

图 1-36 KM 刀柄

（3）NC5 刀柄 NC5 刀柄采用空心短锥结构，锥度为 1 ：10，同样采用锥面和端面同时定位、夹紧的工作方式，由于转矩由刀柄前端圆柱上的键槽传递，所以轴向尺寸比 HSK 刀柄短，如图 1-37 所示。刀柄通过中间锥套的轴向移动保证锥面和端面同时可靠接触，由于中间锥套的误差补偿能力较强，因此刀柄对主轴和刀柄本身的制造精度的要求可稍低些。此外，刀柄可采用增压夹紧机构，能够满足重切削的要求，但该刀柄的主要缺点是定位精度和刚度较低。

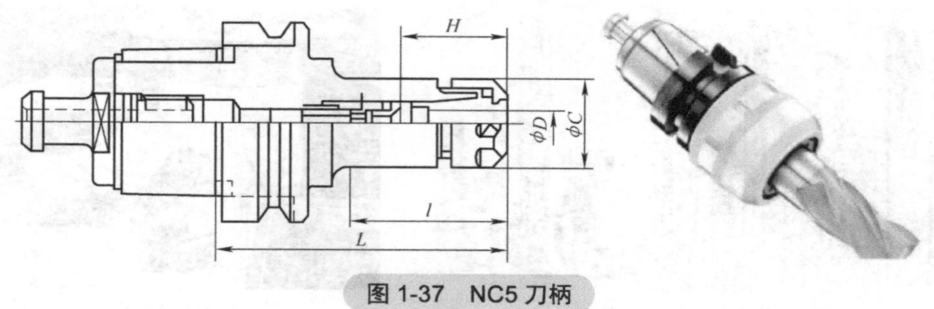

图 1-37　NC5 刀柄

（4）CAPTO 刀柄　如图 1-38 所示，CAPTO 刀柄的结构不是圆锥形，而是三棱弧圆锥，锥度为 1 ∶ 20，为空心短锥结构，采用锥面与端面同时接触定位。三棱弧圆锥结构可实现两个方向都无滑动的转矩传递，不再需要传动键，避免了传动键和键槽引起的动平衡问题。三棱弧圆锥的表面大，使刀柄表面压力低、不易变形、磨损小，因而精度保持性好。但三棱弧圆锥孔加工困难，制造成本高，与现有刀柄不兼容，配合会自锁。

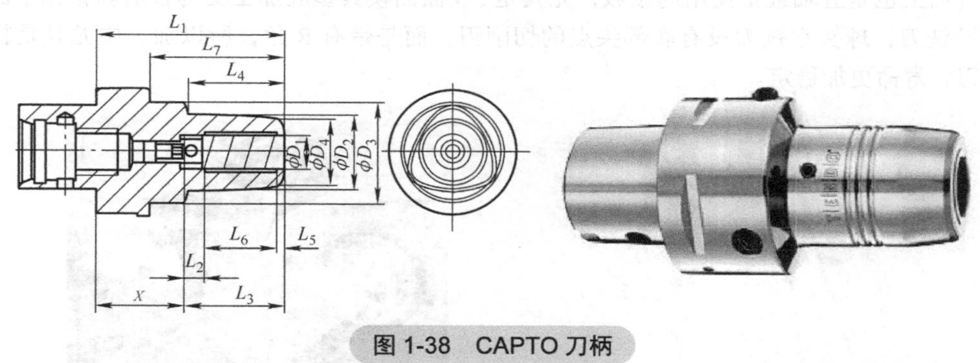

图 1-38　CAPTO 刀柄

1.6.2　五轴相关刀具介绍

五轴加工刀具有效克服刀具在传统三轴环境下的不足，应用比对见表 1-3。多种常用刀具基本都能用在五轴加工条件下，在此介绍几种五轴加工常用刀具：

表 1-3　传统三轴加工刀具和五轴加工刀具应用对比

序号	三轴加工	五轴加工
1	刀具过长引发刀具振动	五轴空间摆动，缩短刀具装夹长度，刚性更好
2	表面粗糙度超差	高刚性保证振动减少，表面质量更高
3	多次装夹频繁换刀，加工效率下降	大多数情况下，一次装夹加工效率更高
4	刀具数量增加，成本过高	充分利用空间偏摆，所需刀具数量相对更少
5	重复对刀造成累计误差等问题	对刀数量更少，加工误差相对更少

1）面铣刀。如图 1-39 所示，面铣刀是数控加工领域最常使用的刀具类型，从切削刃的构成来看，分为整体式和镶嵌式两种。它的外缘及底面均有铣齿用以构成切削刃，一次可以用来铣削零件的垂直面及底面，适用性非常广，平面加工和铣削侧壁、沟槽、轮廓等方面用途很广，是适用性最广泛的一种铣刀。

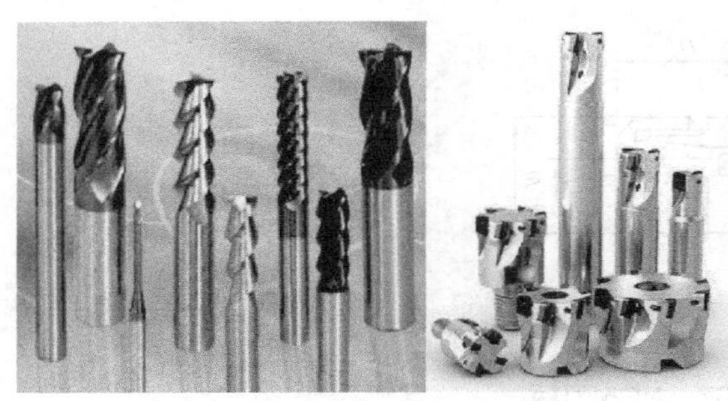

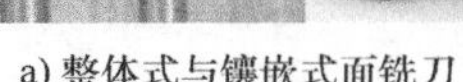
a) 整体式与镶嵌式面铣刀

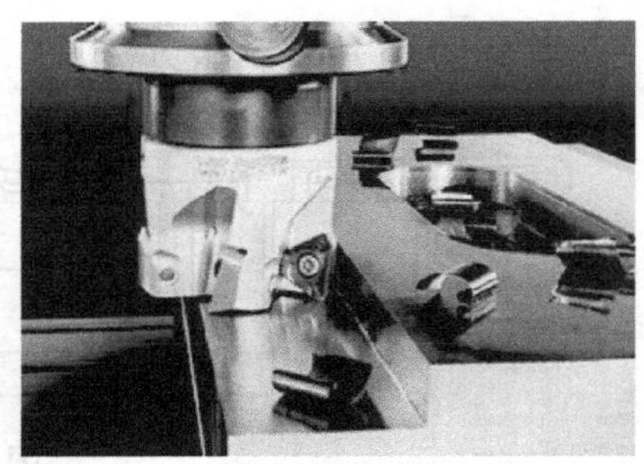
b) 面铣刀加工

图 1-39　面铣刀

其缺点是在 3D 曲面加工时不太适用，尤其是在尖点处容易崩刃，影响刀具寿命。

2）球头立铣刀。如图 1-40 所示，球头立铣刀简称“球刀”，指的是底部切削刃为球形的立铣刀。球头立铣刀分为整体式和镶嵌式两种类型。球头立铣刀在当前的模具加工中使用相当频繁，模具加工也是五轴最常使用的领域，尤其是 3D 曲面模具型腔加工更为普遍。相比于面铣刀或者键槽铣刀，球头立铣刀没有底部尖点的切削刃，而是带有 R 角，所以加工中尤其是粗加工不易崩刃，寿命更加稳定。

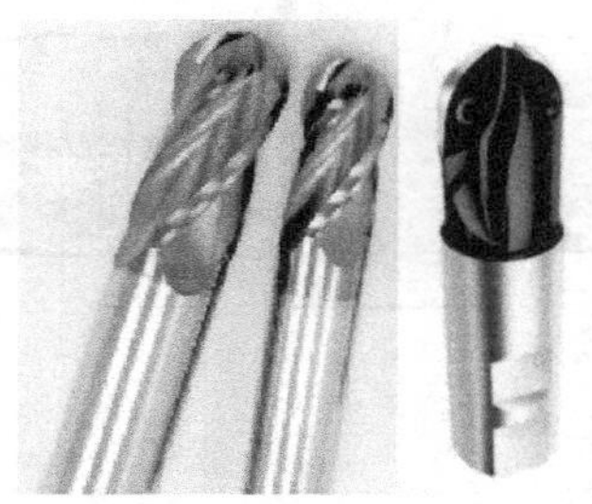
a) 整体式与镶嵌式球头立铣刀

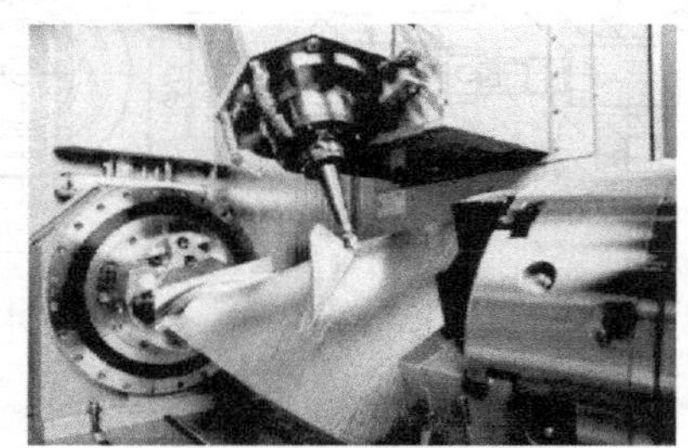
b) 球头立铣刀加工压气机叶片

图 1-40　球头立铣刀

其缺点是无论转速多高，中心点总是静止的，当该部分与工件接触时不是铣削，而是在磨削，这也是我们经常看到球头立铣刀尖端特别容易磨损的原因，导致越是相对平坦的区域，用它加工出来的面粗糙度就越差。

3）圆鼻铣刀。如图 1-41 所示，圆鼻铣刀又称为“牛鼻子刀”或者“圆角立铣刀”，它综合了面铣刀和球头立铣刀的优点，不仅在边缘使用小 R 角，而且保留底面切削刃切削功能，相当于面铣刀加小于刀具半径的 R 角。由于刀具底部没有尖点，所以强度比面铣刀好，不易崩刃，刀具寿命也更长，常用来粗加工，也可以用于曲面精加工。由于刀具底部是平的，因此切削平缓的曲面时可选更大刀间距。此外，没有球头立铣刀在不同切削位置时速度的大变化，所以加工出来的表面相对更稳定。

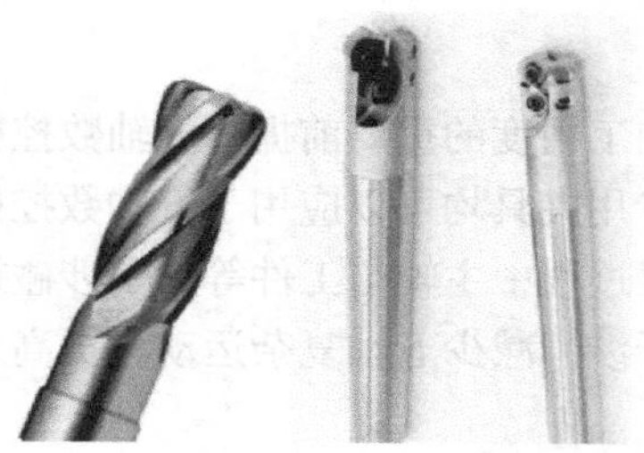

a) 整体式与镶嵌式圆鼻铣刀

b) 圆鼻铣刀加工模具型腔

图 1-41　圆鼻铣刀

圆鼻铣刀的缺点是在需要平面清角的时候，由于没有尖角，无法完成清角作业。对于曲率变化过大的区域，圆鼻铣刀的 R 角过小，球刀效率更高，更为适用。

4）锥度铣刀。如图 1-42 所示，锥度铣刀是指刀具轮廓带有一定锥度的立铣刀，刀头分为球头和平底两种。通过应用不同规格的锥度球头立铣刀，可以去除狭小空间及根部的残余材料，尤其是在模具加工时，由于锥度球头立铣刀本身的锥度，不仅可以适用于侧壁锥度的成形，还可以进行型腔根部的清角。相比球头立铣刀和圆鼻铣刀，五轴精加工叶轮时的清根，锥度铣刀更为适用，如图 1-43 所示。可以尽可能压缩非机械加工的时间，如后续的打磨等。

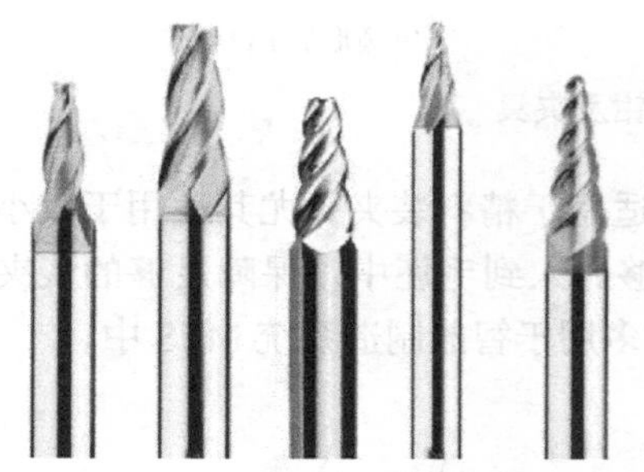

a)平底锥度铣刀及球头锥度铣刀

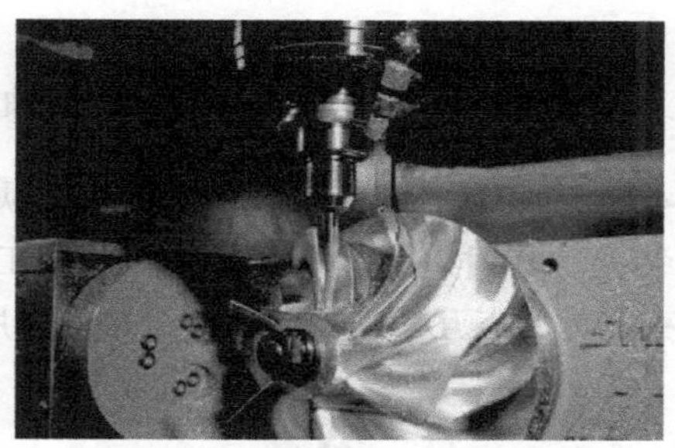

b) 锥度铣刀加工模具型腔

图 1-42　锥度铣刀

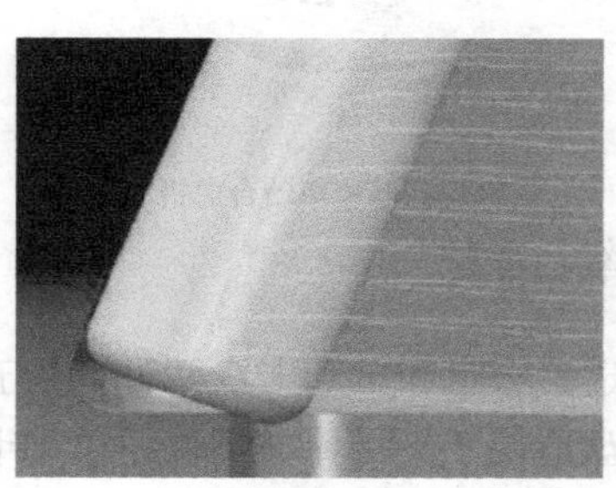

a) 圆鼻铣刀清根

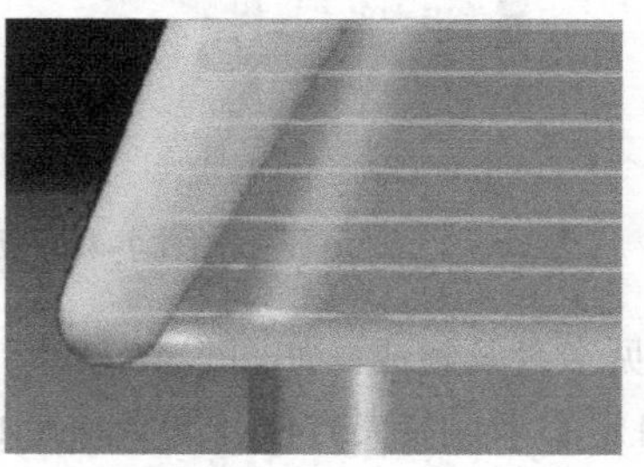

b) 锥度铣刀清根

图 1-43　锥度铣刀清根比对

其缺点是由于锥度铣刀的直径不断变化，其切削刃的容屑槽深度也在不断变化，刀具的刚性上下不一致，不太适合需要大去除量的粗加工阶段。

1.6.3 五轴相关夹具介绍

五轴数控加工时，做好定位及夹紧，是保证工件加工精度的重要前提。五轴数控机床的工作台采用了标准 T 形槽，因此宏观概念上的通用夹具和专用夹具均可以应用于五轴数控机床上。但是由于五轴数控机床的运动特性以及结构特点，在加工过程中主轴与工件等的干涉碰撞成为五轴加工需要避免的问题。通过夹具装夹减少主轴及刀具干涉，减少五轴复杂运动，提高效率，降低能耗，也是夹具的重要作用之一。夹具分类介绍如下：

1）常见平口虎钳及钳形夹具。如图 1-44 所示，平口虎钳在五轴加工中也属于常用夹具，主要由活动钳身、固定钳身、底座、丝杠等部分组成。活动钳身安装在固定钳身上，活动钳身通过梯形螺纹的丝杠带动在固定钳身槽内移动，从而使钳口开合。固定钳身连接在底座上，底座通过螺栓固定在工作台上。

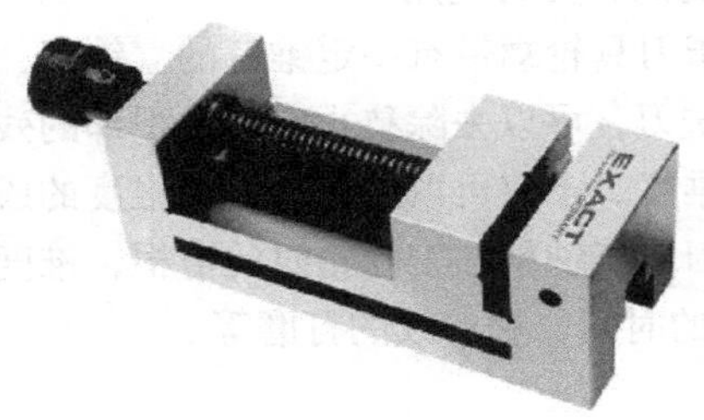

a) 精密平口虎钳

b) 圆形基座台虎钳

图 1-44　五轴用平口虎钳及夹具

图 1-45 所示的平行钳口夹具属于快换类夹具。它适用于精料装夹，尤其适用于较小装夹高度的毛坯装夹。其钳口面具有凸牙形，夹紧工件时能够嵌入到毛坯中，保障足够的装夹力。此外，此类夹具为原点互换夹具，适用于快换应用，目前多用于智能制造系统 MES 中。

a) 矩形基座单动台虎钳

b) 圆形基座单动台虎钳

图 1-45　五轴用精密平行钳口夹具

2）常见卡盘及组成。如图 1-46 所示，卡盘包括自定心卡盘和单动卡盘两种，是五轴机床常见夹具。自定心卡盘装夹方便，能自动定心。自定心卡盘适用于夹持棒类零件，单动卡盘定心精度不如自定心卡盘高，夹紧力较小，适用于夹持四方形零件，也适用于轴类和盘类零件。由于单动卡盘同步移动，存在一定移动误差，因此不适合装夹 X、Y 方向误差较大的方形毛坯料。

3）组合压板装夹。如图 1-47 所示，组合压板是用于模板或者板料固定的铸造类机床附件。它的使用范围广泛，其夹紧力大，结构简单，使用方便，适用范围广，且价格低，作为各类机床的附件配套使用。组合压板也是将其他夹具压紧在工作台上的关键附件。

a) 自定心卡盘

b) 单动卡盘

图 1-46　卡盘

a) 套装组合压板

b) 组合压板附件

图 1-47　组合压板

4）专用夹具及应用。虽然五轴具有空间转换的优势，具备传统三轴机床所不具备的优势，但是由于有避免主轴干涉、提升生产效率等方面的需求，在生产企业及教学实验室的五轴加工中，使用专用夹具比较普遍，如图 1-48 所示。专用夹具是为某一特定零件的某一道工序专门设计制造的夹具，夹具的功能单一，且具有针对性，用于产品相对稳定且批量较大的生产情况。专用夹具能有效地降低工作时的劳动强度，提高生产率，并获得较高的加工精度和尺寸一致性。专用夹具由以下 6 个部分组成：定位元件，夹紧装置，夹具体，连接元件，对刀、导向元件，其他元件或装置。

a) 五轴刚性支架配合燕尾夹具

b) 五轴快换专用夹具

图 1-48　五轴专用夹具应用案例

习　题

一、填空题

1. 根据不同的精度需求，双工作台五轴数控机床可以选择摆动轴________驱动和________驱动两种形式。

2. 刀轴俯垂型摆头结构又称为________摆头结构，即构成旋转轴部件的轴线（B 轴或者 A 轴）与 Z 轴成________夹角。

3. 五轴同步加工能够使刀具上某一最佳切削位置始终参与加工，实现曲面________，极大地提高了整体叶轮的曲面________和叶轮在使用中的工作________。

4. 一般箱体零件的每个面都有待加工内容，因此此类零件的加工一般需要制作________夹具，对零件进行多工序加工，以满足________和________等要求。

5. SINUMERIK 840D sl 系统的 CYCLE800 定向功能将坐标系________、________、________以及________和________等功能合理地结合为一个模块，有效地降低了五轴定向加工的________难度。

6. 五轴加工工艺系统包括________系统、________系统和________系统。

7. HSK 工具系统是一种新型的高速短锥型刀柄，其主轴接口采用________和________同时定位的方式，刀柄________，锥体________，锥度为________。

8. 平口虎钳是五轴加工中最常用的夹具，主要由________、________、________、________等部分组成。

9. 数控机床的在线检测系统由________和________组成，其硬件部分通常由以下几部分组成：________、数控系统________、________。

二、简答题

1. 举例说明常用的五轴数控机床的三种结构形式，并分别说明其结构特点。
2. 列举五轴加工技术的三个应用领域，并分别说明各领域的零件特点。
3. 请列举至少三种五轴加工特点及优势。
4. 叙述何为五轴定向加工，何为五轴同步加工，以及它们的优缺点。
5. 列举五轴加工的常用编程方式及特点。
6. 简述 SINUMERIK 840D sl 高档五轴数控系统的两种编程方式及优点。
7. 简述 Shopmill 和 Shopturn 的特点。
8. 简述专用夹具的六个组成部分。
9. 下图所示为五轴机床的四种结构，分别给出各自结构名称，并列出各自的特点。

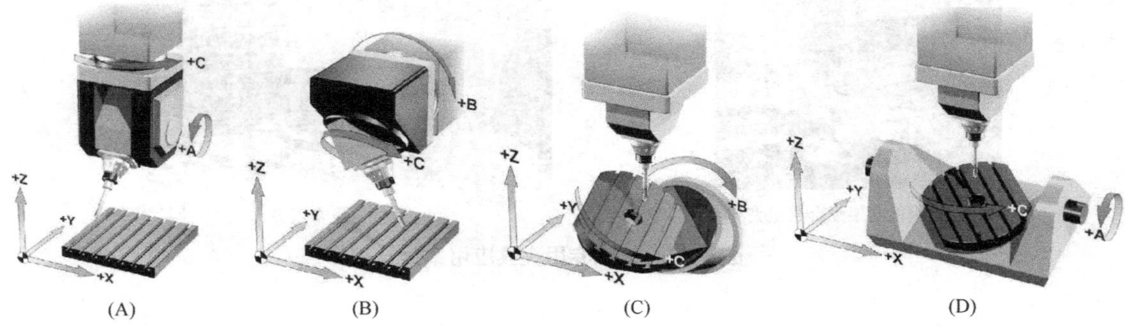

10. 如下图所示两种刀柄结构，分别给出刀柄类型名称，并列出它们的特点。

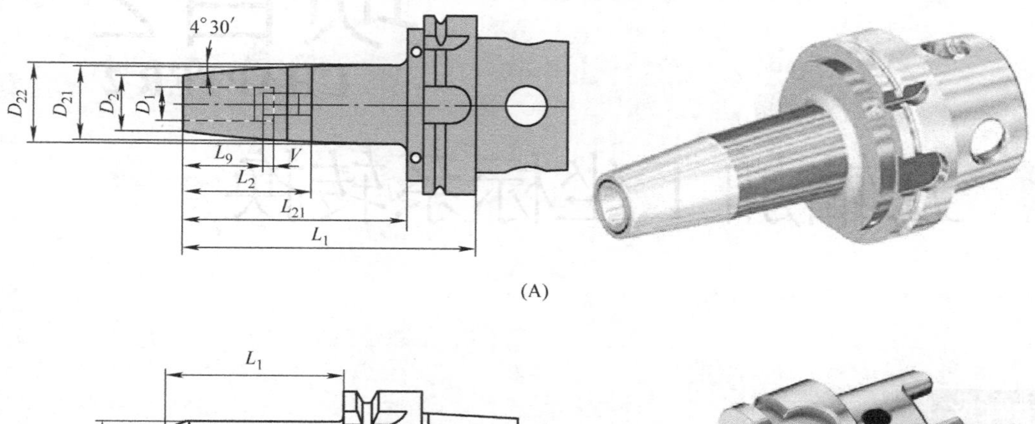

(A)

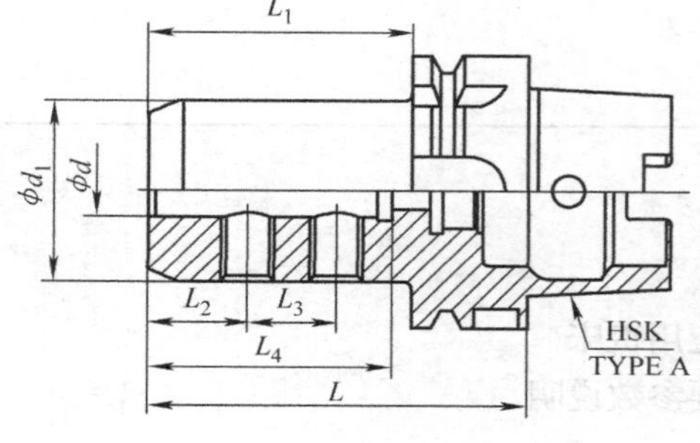

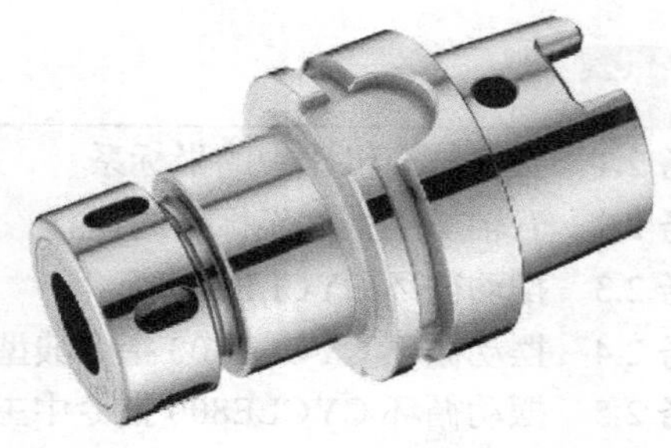

(B)

11. 以 SINUMERIK 840D sl 五轴数控系统为例，简述其系统高性能主要体现在哪几个方面？

12. 列出“3+2”五轴定向加工和五轴同步加工的特点。

13. 简述何为“3+2”“4+1”五轴定向加工，何为五轴同步加工。

14. 以 SINUMERIK 840D sl 五轴数控系统为例，介绍五轴定向加工常用指令 CYCLE800 和五轴同步加工常用指令 TRORI 的指令特点。

项目2

CHAPTER 2

五轴加工坐标系转换

学习任务

任务 2.1　五轴数控机床中的坐标系

任务 2.2　五轴加工工件坐标系的建立

任务 2.3　摆动循环 CYCLE800 简介

任务 2.4　摆动循环 CYCLE800 指令典型应用机床

任务 2.5　摆动循环 CYCLE800 指令中主要参数说明

学习目标

知识目标

- 了解空间直角坐标系的概念
- 理解五轴加工坐标系
- 理解五轴加工坐标系转换循环

技能目标

- 掌握建立五轴加工坐标系的方法
- 掌握五轴加工坐标系转换循环的用法

本项目学习任务思维导图如下：

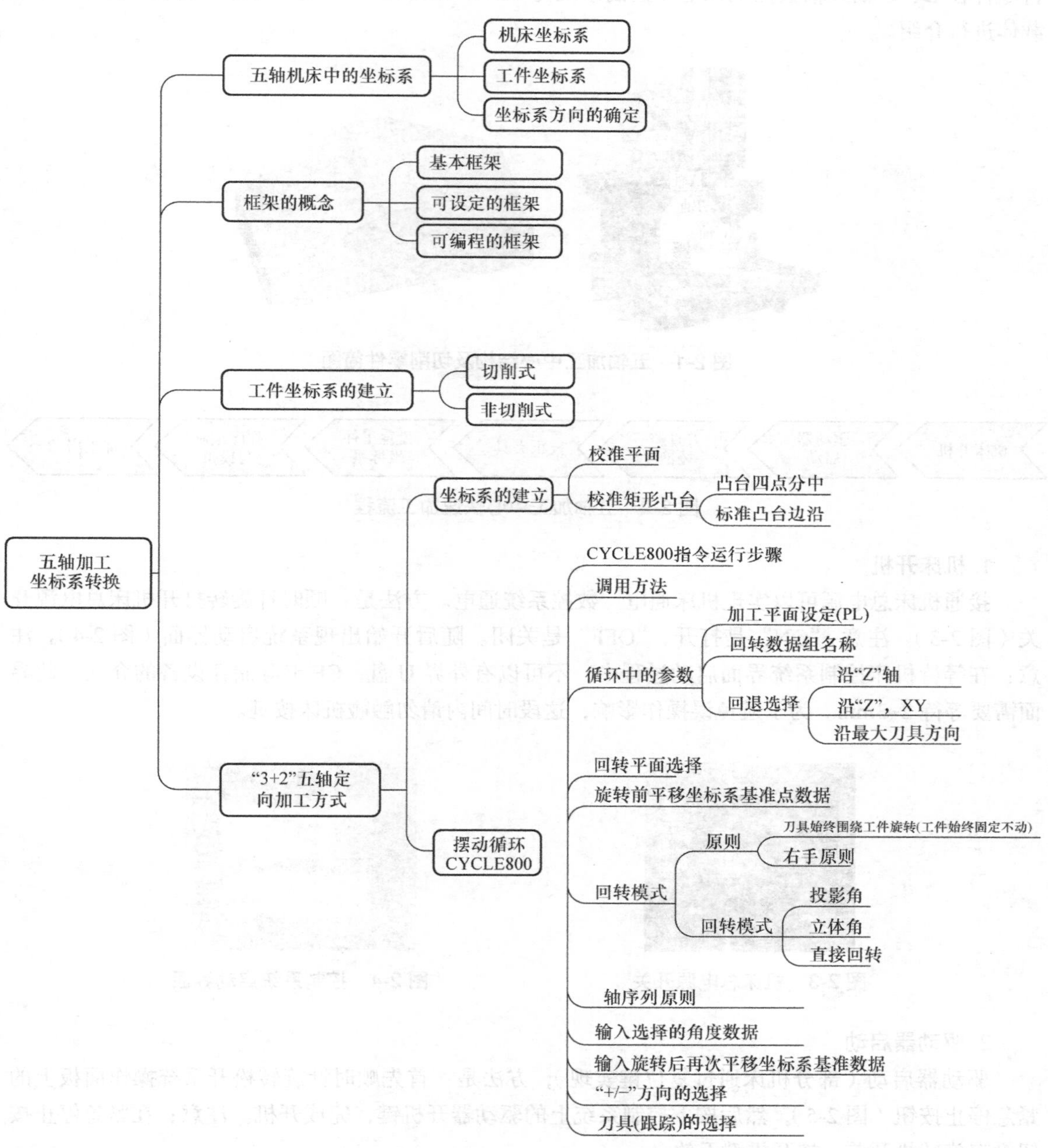

在现代的五轴加工生产实践中，五轴加工坐标系转换得到越来越广泛的应用，如航空航天、汽车制造等领域。五轴加工中心结构及切削零件简图如图 2-1 所示。五轴加工坐标系转换是重要的五轴功能，也是学习五轴加工和编程的基础。学习五轴加工坐标系之前，首先需要快速建立五轴加工入门操作意识，这些有助于从感性到理性提升五轴机床的操作编程能力。以下以某对称斜台零件在 B、C 轴五轴数控机床上（控制系统为 SINUMERIK 840D sl）的加工流程（图 2-2）为载体进行介绍。

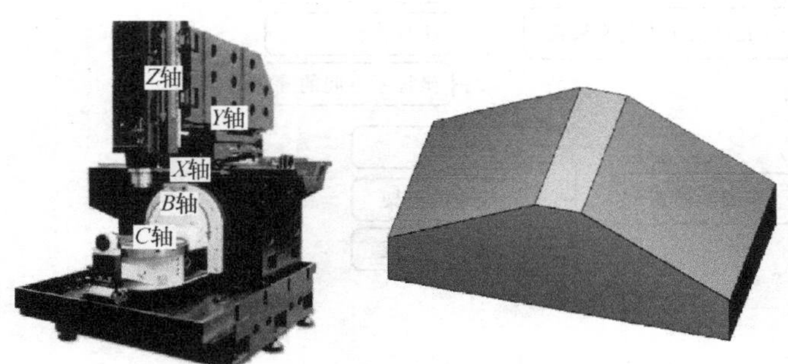

图 2-1　五轴加工中心结构及切削零件简图

图 2-2　五轴加工中心快速加工流程

1. 机床开机

接通机床总电源可以实现机床通电、数控系统通电。方法是：顺时针旋转打开机床总电源开关（图 2-3）。注意：“ON”是打开，“OFF”是关闭。随后开始出现系统启动界面（图 2-4）。注意：在等待机床控制系统界面启动过程中，不可以有外界 U 盘、CF 卡等储存设备的介入，此界面需要等待 2~3min。为了避免误操作影响，这段时间内请勿触碰机床按键。

图 2-3　机床总电源开关

图 2-4　控制系统启动界面

2. 驱动器启动

驱动器启动（部分机床通过复位键实现），方法是：首先顺时针旋转松开系统操作面板上的紧急停止按钮（图 2-5），然后按下控制系统上的驱动器开机键，完成开机。注意：在紧急停止按钮没有旋转松开前，按开机键无效。

3. 刀具箱校准

刀具箱校准又称为刀库回零。为安全起见，操作动作是：先按下复位键，再按循环启动键，机床便会校准刀具箱，这时刀库会自动找正刀号的位置，避免乱刀（图 2-6）。

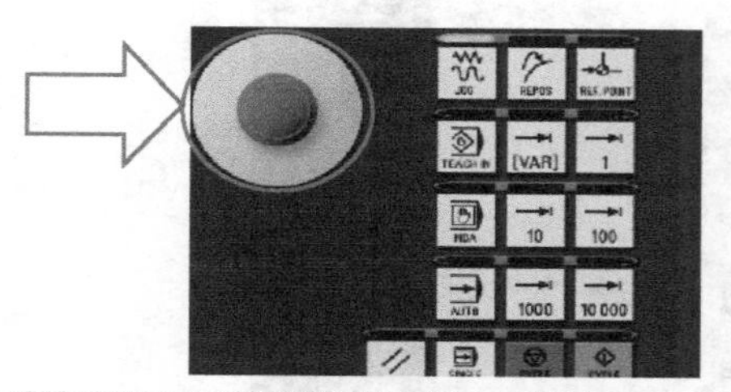

图 2-5　系统操作面板上的紧急停止按钮

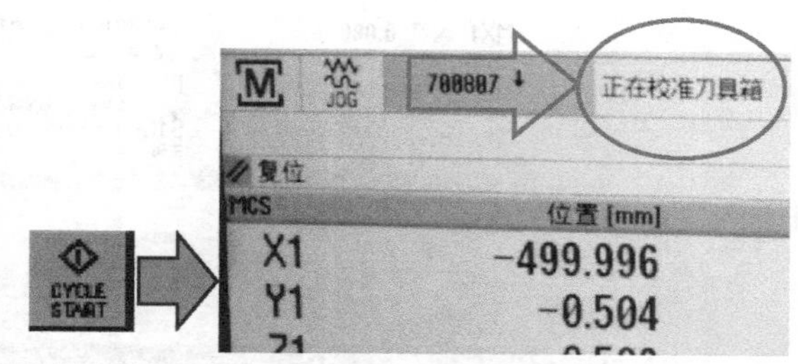

图 2-6　按下循环启动键后数控系统校准刀具时界面

4. 校正夹具

校正夹具部分以机用虎钳为例，装夹机用虎钳完成后，用磁力表盘吸住主轴，通过往复移动找正固定钳口（图 2-7），一般要求保证用杠杆百分表检测时平行度误差控制在 0.01mm 以内。

图 2-7　机床平口虎钳平行度找正

5. 设定工件坐标系

步骤 1：主轴正转。

工件坐标系设定可以使用刀具、标准棒、测头等多种方式，Z 向还可以使用机械或光电对刀仪。考虑到通用性（部分带光电测头机床可自动检测，操作便利，不在此介绍），本文以最通用的刀具旋转试切式对刀为例。首先，在主轴中输入转速 3000r/min，主轴 M 功能选择正转 ⟲ 图标，然后在系统操作面板上按循环启动键（图 2-8）即可。

步骤 2：设定工件坐标系（以 G54 为例）。

工件坐标系设定是实现五轴加工的重要工作，要求准确，由于西门子数控系统自带 CYCLE800 功能，后续加工编程，机床会自动实现旋转轴的旋转，因此工件坐标系设定过程和三轴数控加工中心基本一致。下面以四点分中确认 X、Y 方向坐标，以及工件上表面设定 Z 向零点。使用西门子数控系统自带的矩形凸台功能，可以很便利地实现 X、Y 方向对刀功能。刀具移动四点 P1、P2、P3、P4 后单击〖保存〗软键，成功设置零偏（图 2-9）。Z 向零偏的设定只需将刀具移动到工件表面后，用测量边沿的功能单独测量 Z 轴即可（图 2-10）。

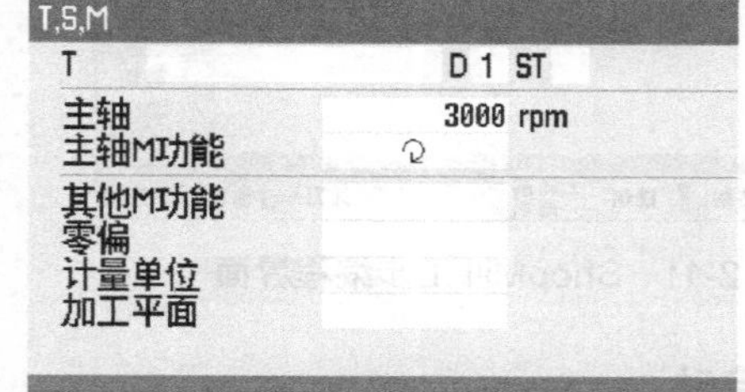

图 2-8　数控系统主轴旋转参数输入及循环启动

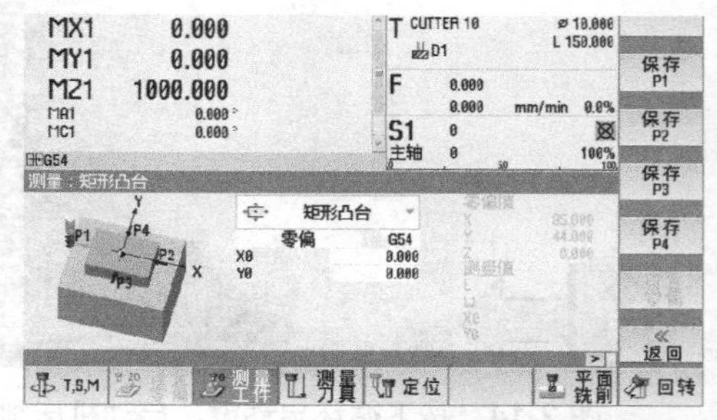

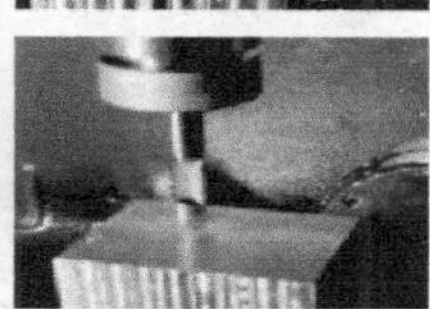

图 2-9　X、Y 方向对刀系统设定及机床状态

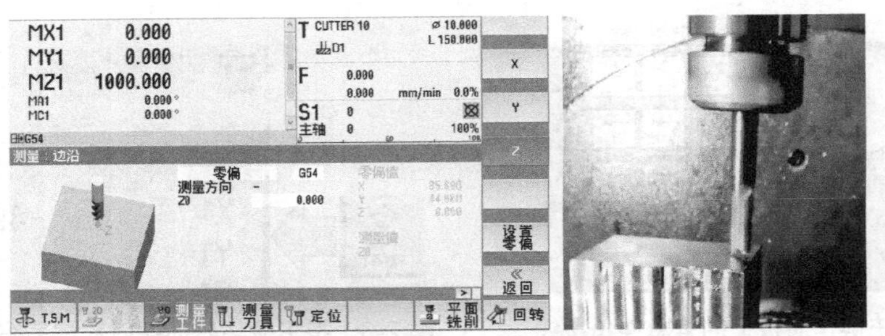

图 2-10 Z 向零偏设定及机床状态

6. 程序编制与模拟

普通程序编制使用 G 代码较多，但西门子数控系统 ShopMill 工步编程（图 2-11）功能可以简单通过人机对话实现编程，程序显示为加工工步，不是 G 代码，更易识别运行进度。使用 ShopMill 功能及系统内置的轮廓编辑器，还可以快速进行 2D 轮廓在空间倾斜面上的加工程序编辑，同时还可以在系统内部进行程序 3D 动态加工切削模拟（图 2-12）。

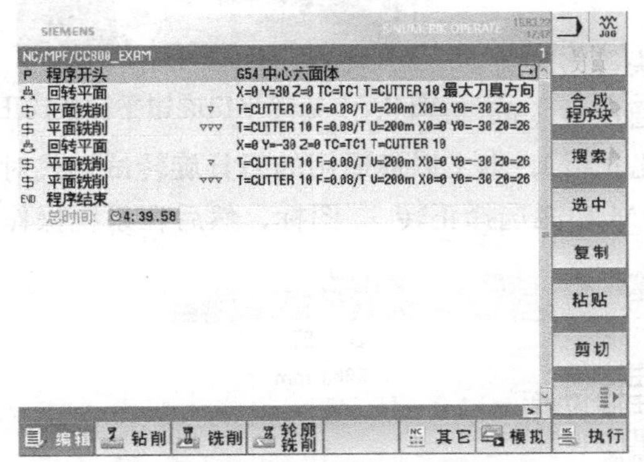

图 2-11 ShopMill 工步编程界面

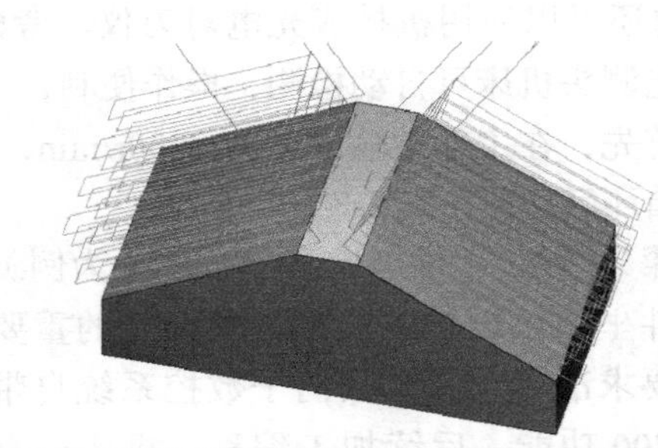

图 2-12 数控系统 3D 动态加工切削模拟

7. 加工启动

打开程序目录，找到加工程序（图 2-13）。单击〖执行〗软键并按下循环启动键，启动机床加工（图 2-14）。

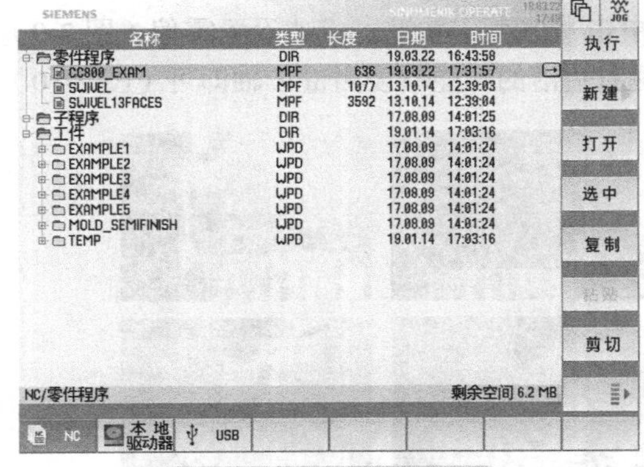

图 2-13 零件程序目录

图 2-14 按下循环启动键，启动机床加工

任务 2.1　五轴数控机床中的坐标系

1. 坐标系学习基础

坐标系是描述某一质点空间状态的基本参照系。在参照系中，为确定空间一质点的位置，按规定方法选取一组有次序的数据，这组数据称为“坐标”。在某一问题中对坐标进行规定的方法就是该问题所采用的坐标系。

坐标系的种类很多，空间直角坐标系是一个能将几何与代数相结合的非常巧妙的工具。空间直角坐标系是笛卡儿直角坐标系由平面向空间推广而来的，相交于原点的三条不共面的数轴构成1空间的放射坐标系，三条数轴互相垂直且数轴上的度量单位相等。

空间直角坐标系有效地建立了空间点与有序数组之间的联系，因此可以在数控加工中通过引入空间直角坐标系，将被加工零件的表面形状及轮廓转化为空间点位数据组的形式，记录在数控加工程序中，并且在数控机床上再次转化为刀具在三维空间的几何运动，从而进行切削加工。

2. 三轴加工坐标系

在常规的三轴铣削加工中，坐标系分为机床坐标系与工件坐标系两种。

1）机床坐标系是机床上固有的坐标系，并设有固定的坐标原点——机床参考点。机床坐标系的原点位置由机床制造商设定，并且不可随意更改，它是包括工件坐标系原点在内的所有其他参考点的基准。

2）工件坐标系是编程时使用的坐标系，所以又称为编程坐标系。工件坐标系的原点由数控加工的编程人员来确定，编程人员必须依据工件图上的尺寸标注，选择使坐标点的计算量最小的基准点作为工件零点。

3. 五轴坐标系的构成与方向判定

构成五轴坐标系的元素是构成空间直角坐标系的 X、Y、Z 三个基本线性轴和 A、B、C 三个附加旋转轴。旋转轴 A 的回转中心是 X 轴，旋转轴 B 的回转中心是 Y 轴，旋转轴 C 的回转中心是 Z 轴。

三个基本线性轴的正方向按照右手定则进行判定，如表 2-1 中右上图所示。拇指、食指、中指的指向分别为 X、Y、Z 轴的正方向。

三个附加旋转轴的正方向依照右手螺旋定则进行判定，如表 2-1 中右下图所示。先将拇指指向待判定旋转轴所围绕的线性轴的正方向，然后其余四指自然弯曲，弯曲的四指的指向即为该旋转轴的正方向。

表 2-1　五轴坐标系的三轴坐标系的判定关系

五轴坐标系	=	三个直线坐标轴 + 三个旋转轴	
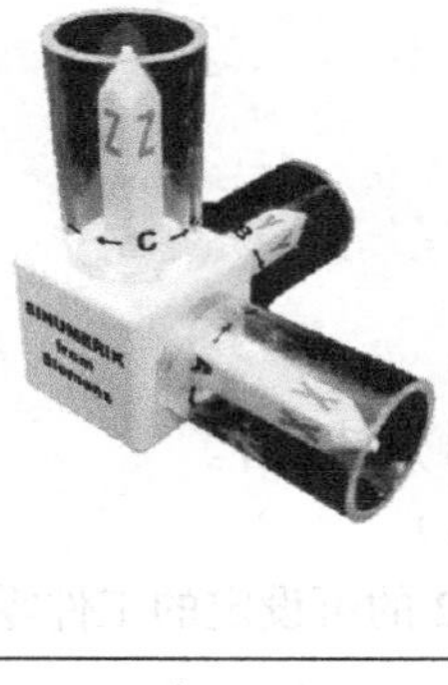	=	三个直线坐标轴	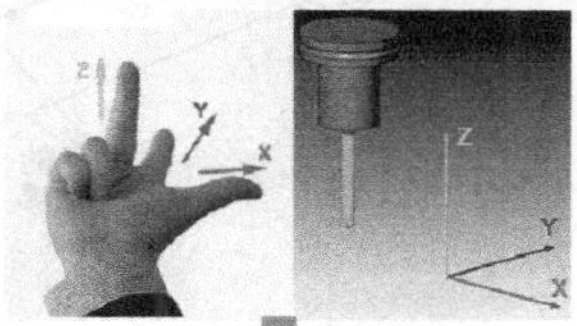
		围绕三个直线坐标轴的旋转轴	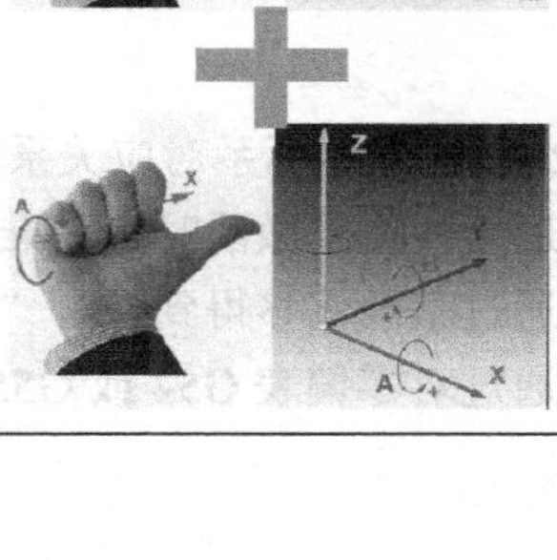

当判断工件坐标系的线性轴与旋转轴的正、负方向时，还有一个刀具绝对运动原则需要考虑在内。所谓刀具绝对运动原则，就是在判定工件坐标系的运动方向时，总是以工件坐标系的原点为参考系。无论真实的机床坐标轴运动方向如何，都要假设工件是绝对静止的，所有的运动都要看作刀具相对于工件的运动。

2.1.1　常用坐标系分类

在五轴加工技术中，为了便于数控系统内部的控制与计算，坐标系的划分更为细致，不同的坐标系有各自的定义和适用范围。在 SINUMERIK 840D sl 数控系统内部，将坐标系划分为五种，见表 2-2。

表 2-2　西门子数控系统中五种坐标系的划分

类型	缩写	说　明
机床坐标系	MCS	由所有实际存在的机床轴构成，使用机床零点 M
基准坐标系	BCS	由三条相互垂直的轴（几何轴）以及其他辅助轴构成，BCS 由 MCS 经过运动转换而成
基准零点坐标系	BNS	由基准坐标系（BCS）通过基准偏移后得到
可设定的工件零点坐标系	ENS	通过可设定的零点偏移，可以由基准零点坐标系（BNS）得到可设定的工件零点坐标系（ENS），在 NC 程序中使用 G 指令 G54~G57 和 G505~G599 来激活可设定的零点偏移
可编程的工件坐标系	WCS	工件坐标系始终是直角坐标系，并且与具体的工件相联系，使用工件零点 W

2.1.2　各坐标系之间的关系

五轴数控机床中的五种坐标系存在递进转换的关系，最底层的机床坐标系是其上每一级坐标系建立的基础。根据五轴机床中坐标系的分类，可以得到各个层级坐标系之间的相互关系，图 2-15 所示为五种坐标系之间的对应关系图。

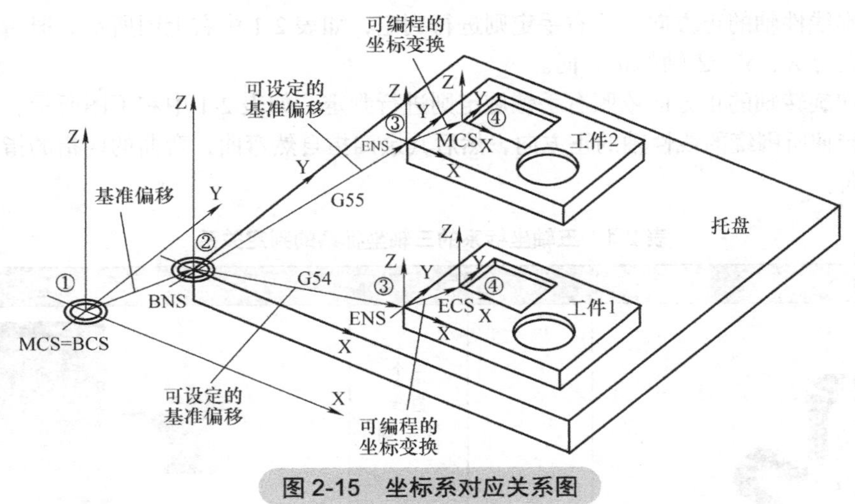

图 2-15　坐标系对应关系图

图 2-15 中各坐标系对应关系的说明：

1）运动转换未激活时，基准坐标系（BCS）与机床坐标系（MCS）相重合。

2）通过基准偏移得到带有“托盘”零点的基准零点坐标系（BNS）。

3）通过对零偏表 G54 或 G55 的设置，来确定用于工件 1 或工件 2 的可设定的工件零点坐标系（ENS）。

4）通过可编程的坐标转换，确定可编程的工件坐标系（WCS）。

> 注意：一般情况下基准坐标系与机床坐标系为重合状态，视为第一级坐标系，当两者存在偏置时基准坐标系的偏移将会影响其后续级别的坐标系；而基准零点坐标系是建立在基准坐标系之上的第二级坐标系；可设定的工件零点坐标系即为传统意义上的“工件坐标系 G54~G57”，该坐标系是建立在基准零点坐标系之上的第三级坐标系；每一级坐标系偏移与上一级坐标系偏移之间都是叠加关系，第四级可编程的工件坐标系为五轴加工中常用的工件坐标系二次建立方式，其坐标系变换的基础是可设定的工件零点坐标系，常用于“3+2”五轴定向加工时的可编程工件坐标系零点建立。

2.1.3　框架的概念

在五轴加工技术中通常采用“框架（FRAMES）”（图 2-16）这个概念来表述一种可以进行多种变换的空间直角坐标系。框架可以通过定义一种运算规范，把定义在空间中某一位置的直角坐标系转换为空间中另一个位置上的直角坐标系。由此，可以总结出框架的几个特点：

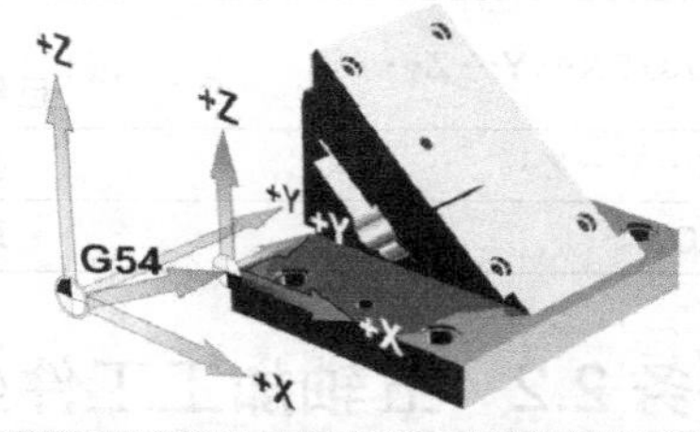

图 2-16 “框架（FRAMES）”示意图

1. 框架的概念

框架是一种可以进行多种变换的空间直角坐标系。

2. 框架的组成

1）基本框架（基本偏移，G500）：取消工件零点偏置。

2）可设定的框架（G54~G59）：标准坐标系名称。

3）可编程的框架（TRANS，ROT）：坐标系的偏移和旋转等。

框架定义了一种运算规范，因此借助于框架，工件坐标系能够任意进行平移、旋转、比例缩放和镜像，可以方便地将加工平面与任意工件平面进行匹配，简化了编程中为了坐标系变换而做的大量计算工作，从而将极大缩短编程所需的时间。

2.1.4　工件坐标系的变换

工件坐标系的变换可以通过框架运动指令来实现，在五轴加工中需要用到的框架运动指令包括平移指令 TRANS/ATRANS 和旋转指令 ROT/AROT，见表 2-3~ 表 2-5。

表 2-3　平移和旋转

平　移	旋　转
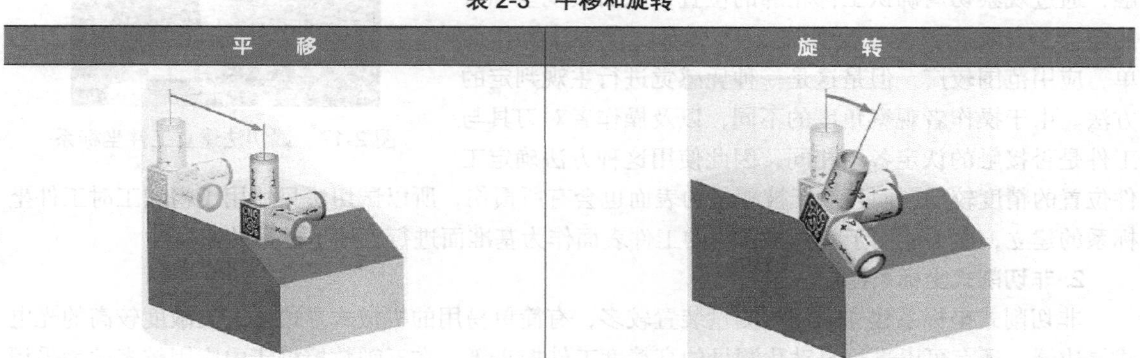	

表 2-4　坐标系平移指令

指令及参数	指令及参数说明
TRANS X… Y… Z…	可编程的绝对零点偏移，相对于当前有效的可设定工件零点 G54~G57 以及 G505~G599 的绝对平移
ATRANS X… Y… Z…	可编程的增量零点偏移，相对于当前激活的可设定工件零点或相对于当前已经激活的可编程工件零点的叠加平移
X… Y… Z…	为各轴指定平移量
TRANS	取消所有可编程零点偏移，清除之前编程的框架

表 2-5　坐标系旋转指令

指令及参数	指令及参数说明
ROT X… Y… Z…	可编程的绝对坐标旋转，相对于当前有效的可设定的工件零点坐标系 G54~G57 以及 G505~G599 的绝对旋转
AROT X… Y… Z…	可编程的增量坐标旋转，相对于当前激活的可设定的工件零点或相对于当前已经激活的可编程的工件坐标系的叠加旋转
X… Y… Z…	指定需要旋转的坐标轴及其旋转角度
ROT	取消所有可编程的工件坐标系旋转，清除之前编程的框架

任务 2.2　五轴加工工件坐标系的建立

虽然五轴加工设备的运动轴数较多，且包含多种坐标系，但五轴加工中工件坐标系的建立方法与三轴机床的工件坐标系建立方法基本相同。无论三轴加工还是五轴加工，其工件坐标系建立的实质均为：告知数控系统工件放置在数控机床的哪个位置上，即选择工件上某一参考点，找到与这一参考点重合的机械坐标值，并将该机械坐标值输入到数控系统中，以确定工件在机床中位置的唯一性。工件坐标系建立的过程即为实现这一告知目的的方法和手段。

2.2.1　工件坐标系建立的常用方法

工件坐标系建立的方法一般根据主轴夹持设备与工件接触方式的不同，可分为切削式和非切削式两类，这两种方法的坐标系建立原理基本相同。

1. 切削式坐标系建立

切削式坐标系建立应用较广，该方法所用的测量工具为主轴上装夹的切削刀具，用旋转的刀具与工件轻微地接触，通过观察切屑确认工件轮廓的位置，从而实现坐标系的建立，又称为试切法，如图 2-17 所示。该方法操作简单，应用范围较广，但是这是一种凭感觉进行主观判定的方法。由于操作者观察角度的不同，以及操作者对刀具与工件是否接触的认定各不相同，因此使用这种方法确定工件位置的精度较低，而且对于被测量的表面也会有所损伤，所以试切法只适用于粗加工时工件坐标系的建立，而不能用于将精加工后的工件表面作为基准面进行工件坐标系的建立。

图 2-17　试切法建立工件坐标系

2. 非切削式坐标系建立

非切削式坐标系建立采用的测量装置较多，有简单易用的机械式寻边器，灵敏度较高的光电式寻边器，还有可以进行自动化测量的高精度工件探头等。在五轴数控机床中应用较多的为采用红外线或无线电方式进行信号传输的工件探头，进行工件坐标系的测量与建立，如图 2-18 所示。这种方法具有较高的精度，不仅可以在数控系统的手动方式下，通过简单的操作步骤快速实现，也可以通过在加工程序中调用数控系统的测量循环指令在加工过程中自动完成。这里推荐大家尽量使用无线电信号传输的工件探头，因为红外线是沿直线传输的，而五轴数控机床的机械结构复杂多样，当刀轴发生摆动之后在某些特殊的角度位置下，可能会造成红外线信号接收器与工件探头之间的光路被遮挡而无法正常使用，无线电的传输方式则可以避免出现这种情况。

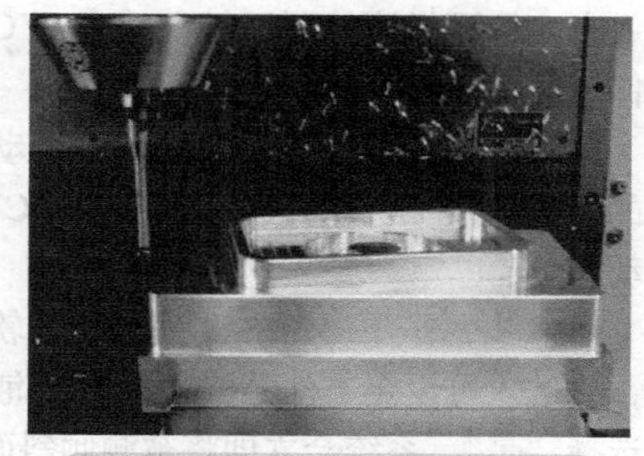

图 2-18　探头建立工件坐标系

2.2.2 “3+2”五轴定向加工工件坐标系的建立

五轴加工中可设定的工件零点坐标系的建立过程与三轴加工时基本相同，一般情况下需要将五轴数控机床的两个旋转坐标轴定位至初始位置——通常为各个旋转轴的零度位置。此时，各个机床坐标轴的轴线方向与标准空间直角坐标系中的基本坐标轴 X、Y、Z 都处于平行且同向的状态，可以采用三轴加工中通用的工件坐标系建立方法进行可设定的工件零点坐标系的建立。下面以 SINUMERIK 840D sl 五轴数控系统为例，介绍三种典型的工件坐标系建立的方法。

1. 校准平面

在进行五轴“3+2”方式的铣削加工时，被加工工件的上表面在空间上也许会是一个倾斜的平面，这时就无法直接采用三轴铣削加工中所熟悉的工件找正方法了。首先必须设法先将这个空间倾斜的平面给“找平”了才行，这时就要依靠西门子数控系统中特别为五轴工件测量准备的“校准平面”这个功能了。

如图 2-19 所示，“校准平面”的原理为：用 3D 工件探头在工件的倾斜面上任意选取三个点进行测量，系统就会根据测量出的三个点的空间坐标值自动计算出这三个点所构成的空间倾斜面的位置，同时也计算出当这个空间倾斜面摆放成水平状态时，可设定工件坐标系围绕基本几何轴 X、Y、Z 所旋转的角度，并将相应的角度值自动送入被测量的可设定工件零偏（如 G54）中相应的补偿表里。

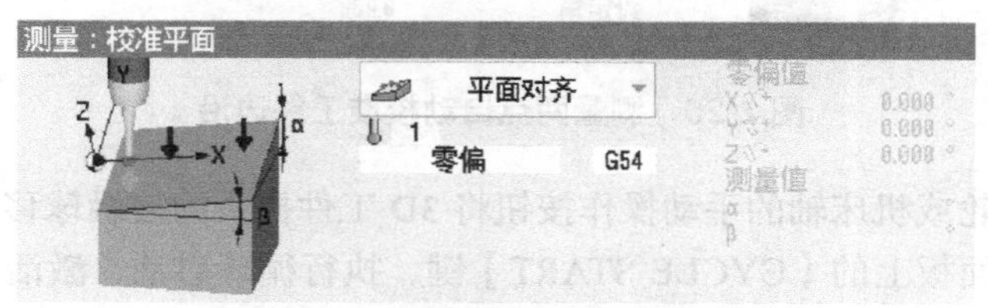

图 2-19　通过测量平面上三个点自动对齐平面

第一步：将 3D 工件探头调用至机床主轴。

第二步：在系统面板上按下【MACHINE】键，再按水平功能软键〖测量工件〗，并选择“平面对齐”这一项，然后选择被测量的可设定工件零偏的代码（如 G54）。

第三步：使用手轮或机床轴的手动操作按钮将 3D 工件探头的接触头移动至倾斜面上第 1 点的上方，按下机床控制面板上的【CYCLE START】键，执行循环启动，激活对该点的自动测量动作。

第四步：使用手轮或机床轴的手动操作按钮将3D工件探头的接触头移动至倾斜面上第2点的上方，按下机床控制面板上的【CYCLE START】键，执行循环启动，激活对该点的自动测量动作。

第五步：使用手轮或机床轴的手动操作按钮，将3D工件探头的接触头移动至倾斜面上第3点的上方，按下机床控制面板上的【CYCLE START】键，执行循环启动，激活对该点的自动测量动作。

第六步：按下屏幕右侧垂直功能软键〖设置零偏〗，系统自动计算出该平面的坐标系旋转角度，并送入可设定工件零偏表，同时询问是否立即将被测倾斜平面调整至与主轴垂直的方向，如果选择"是"，系统会立即将被测倾斜面自动摆动至水平位置。

这样一来，当激活五轴加工坐标系转换时，只要一调用测量好的可设定工件零点（如G54），数控系统就会自动摆动两个旋转坐标轴，将被加工的倾斜面旋转至与刀具轴相垂直的位置上，以便三个基本线性轴进行插补运动，对工件的倾斜表面进行加工。

2. 校准矩形凸台的边沿

通常在将工件毛坯放置在工作台上装夹的时候，为了使毛坯的边沿，尤其是精加工过的基准面与机床坐标轴保持平行，往往要花费很多的时间用百分表甚至千分表反复地找正。有了校准边沿这个功能，工件毛坯的摆放就随意了许多。在五轴数控机床上，确定好加工平面的位置以后，就可以通过校准边沿功能，在工件边沿上选择距离尽可能远的两个点位进行测量，数控系统会自动计算出当被测边沿与机床轴平行时可设定工件零偏的坐标系旋转角度值，并自动补偿在所选零偏表中相应的位置上。

第一步：将3D工件探头调用至机床主轴。

第二步：在系统面板上按【MACHINE】键，再按〖测量工件〗软键，并选择"边对齐"选项，得到图2-20所示的设置界面，选择被测零偏代码（如G54），选择测量轴X或Y以及测量方向"+"或"−"，选择角补偿为"坐标旋转"，并设定角度为0°。

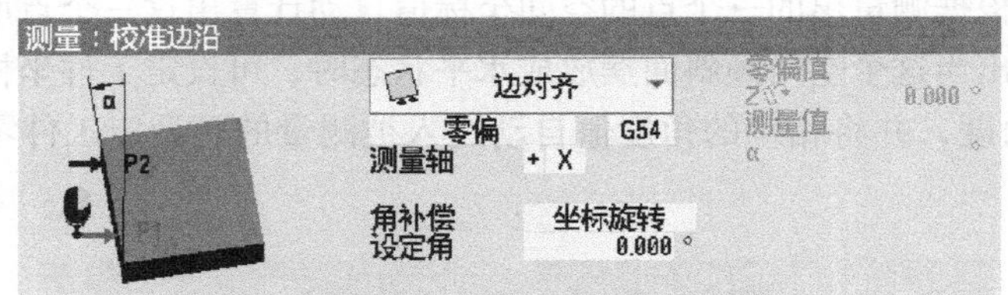

图2-20 测量两点自动校准工件边沿

第三步：使用手轮或机床轴的手动操作按钮将3D工件探头的接触球移动至工件边沿外侧的位置，按下机床控制面板上的【CYCLE START】键，执行循环启动，激活边沿上第1点的自动测量动作。

第四步：使用手轮或机床轴的手动操作按钮将3D工件探头的接触球移动至工件边沿外侧的位置，按下机床控制面板上的【CYCLE START】键，执行循环启动，激活边沿上第2点的自动测量动作。

第五步：按下屏幕右侧垂直功能软键〖设置零偏〗，系统自动计算出该边沿的坐标系旋转角度，并送入可设定工件零偏表。

3. 矩形凸台的四点分中

矩形工件的上表面和基准边都确定好以后，就可以使用测量工件里的"矩形凸台"功能对毛坯进行四点分中的操作了。

第一步：将 3D 工件探头调用至机床主轴。

第二步：在系统面板上按【MACHINE】键，再按水平功能软键〖测量工件〗，并选择“矩形凸台”这一项，得到图 2-21 所示的设置界面，并根据零件尺寸和探头触头位置设置矩形的横边长度“L”、纵边长度“W”、凸台高度“DZ”三个基本测量数据。

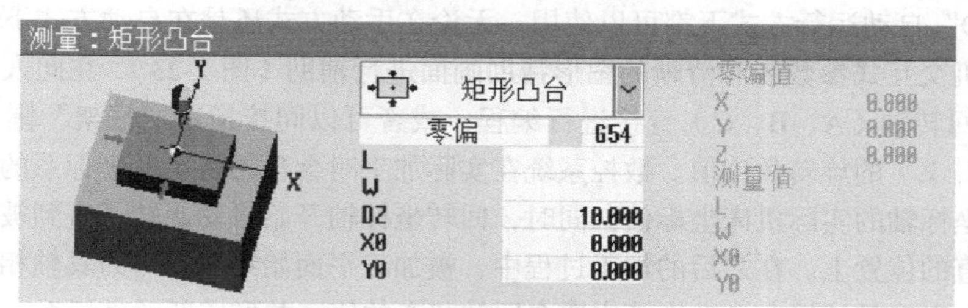

图 2-21　矩形凸台形式坐标系的建立

第三步：使用手轮或机床轴的手动操作按钮将 3D 工件探头的接触球移动至工件上方大致的中心位置。

第四步：按下机床控制面板上的【CYCLE START】键，执行循环启动，激活矩形凸台自动测量动作。

测量完成后，按下操作面板上的【OFFSET】键，进入零点偏移界面（图 2-22），就可以看到可设定工件零点坐标系建立完成的最终结果。

				X	Y	Z	A	C
G54				-347.234	-390.230	-312.520	0.000	0.000
精确				0.000	0.000	0.000	0.000	0.000

图 2-22　零点偏移界面坐标值显示

任务 2.3　摆动循环 CYCLE800 简介

“3+2”五轴定向加工是五轴数控机床的主要加工方式，在五轴加工中 85% 以上的加工内容可以采用“3+2”五轴定向加工的方式完成。所谓“3+2”五轴定向加工，是指五轴数控机床中的三个线性轴进行联动，其余两个旋转轴进行定向。加工前，先通过两个旋转轴的定位功能，使机床主轴与被加工工件成固定的空间角度，然后再通过三个基本线性轴的联动，对工件上的某一区域进行三轴加工。这种编程方式比较简单，可以使用三轴加工策略。

五轴定向加工主要由两个旋转轴联动，完成刀具轴相对于空间倾斜平面的定向运动，由其余三个线性轴的联动实现加工动作。为了简化“3+2”五轴定向中两个旋转轴的定向，以及旋转轴定向后的程序编辑，主流的五轴数控系统均设置了回转平面定位功能，用于实现可设定工件坐标系到可编程的工件坐标系之间进行坐标系变换操作。西门子数控系统就专门设计了摆动循环——CYCLE800 用于“3+2”五轴定向加工，在 SINUMERIK 840D sl 和 SINUMERIK 828D 上均可使用。

2.3.1　摆动循环的使用范围

CYCLE800 实质上是一种专用于五轴坐标系转换的循环，通过对系统“框架”的静态转换，能够实现“3+2”五轴数控机床把工件坐标系通过“平移 - 旋转 - 再平移”的方式转移到当前所需要加工的倾斜面上，实现空间工件坐标系的旋转。同时，使刀轴垂直于当前加工的倾斜面，把带有旋转轴定向的倾斜面加工转换成纯粹的三轴加工模式，从而实现五轴零件上的三轴定向加工。利用该指令可以实现在立体倾斜侧面上或在有一定角度的侧面上完成各种沟槽、型腔、凸台、钻孔、攻螺纹等一系列的三轴机床加工的内容。

摆动循环借助回转头或者回转台可以实现刀快速加工倾斜平面，该功能在“JOG”手动运行方式和“AUTO”自动运行方式下都可以使用。无论在手动方式还是在自动方式下进行回转编程时，都会有人机交互式参数表和清晰的图形帮助画面进行辅助（图 2-23）。在此人机交互界面中可以对机床的回转轴（A、B、C）直接进行编程，或者可以间接指定“框架”围绕工件坐标系几何轴（X、Y、Z）的旋转角度值。数控系统在实际加工时会自动将工件坐标系的旋转换算成机床上各个旋转坐标轴的实际机床坐标值。同时，回转坐标轴开始自动旋转，直到被加工平面定位到与刀具轴垂直的位置上。在之后的加工过程中，被加工平面始终保持与刀具轴相垂直。轴回转时，生效的零点和刀具补偿会自动换算成适合回转状态的值，并形成新的坐标系。

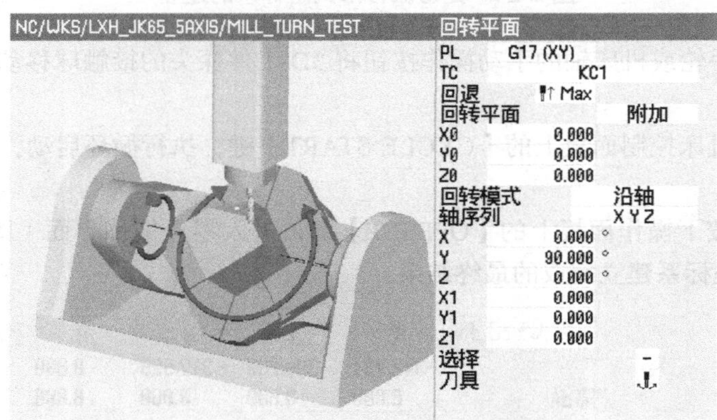

图 2-23　摆动循环 CYCLE800 人机交互界面

摆动循环 CYCLE800 指令运行步骤一般为：

1）将坐标系回转到待加工平面。

2）和通常在 X/Y 平面（如果设定 G17 为切削平面）中一样对加工内容进行编程。

3）重新将坐标系转回。

利用 CYCLE800 指令可以在立体倾斜侧面上或在有一定角度的侧面上完成沟槽、型腔、凸台、钻孔、攻螺纹等一系列的三轴机床加工的内容，能够在三轴加工的基础上通过一个简单的指令（由系统后台进行运动计算与执行控制）实现五轴定向加工。

2.3.2　摆动循环的使用特点

摆动循环 CYCLE800 指令是五轴编程的基础，也是五轴联动学习之前应该掌握的内容，掌握该内容后，才能够为五轴联动编程学习做好知识积累。

1. 摆动循环的应用场合

在实际生产中的五轴加工过程中，五轴联动的应用场合并不是很多，反而是固定轴“3+2”铣削的应用非常广泛。最为典型的五轴定向加工应用是“摆动平面”，即先将刀轴摆动至与空间倾斜平面相垂直的位置，再进行空间上的三轴联动加工。另外在自动方式下，摆动循环还有一种优化球刀加工的应用——铣刀定位。我们都知道，在使用球头立铣刀进行平面加工的时候，为了避免球头刀的刀具中心部分参与切削，通常需要刀轴与被加工表面成大约 15° 的倾斜角，利用“铣刀定位”的刀具回转功能就可以简单地实现将球头立铣刀偏转一个适当的角度，防止因为球头立铣刀与被加工表面垂直而产生的刀尖线速度趋向于零的不利切削条件，如图 2-24 所示。

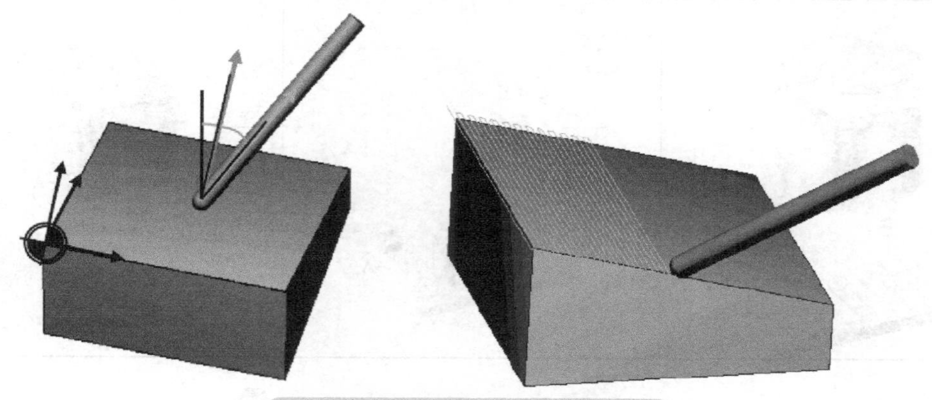

图 2-24　避免刀心参与切削示意图

2. 摆动循环CYCLE800指令的编程优势

1）在工件坐标系中，可以方便地实现对倾斜平面加工的快速编程，不需要特别计算旋转轴位置。

2）在回转模式不使用直接回转轴的情况下，可以实现独立于五轴结构运动系统的编程，这意味着摆动循环程序可以在任何结构类型的 SINUMERIK 五轴数控机床中运行。

3）在 CAM 软件上进行编程时，不需要在后处理器里面再设置特定的五轴运动结构。

4）刀具参数和零点偏移可以随时在机床上通过刀具表和零偏表进行设置和修改，而不用修改数控加工程序。

5）回转平面时刀具与被加工表面始终保持垂直，便于直接使用平面加工中可用的所有钻削、铣削以及测量循环。

6）回转前，刀具沿刀轴的回退自动考虑机床软限位，有多种回退策略可供选择。

7）数控系统复位或掉电后也可保持回转框架，便于从倾斜平面中沿刀轴方向退回刀具。

任务 2.4　摆动循环 CYCLE800 指令典型应用机床

摆动循环 CYCLE800 指令可以应用于各种结构类型的五轴数控机床，包括摇篮式、双摆头式和摆头 + 转台式等结构的机床，甚至在五轴车铣复合机床上也可以应用。

2.4.1　摆动循环适用的机床结构

摆动循环在西门子数控系统中是一个标准功能，不需要任何的附加选项就可以非常方便地使用。CYCLE800 适用于目前已知的所有五轴加工机床的结构类型，包括双摆头的 T 型结构、回转台的 P 型结构以及一摆头加一回转台的 M 型结构（表 2-6）。

由于能够适用于各种结构的五轴加工机床，CYCLE800 也就可能成为一种通用的刀具及平面摆动功能指令。这就意味着，只要摆动数据组的名称相同，而且摆动角度的定义方式是通用的，在一台双摆工作台结构的五轴加工中心上编写的 CYCLE800 指令，拿到另一台双摆头结构的龙门加工中心上，仍然可以正常使用。

表 2-6　CYCLE800 对应的五轴机床类型

双摆头（T 型）	回转台（P 型）	摆头 + 回转台（M 型）
可回转刀架	可回转工件夹具	混合式运动转换
+C +A	+C +A	+A +C

2.4.2　摆动循环典型应用机床示例

本书在后续内容介绍摆动循环 CYCLE800 典型应用时，主要以某型号回转台结构五轴加工中心（图 2-25）为例。在此简要说明一下该型机床的结构特点与加工的极限工作参数，见表 2-7。

图 2-26 所示为某型号五轴加工中心 B 轴工作台摆动极限位置情况，B 轴摆动行程范围为 −5°~110° 。

图 2-25　某型号（P 型回转台结构）五轴加工中心的机体结构

表 2-7　某型号五轴加工中心技术数据与特性

项　目	单　位	参　数
X/Y/Z 轴	mm	500/450/400
B 轴	(°)	−5° ~110°
C 轴	(°)	− ∞ ~+ ∞
转速范围	r/min	20~14000
功率（40/100% DC）	kW	14.5/20.3
转矩（40/100% DC）	N · m	121
速度范围（选配）	r/min	20~18000
功率（40/100% DC）	kW	25/35
转矩（40/100% DC）	N · m	130
快移速度 X/Y/Z	m/min	30
夹紧面	mm × mm	700 × 500
承重能力	kg	500
质量	kg	4480
功率	kW	21

针对表2-7和图2-26所示回转台结构的机床，一般来说，有负角面超过B轴摆动范围 -5°~110° 的零件，若没有采用其他工件装夹措施或工艺措施，是不适合在该型号（此P型回转台结构）五轴加工中心上进行加工的。所以学习五轴编程时，了解机床的机械结构也非常重要。

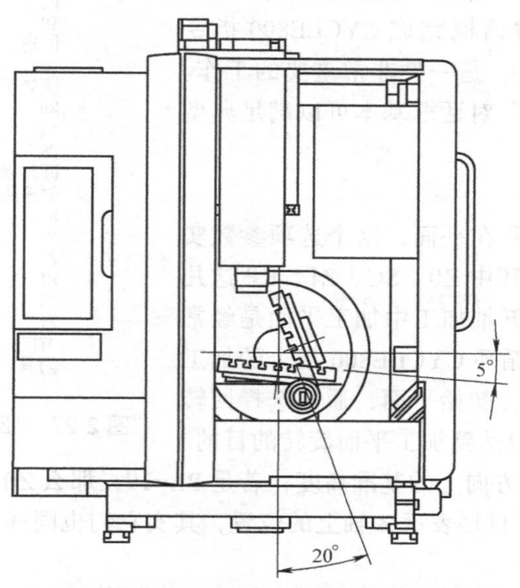

图2-26　某型号五轴加工中心B轴极限位置

任务2.5　摆动循环CYCLE800指令中主要参数说明

要想顺利地使用摆动循环CYCLE800，不仅要了解该指令的编程原理，还要理解该循环指令中的相关参数。摆动循环CYCLE800的参数包括两个部分。第一部分是机床出厂时，制造商根据五轴数控机床的五轴运动结构为此机床量身打造的CYCLE800设定数据，称为五轴结构参数。第二部分是操作者在具体使用CYCLE800时根据加工零件要求设置的摆动相关参数，称为循环工艺参数。一般情况下，机床厂负责第一部分参数的设置，否则CYCLE800的第二部分参数无法单独使用。

2.5.1　摆动循环的调用方法

为了便于使用者对摆动循环过程更好地理解，可以将回转平面的过程分解为三个步骤。步骤1：用坐标系平移功能将可设定的工件零点坐标系沿X、Y、Z三个方向任意移动，建立坐标系旋转中心。步骤2：用坐标系旋转功能将坐标系进行旋转，使待加工倾斜表面的法向矢量方向与刀具轴线方向重合。步骤3：根据需要再次进行坐标系平移，以简化坐标系倾斜状态下的编程操作。

在五轴数控系统中用摆动循环实现回转平面的“三部曲”，见表2-8。

表2-8　五轴数控系统坐标系之间的转换操作

步骤	名称	内　容
步骤1	平移	根据图样所示加工平面的位置和角度，对G54坐标系位置进行平移
步骤2	旋转	根据图样所示加工平面的角度，旋转倾斜面至加工表面
步骤3	平移	对坐标系进行二次平移，以简化程序编辑的方式

2.5.2 摆动循环中的参数说明

实际上，操作者一般只需关注使用参数设定就可以完成的加工任务，对于一台具体的五轴数控机床，学习使用“回转平面”对话框完成 CYCLE800 指令的使用参数的设定（输入），是一件非常重要的工作。图 2-27 所示的“回转平面”对话框基本可以满足典型加工任务编程的使用要求。

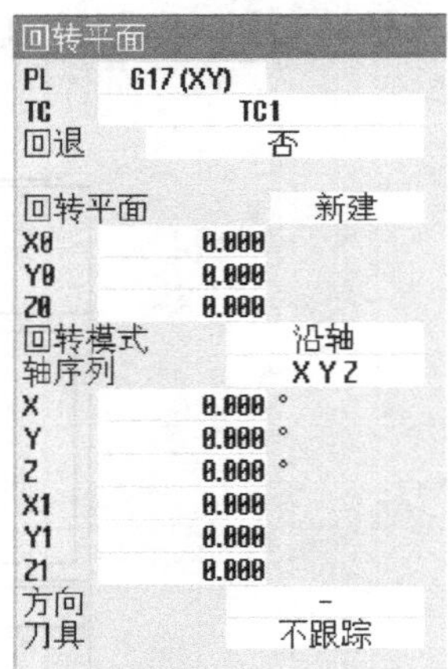

图 2-27 “回转平面”对话框中的参数

1. PL（加工平面设置）

该选项用于设定加工所在平面，这个选项参数实际上是钻削和铣削加工循环中 Z0、SC、Z1、RP 这几个参数的参考基准。虽然五轴加工中加工平面是经常切换的，但是在使用摆动循环 CYCLE800 指令的加工中，通常选择 G17 平面作为初始平面，通过选择回转指令可以使坐标系旋转，以达到加工平面旋转的目的。如果 PL=18，Z0 则是 Y 轴方向上的基准高度；若是 PL=19，那么 Z0 便是 X 轴方向上的基准高度了。不要误以为 Z0、Z1 只是表示 Z 轴上的位置，其实它们也同样用来表示 Y 轴和 X 轴上的相应位置。

2. TC（回转数据组名称）

输入回转数据组的名称，就是给回转循环起个名字。可以根据需要为不同的 CYCLE800 数据组设置不同的名称，根据需要选择不同的名称即可切换相应的参数。不过需要指出的是，在编写的加工程序调用 CYCLE800 指令中或回转平面对话框 TC 项中的名称必须与当前数控系统的回转数据组名称一致，否则程序无法运行。

3. 回退选择项

可以在回转旋转轴到新加工平面之前从工件加工位置回退刀具，以避免与工件碰撞，可以在回转数据组中选择相应的回退类型。通常选择 Z、XY 方式，先沿 Z 向退刀，然后再从 XY 平移到指定位置。常用回退方式及含义见表 2-9。

表 2-9 常用回退方式及含义

沿“Z”回退	沿“Z、XY”回退	沿“最大刀具方向”回退
沿 Z 轴的回退位置参考 MCS 定义，回退只在 Z 轴发生	沿 Z、X、Y 轴的回退位置参考 MCS 定义，回退首先在 Z 轴发生，然后在 X、Y 轴发生	沿参考 WCS 的刀具方向回退，直至达到软件限制，在机床结构类型为 T 和 M 的情况下，多轴同时移动

4. 回转平面选择项

根据需要，选择某一平面作为被旋转的平面，可以分为两种方式：

1）新建：从初始的坐标系原点开始建立一个新的坐标平面。

2）附加：在已变换角度或位移的平面上，继续累加旋转或平移。

通常选择新建方式来建立新的坐标平面，很少采用附加方式建立坐标平面。

5. 输入旋转前平移坐标系基准点数据（X0、Y0、Z0）

平面回转前平移 WCS 坐标系的示意见表 2-10。

表 2-10　旋转前平移坐标系基准点

沿 X 轴的工件零点平移	沿 Y 轴的工件零点平移	沿 Z 轴的工件零点平移
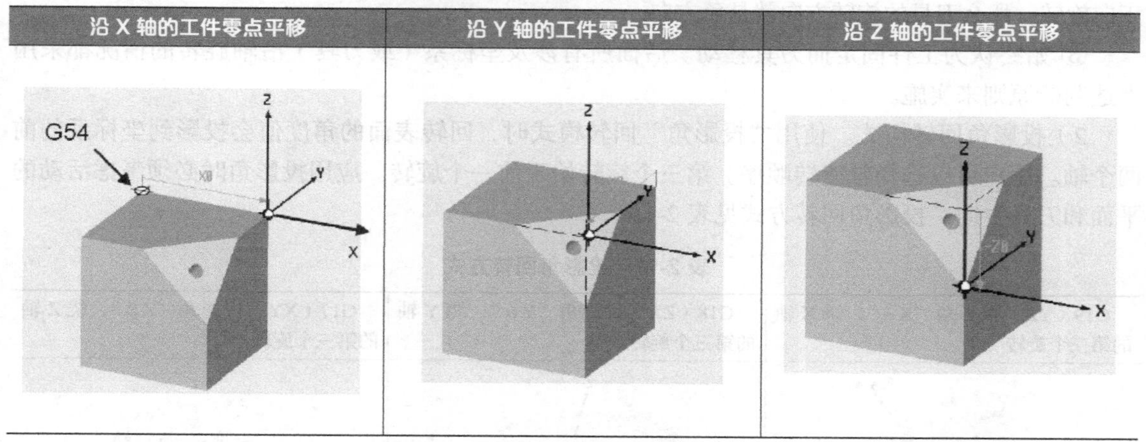		

6. 回转模式选项

可根据加工的实际需要选择回转模式中的一个，每个回转过程是逐轴进行的，如图 2-28 所示。

回转模式	逐轴
直接回转轴	是
投影角	是
立体角度	是

图 2-28　回转模式选项

1）直接回转轴回转模式。可以在回转数据组参数中选择和启用各种回转模式。建议绕几何轴"逐轴"方式回转坐标系，因为编程是独立于机床运动系统的。注意这里的旋转方向指的是刀具的旋转方向，后续的平移是指在旋转后的平面上进行的三个坐标方向上的平移。

根据想要旋转的工件平面所在的轴，按照右手笛卡儿直角坐标系和右手螺旋定则选择回转方向。注意，这里回转方向是刀具的回转方向，我们始终认为工件固定而刀具移动。坐标系在以 XY 平面 (G17 平面）为基准的工件坐标系中依次沿各轴进行回转，如图 2-29 所示。

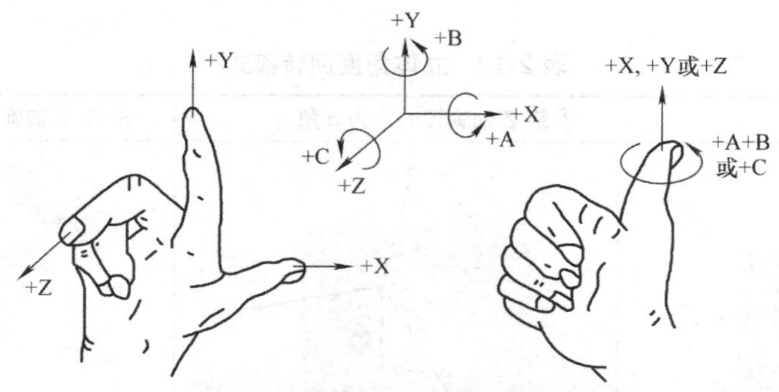

图 2-29　右手笛卡儿直角坐标系和右手螺旋定则

要想判断出正确的回转角度，必须要明确以下几点规则：

① 右手螺旋定则规定大拇指指向轴的正方向，四指环绕方向为绕该轴旋转的正方向，如图 2-30 所示。

② 根据刀具绝对运动的原则，回转方向是指刀具的回转方向。需要注意的是，在本书中的五轴结构为工作台摆动，工件的回转方向与刀具的回转方向是相反的。例如：如果工件绕 X 轴正向旋转，那么刀具的旋转方向就是负方向。

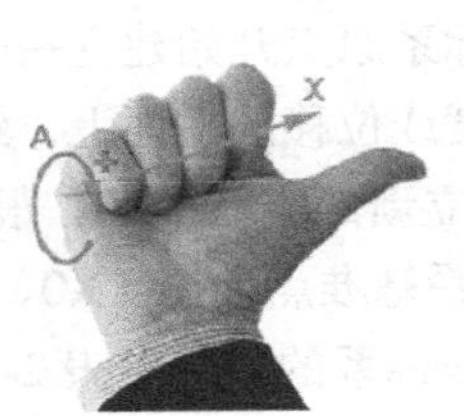

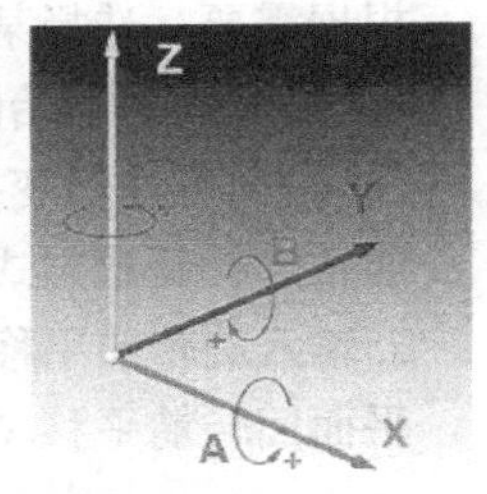

图 2-30　旋转轴判定之右手螺旋定则

③ 始终认为工件固定而刀具移动。后面所有涉及坐标系（或刀具）沿轴旋转的情况都采用上述判断原则来实施。

2）投影角回转模式。使用“投影角”回转模式时，回转表面的角度值会投影到坐标系的前两个轴。用户可以选择轴旋转顺序。第三个旋转始于前一个旋转。应用投影角时必须考虑活动的平面和刀具方向。投影角回转方式见表 2-11。

表 2-11　投影角回转方式

G19（YZ）投影角“Xα”，绕 X 轴的第三个旋转	G18（ZX）投影角“Yα”，绕 Y 轴的第三个旋转	G17（XY）投影角“Zβ”，绕 Z 轴的第三个旋转
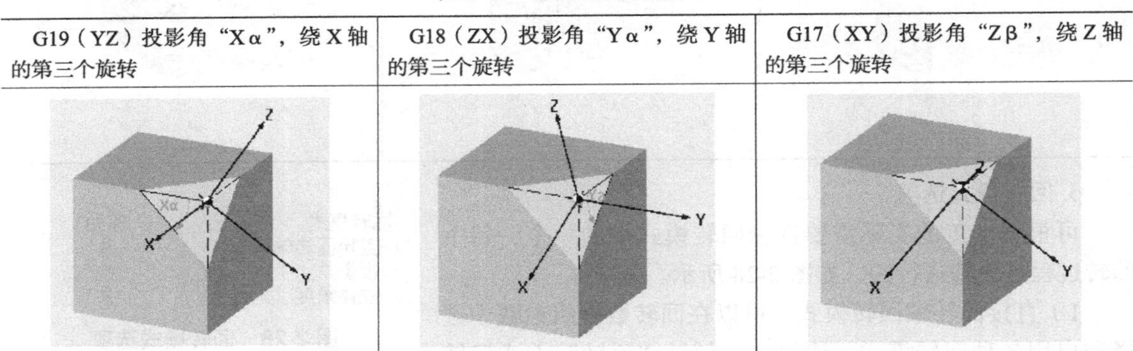		

当编程围绕 XY 和 YX 的投影角时，回转坐标系的新 X 轴位于旧 ZX 平面上。

当编程围绕 XZ 和 ZX 的投影角时，回转坐标系的新 Z 轴位于旧 YZ 平面上。

当编程围绕 YZ 和 ZY 的投影角时，回转坐标系的新 Y 轴位于旧 XY 平面上。

3）立体角度回转模式。使用立体角度回转模式时，刀具首先绕 Z 轴旋转（α 角），然后绕 Y 轴旋转（β 角），第二个旋转始于第一个旋转。回转框架在此平移到五轴数控机床参与旋转的轴上，见表 2-12。

表 2-12　立体角度回转模式

① 立体角起始方向	② 绕 Z 轴旋转的称为 α 角	③ 绕 Y 轴旋转的称为 β 角
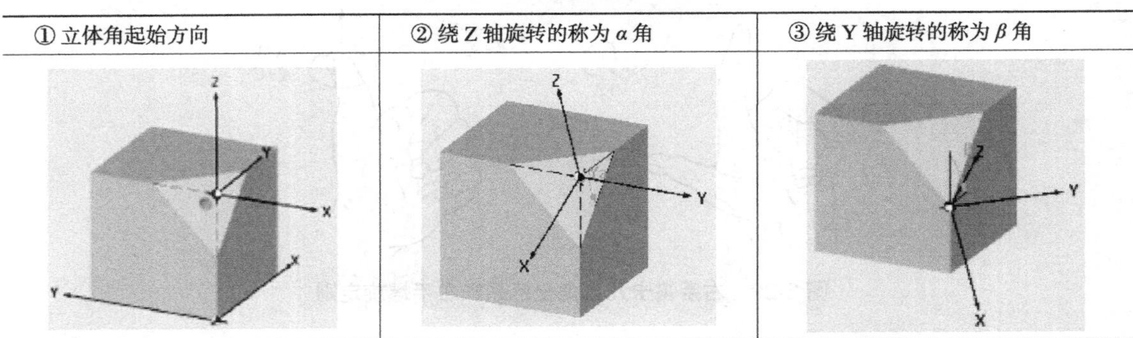		

7. 轴序列

单独坐标轴旋转的顺序可使用【SELECT】(选择)键自由选择，在此建议使用基于RPY原则的旋转顺序。

以下规则适用：

1）绕Z轴的旋转。

2）绕新Y轴的旋转。

3）绕新X轴的旋转。

> 注意：要根据零件的实际形状和加工要求选择合理的轴顺序。

8. 输入旋转的角度数据

按轴回转时（X、Y、Z）每个轴的转动角度，单位为度（°）。

9. 输入旋转后再次平移坐标系基准点数据

基准点数据为（X1、Y1、Z1）。这个数据应当在要加工的平面内，这个平面应垂直于刀具轴。

10. 方向“+/−”选择项

在回转台运动系统中，设置为方向参考控制第一个旋转轴（B），并在回转的数据记录中定义。数控系统使用机床运动旋转轴的角度摆动范围，计算在CYCLE800中编程的轴旋转的两个可能解决方案。通常这两个解决方案都是可行的，但是遇到前面所示的机床结构——B轴的摆动范围被限制在正方向一侧，这两个解决方案中就只有一个在技术上是合适的。

11. 刀具（跟踪）选择项

刀具（跟踪）选择项决定刀具运动过程中是否带有刀尖跟踪功能。只有控制器是SINUMERIK 840D sl且带有五轴转换选项TRAORI时，此处才可以选择“是”。

为了便于初学者能够简便、安全地使用五轴摆动循环CYCLE800实现加工平面的回转功能，针对本书练习使用的五轴加工中心，给出以下注意事项：

1）回转数据组TC统一设置为TC1，便于加工程序的通用性。

2）回退统一设置为最大刀具方向，有利于回转动作的安全性，但是如果加工刀具较长、工件较高，在摆动工作台之前还是要在确认刀具和工件不会发生干涉的情况下再进行回转。

3）由于B轴工作台的摆动范围在−5°~110° 之间，负向摆动范围只有−5°，为避免超程，在方向选项中只能选择“+”，即选择（方向）统一设置为正方向，这样每次加工过程B轴摆角都是正向优先摆动。

4）刀具跟踪模式统一设置为“不跟踪”，以免摆动循环在没有五轴联动功能的机床上无法运行。

5）执行摆动循环之前，根据程序中设置的摆动方向和摆动角度，预先将刀具定位于远离工件及夹具的位置，避免发生干涉或过切现象。

2.5.3　摆动循环回转数据的设定

摆动循环CYCLE800指令在使用之前必须对实际机床的五轴结构形式、回退模式、回转模式以及刀具跟踪方式等基本参数组进行设置。如图2-31所示，偏移矢量和旋转轴回转矢量的设置值，用于框架回转及坐标系转换后空间位置的计算，因此必须经过精确的测量。

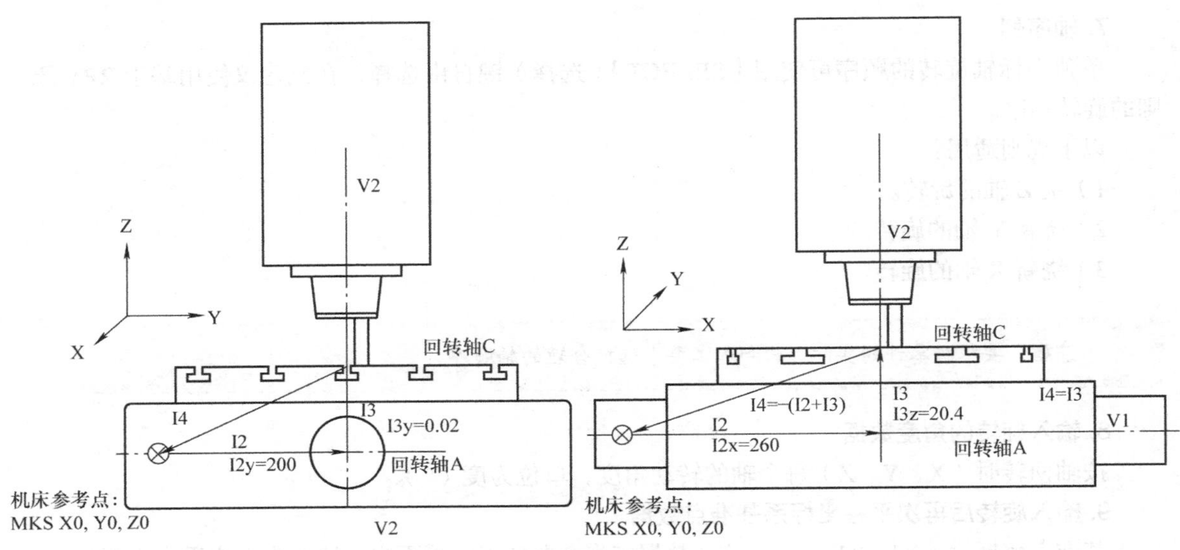

图 2-31　P 型回转台的偏移矢量和回转矢量示意

了解对应型号五轴加工中心机床摆动结构数据有利于系统端的设置（图 2-32），更有助于读者理解和深入学习摆动循环 CYCLE800。下面对摆动循环 CYCLE800 的回转数据组中所涉及项目的内容及参数含义（表 2-13）进行介绍。

运动通道1　　回转数据组的名称

名称：DMG　　运动　　回转台　　号：　1

返回：　Z或Z,XY或最大刀具方向或增量式刀具方向

	X	Y	Z
返回位置	-500.000	-0.500	-0.500 [mm]
偏置矢量 I2	-200.950000	-226.122000	-500.169000 [mm]
回转轴矢量 V1	0.000000	-1.000000	0.000000
偏置矢量 I3	0.041000	0.000000	-49.922000 [mm]
回转轴矢量 V2	0.000000	0.000000	-1.000000
偏置矢量 I4	200.909000	226.122000	550.091000 [mm]

回转模式　逐轴
直接回转轴　是　　刀具跟踪　是
投影角　是
立体角度　是
方向参考
使能　是
JobShop功能　　自动回转数据组切换

回转轴
返回

图 2-32　CYCLE800 回转数据组设置界面 1

表 2-13　运动通道 1 中回转数据组各项目的参数含义

项目	内容或数值	说　明
名称	TC1	回转循环名称设置
运动	回转台	根据五轴机床结构类型选择相对应的形式
	回转头	
	回转头 + 回转台	

（续）

<table>
<tr><th>项目</th><th>内容或数值</th><th>说　明</th></tr>
<tr><td rowspan="5">回退</td><td>无空运行</td><td rowspan="5">刀轴摆动之前的刀尖定位方式</td></tr>
<tr><td>Z</td></tr>
<tr><td>Z，XY</td></tr>
<tr><td>Z 或 ZXY</td></tr>
<tr><td>最大刀具方向</td></tr>
<tr><td>返回位置</td><td>Z 或 ZXY 回退位置</td><td>刀轴退刀运动的目标位置坐标（安全位置坐标）</td></tr>
<tr><td>偏置矢量 I2</td><td>回转中心坐标</td><td>机床基准点到回转轴 1 的旋转中心 / 交点的距离</td></tr>
<tr><td>回转轴矢量 V1</td><td>第一回转轴</td><td>回转轴 B 绕 Y 轴旋转</td></tr>
<tr><td>偏置矢量 I3</td><td>回转中心坐标</td><td>从回转轴 1 的旋转中心 / 交点到回转轴 2 的旋转中心 / 交点的距离</td></tr>
<tr><td>回转轴矢量 V2</td><td>第二回转轴</td><td>回转轴 C 绕 Z 轴旋转</td></tr>
<tr><td>偏置矢量 I4</td><td>回转中心坐标</td><td>结束矢量链 I4=－（I2+I3）</td></tr>
<tr><td rowspan="3">回转模式</td><td>直接回转轴</td><td rowspan="3">CYCLE800 所设定的三种回转模式，其使用原则要根据零件的性质和加工要求来定，以方便编程为准则</td></tr>
<tr><td>投影角</td></tr>
<tr><td>立体角度</td></tr>
<tr><td>刀具跟踪</td><td>否</td><td>刀具运动过程中是否带有刀尖跟随功能，一般“3+2”五轴数控机床加工选择“否”</td></tr>
<tr><td rowspan="6">方向参考</td><td>回转轴 1，方向选择</td><td rowspan="6">方向参考：B 轴摆动时的优先方向，本书中所述机床是正向优先</td></tr>
<tr><td>回转轴 2，方向选择</td></tr>
<tr><td>回转轴 1，方向选择</td></tr>
<tr><td>回转轴 2，方向选择</td></tr>
<tr><td>否，无显示，方向 +</td></tr>
<tr><td>否，无显示，方向 –</td></tr>
<tr><td rowspan="2">JobShop 功能</td><td>自动回转数据组切换</td><td rowspan="2">支持在工步编程方式下使用 CYCLE800</td></tr>
<tr><td>手动回转数据组切换</td></tr>
</table>

图 2-33 所示的“回转轴通道 1”界面中的回转轴 1 的标识符“B”和回转轴 2 的标识符“C”分别代表 P 型机床，围绕 Y、Z 方向的旋转轴。回转轴 1 称为第一回转轴，回转轴 2 称为第二回转轴。

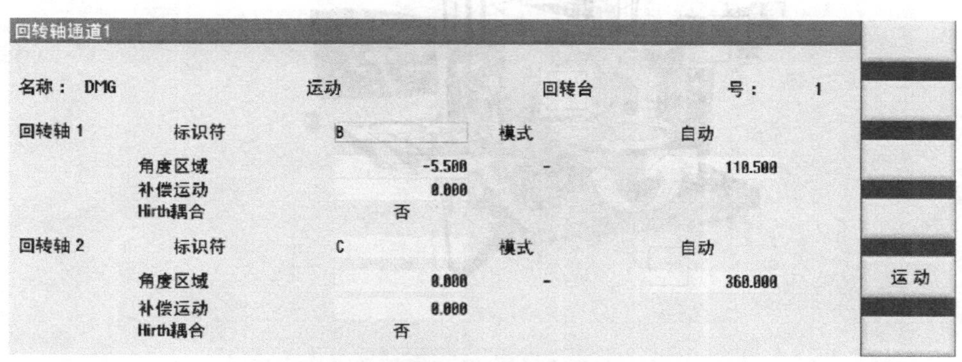

图 2-33　CYCLE800 回转数据组设置界面 2

在图 2-33 中所显示出的选择项内容与数值，在机床出厂时已经由机床制造厂商精确测量设定而成，操作者不得随意调整或修改其中的信息，否则将会影响旋转轴摆动和定位的准确性，从而影响五轴加工的精度。

习　题

一、简答题

1. 除了笛卡儿直角坐标系，还有哪种坐标系常用于数控加工？
2. 建立工件坐标系常用的方法有哪几种？各有什么利弊？
3. 在什么情况下需要使用摆动循环？
4. 摆动循环可以适用于所有结构的五轴机床吗？为什么？
5. 摆动循环的参数有哪些分类？它们之间的关系如何？
6. 摆动循环回转平面“三部曲”的特点是什么？
7. 为什么空间直角坐标系更适合于五轴数控加工？
8. “框架”在五轴加工中的实际作用是什么？
9. 西门子数控系统建立工件坐标系的典型方法有哪些特点？
10. 在西门子数控系统中各种建立工件坐标系的方法之间有什么关联？
11. 使用摆动循环 CYCLE800 的优势有哪些？
12. 五轴数控机床的结构对于其所加工的零件的范围有所限制吗？为什么？
13. 摆动循环工艺参数中的哪些关键参数需要特别注意？

二、填空题

1. 五轴数控机床的直线移动轴分别是________、________、________；旋转轴分别是________、________、________。

2. 在下图方框内填写相关内容。

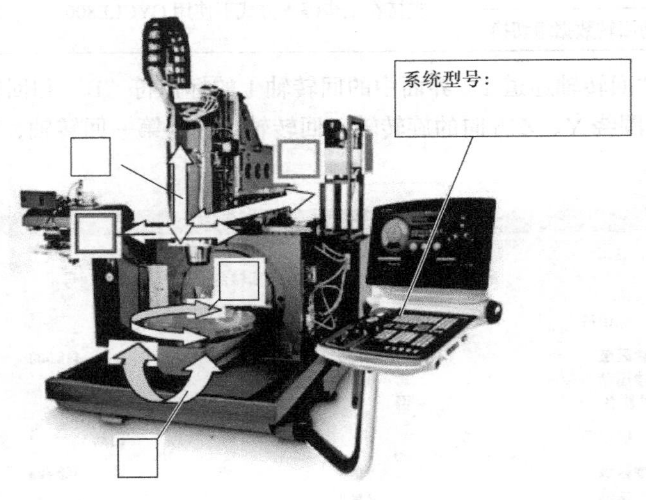

项　目	单　位	参　数
X/Y/Z 轴	mm	500/450/400
B 轴	°	-5° ~110°
C 轴	°	- ∞ ~+ ∞
转速范围	r/min	20~14000
功率（40/100% DC）	kW	14.5/20.3
转矩（40/100% DC）	N · m	121
速度范围（选配）	r/min	20~18000
功率（40/100% DC）	kW	25/35
转矩（40/100% DC）	N · m	130
快移速度 X/Y/Z	m/min	30
夹紧面	mm	700 × 500
承重能力	kg	500
质量	kg	4480
功率	kW	21

3. 通过阅读上表所列某型号五轴加工中心技术参数，回答如下问题：

（1）机床各坐标轴行程范围分别是________________________________。

（2）机床主轴最高转速是__________r/min，最低转速是__________r/min。RPM 中文含义是：__________。

（3）机床工作台最大承载质量是__________kg。

（4）机床工作台面的尺寸为__________mm × __________mm。

（5）机床主轴在 100% DC 时功率是__________kW，转矩是__________N · m。DC 中文含义是：__________。

（6）该类型机床使用的刀柄类型为__________。（请从机床操作说明书中查找）

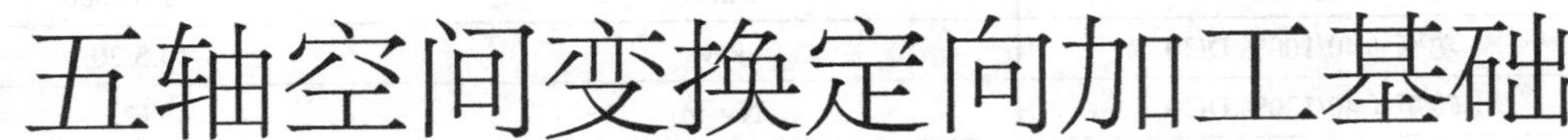

项目3
CHAPTER 3

五轴空间变换定向加工基础

学习任务

任务 3.1　创建五轴数控机床刀具表
任务 3.2　正四棱台零件编程与加工
任务 3.3　正四方凸台圆形腔与侧面孔零件编程与加工（四面孔加工方法补充）
任务 3.4　多角度空间斜面零件编程与加工

学习目标

知识目标

- 了解常用铣削刀具的种类
- 了解刀具补偿的相关知识
- 了解刀具几何参数与刀具补偿的对应关系
- 了解设置界面各参数的含义及作用

技能目标

- 掌握在操作系统中建立要使用的刀具
- 掌握删除操作系统中已有刀具的方法
- 掌握在操作系统中装载刀具的方法
- 掌握在操作系统中卸载刀具的方法
- 掌握 CYCLE800 指令中直接编程法
- 掌握 CYCLE800 指令中立体角编程法
- 掌握 CYCLE800 指令中附加功能编程法

本项目学习任务思维导图如下：

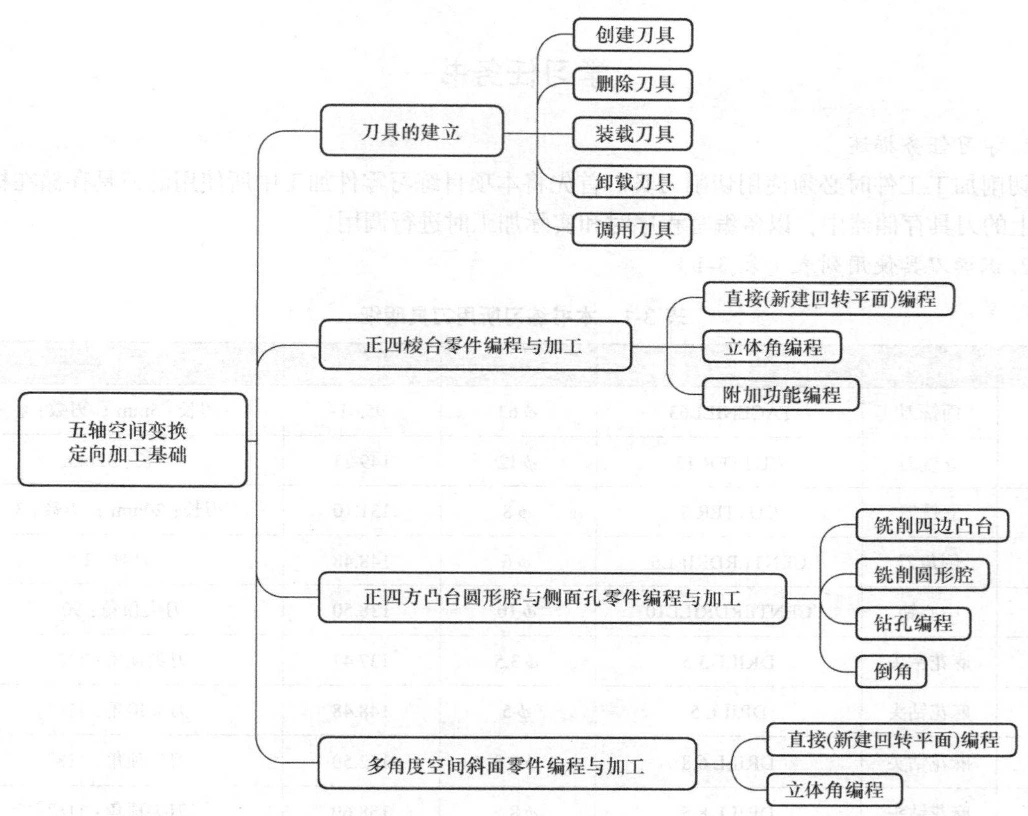

本项目主要通过使用“3+2”五轴定向加工方式对三个零件进行编程与加工，训练零件既具有外形结构较简单的特征，又有最常见的零件形面特征，也是学习应用回转平面 CYCLE800 循环指令入门的题材。通过对这三个典型零件进行回转平面加工方向定位、加工案例分析，结合两种常用的回转平面定位编程操作详细说明，可方便初学者对多轴数控机床加工中常用的“3+2”五轴定向加工方式有一个系统理解。

任务 3.1 创建五轴数控机床刀具表

学习任务书

1. 学习任务描述

切削加工工件时必须使用切削刀具。首先将本项目练习零件加工中所使用的刀具存储在机床系统上的刀具存储器中，以备编写程序时和实际加工时进行调用。

2. 识读刀具使用列表（表 3-1）

表 3-1 本书练习所用刀具明细

序号	刀具名称	程序中的刀具名称	规格尺寸 /mm	刀具长度 /mm	参数
1	面铣刀	FACENILL63	ϕ63	95.01	刃长：5mm；刃数：4
2	立铣刀	CUTTER 12	ϕ12	149.23	刃长：32mm
3	立铣刀	CUTTER 8	ϕ8	131.10	刃长：20mm；刃数：3
4	倒角刀	CENTERDRILL6	ϕ6	148.48	刃数：2
5	中心钻	CENTERDRILL10	ϕ10	138.50	刀尖顶角：90°
6	麻花钻头	DRILL 3.5	ϕ3.5	137.47	刀尖顶角：118°
7	麻花钻头	DRILL 5	ϕ5	148.48	刀尖顶角：118°
8	麻花钻头	DRILL 6.8	ϕ6.8	152.50	刀尖顶角：118°
9	麻花钻头	DRILL 8.5	ϕ8.5	158.60	刀尖顶角：118°
10	麻花钻头	DRILL 12	ϕ12	195.90	刀尖顶角：118°

3. 学习准备

序号	工作准备	内容	备注
1	机床（数控系统）	五轴数控机床	SINUMERIK 840D sl 数控系统
2	刀具	刀具列表对应刀具	
3			
4			
5			
6			

3.1.1　建立刀具与删除刀具

1. 任务操作1——创建铣刀

创建铣刀操作步骤见表 3-2。

表 3-2　创建铣刀

序号	设置方法	操作步骤	基本设置参数
1	在系统面板上按【OFFSET】键，屏幕显示出“刀具表”界面	按  OFFSET 键	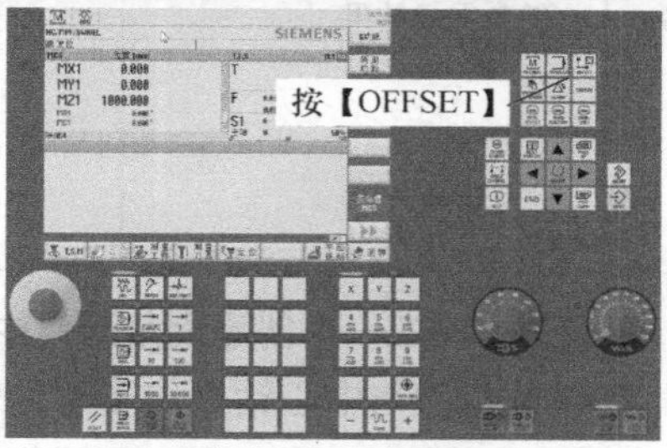 按【OFFSET】
2	通过光标移动键将光标移动到刀具表中“类型”1号位置，接着按〖新建刀具〗软键	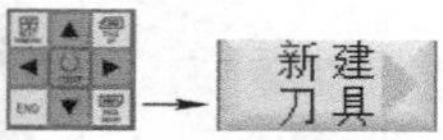 → 新建刀具	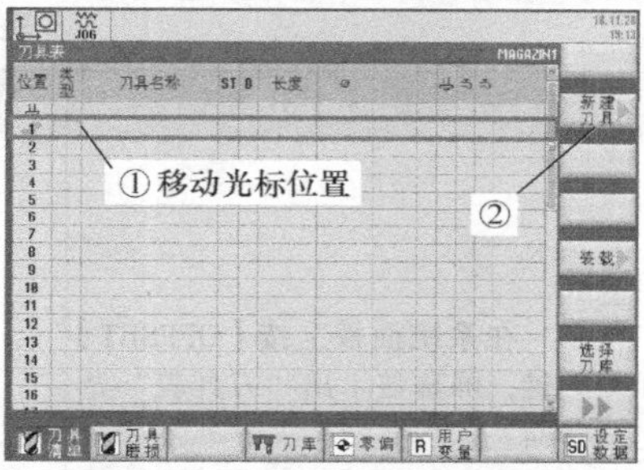 ①移动光标位置 ②
3	通过移动光标选择“面铣刀”，按〖确认〗软键	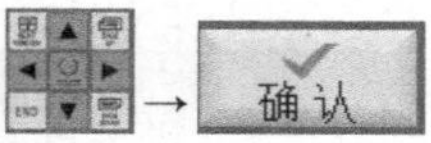 → 确认	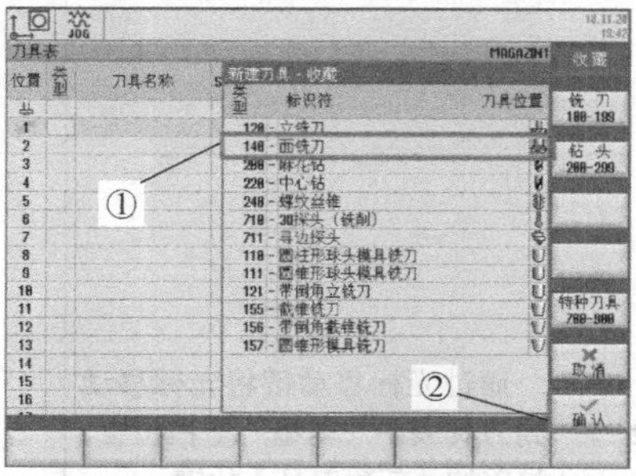 ① ②
4	这时光标所在行显示出“面铣刀”，直接在操作面板上输入“FACEMILL63”，接着连续按2次【INPUT】键，使得光标在“长度”位置，这时按照表3-1中的面铣刀信息输入刀具长度尺寸“95.01”，再次按【INPUT】键使得光标在“ϕ”位置，输入面铣刀直径“63”。接下来将“N”数值改为“4” **提示：**如果输错信息，须返回修改相关数值，可以使用光标移动键，将光标移动到相应位置后进行修改	输入“FACEMILL63”→ INPUT → INPUT → 输入“95.01” → INPUT → 输入“63” → INPUT → INPUT →输入“4”	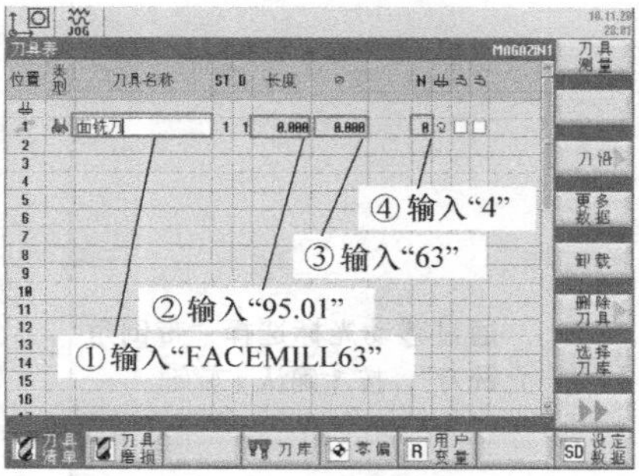 ①输入“FACEMILL63” ②输入“95.01” ③输入“63” ④输入“4”

（续）

序号	设置方法	操作步骤	基本设置参数
5	任务完成结果		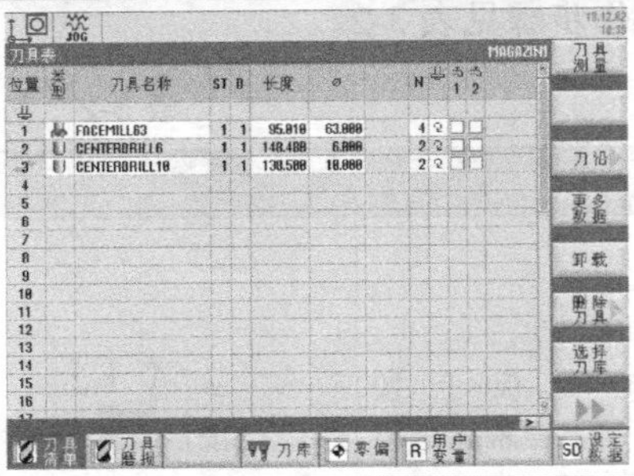

2. 任务操作2——创建倒角刀与中心钻

创建倒角刀与中心钻操作步骤见表 3-3。

表 3-3　创建倒角刀与中心钻

序号	设置方法	操作步骤	基本设置参数
1	在系统面板上按【OFFSET】键，屏幕显示出“刀具表”界面	按  OFFSET 键	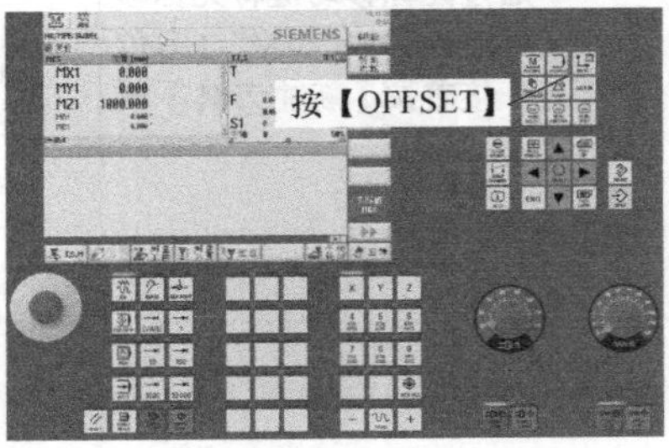 按【OFFSET】
2	通过光标移动键将光标移动到刀具表中“类型”空白位置，接着按〖新建刀具〗软键	 → 新建刀具	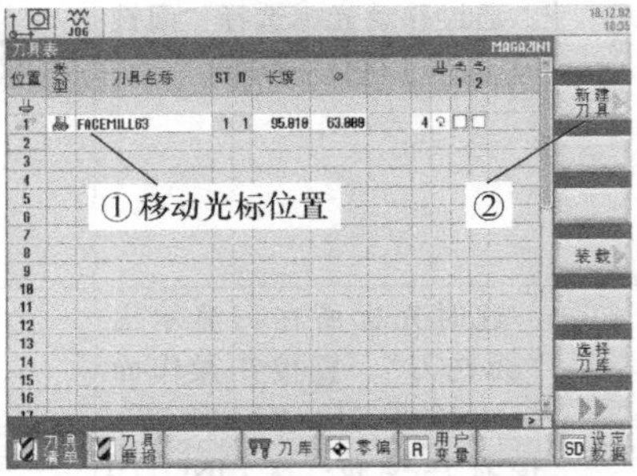 ①移动光标位置 ②
3	通过移动光标选择“带倒角立铣刀”，按〖确认〗软键	 → 确认	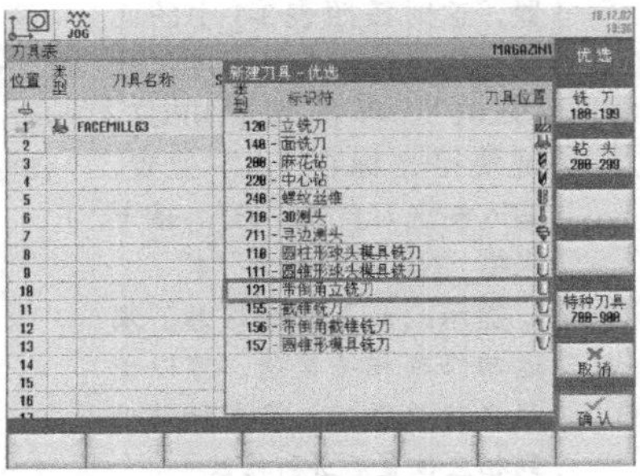

（续）

序号	设置方法	操作步骤	基本设置参数
4	这时光标所在行显示出“带倒角立铣刀”，直接在操作面板上输入“CENTERDRILL6”，接着连续按两次【INPUT】键，使得光标在“长度”位置，这时按照表3-1中的倒角刀信息输入刀具长度尺寸“148.48”，再次按【INPUT】键使得光标在“ϕ”位置，输入直径“6”，接下来将“N”数值改为“2”。 提示：如果输错信息，须返回修改相关数值，可以使用光标移动键，将光标移动到相应位置后进行修改	输入“CENTERDRILL6”→ INPUT → INPUT → 输入“148.48” → INPUT → 输入“6” → INPUT → INPUT →输入“2”	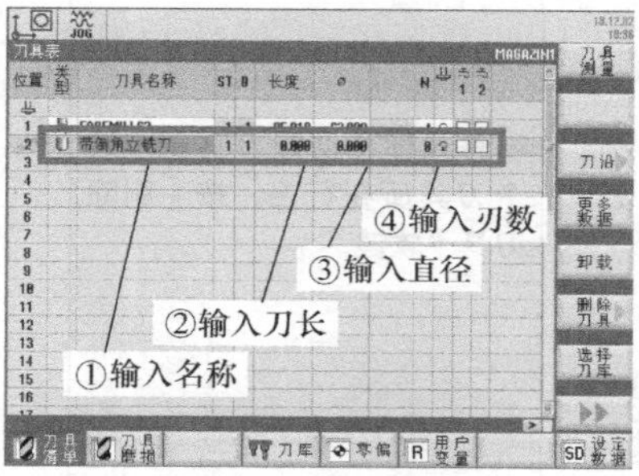 ①输入名称 ②输入刀长 ③输入直径 ④输入刃数
5	用同样方法插入中心钻		
6	任务完成结果	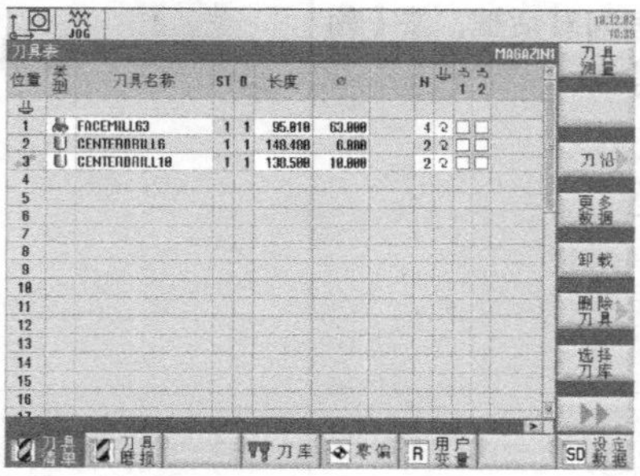	

3. 任务操作3——删除刀具

删除刀具操作步骤见表3-4。

表3-4　删除刀具

序号	设置方法	操作步骤	基本设置参数
1	在系统面板上按【OFFSET】键，屏幕显示出“刀具表”界面	按  OFFSET 键	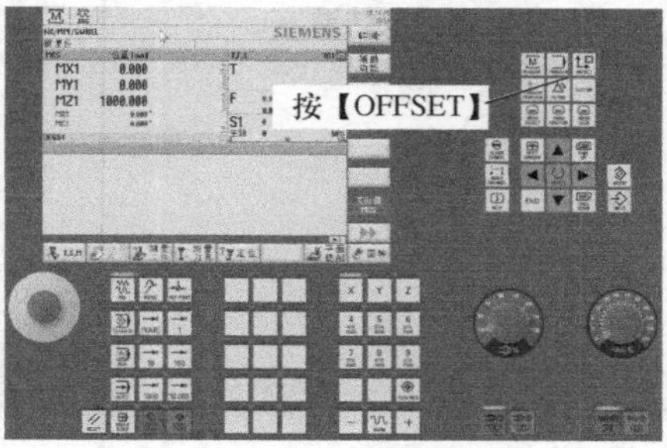 按【OFFSET】

（续）

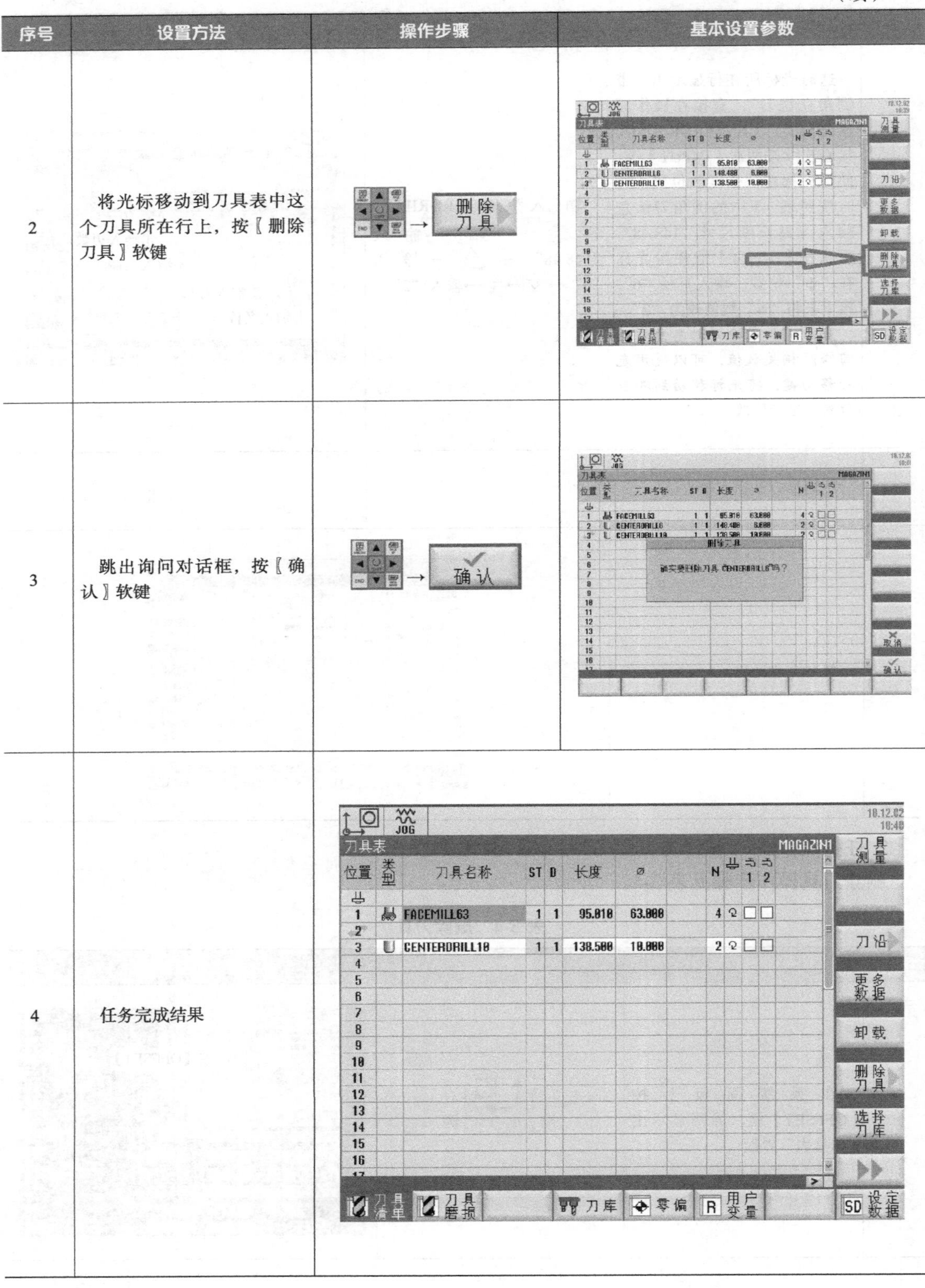

序号	设置方法	操作步骤	基本设置参数
2	将光标移动到刀具表中这个刀具所在行上，按〖删除刀具〗软键	→ 删除刀具	
3	跳出询问对话框，按〖确认〗软键	→ 确认	
4	任务完成结果		

3.1.2　装载刀具与卸载刀具

1. 任务操作1——装载刀具

装载刀具操作步骤见表 3-5。

表 3-5　装载刀具

序号	设置方法	操作步骤	基本设置参数
1	在系统面板上按【OFFSET】键，屏幕显示出“刀具表”界面	按  OFFSET 键	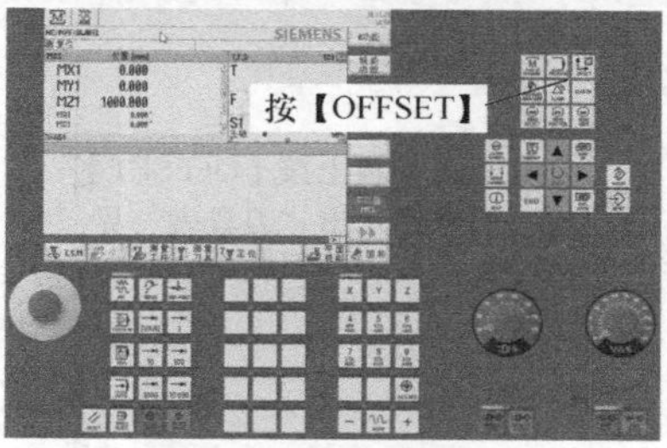 按【OFFSET】
2	光标移动到刀具“FACEMILL 63”上，按〖装载〗软键，跳出对话框	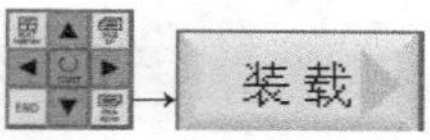 装载	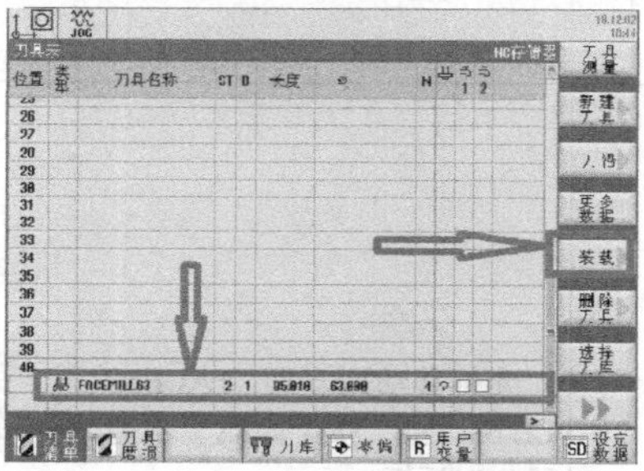
3	在“位置”后输入刀库位置，也可保持默认，系统会按顺序装载到刀库，按〖确认〗软键，就把 ϕ63mm 的面铣刀装入刀库中，位置在 1 号	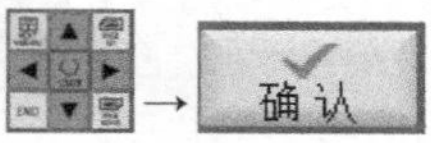 确认	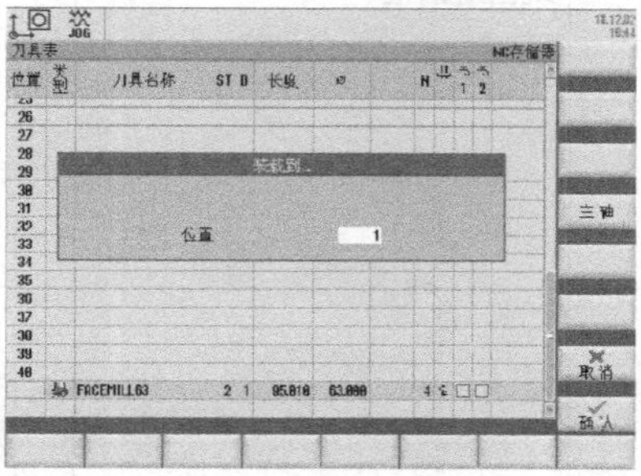
4	任务完成结果	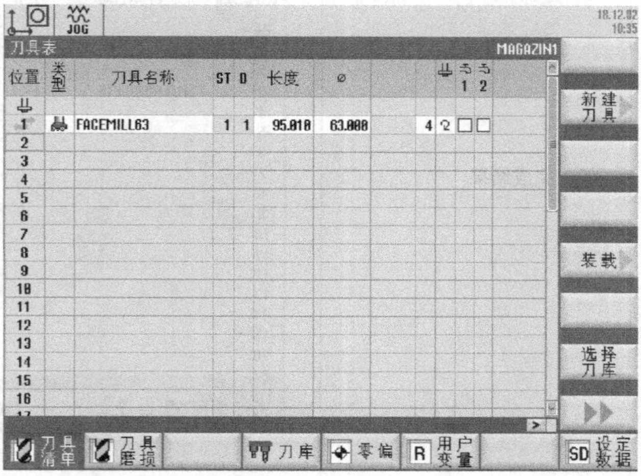	

2. 任务操作2——卸载刀具

卸载刀具操作步骤见表 3-6。

表 3-6　卸载刀具

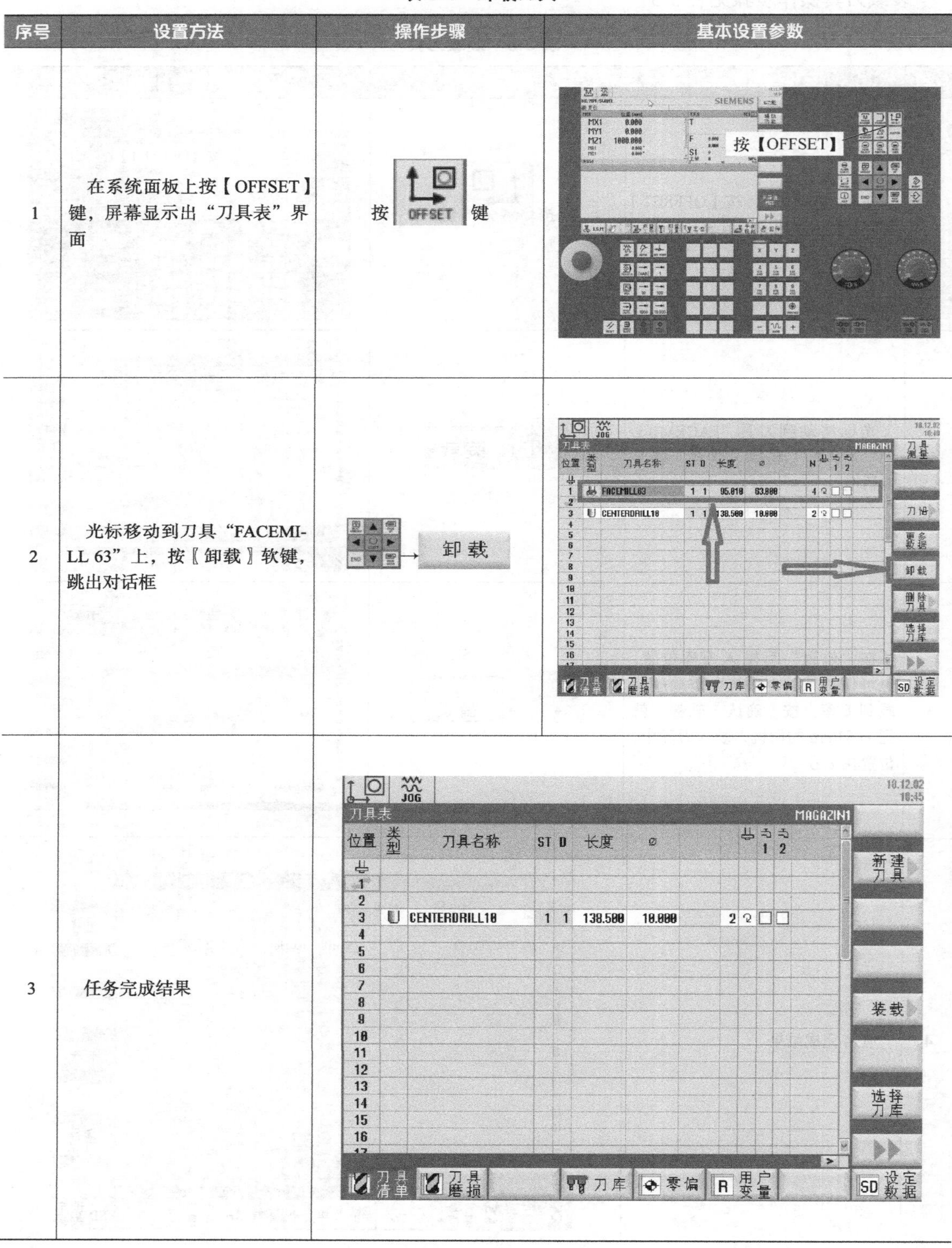

序号	设置方法	操作步骤	基本设置参数
1	在系统面板上按【OFFSET】键，屏幕显示出“刀具表”界面	按 OFFSET 键	按【OFFSET】
2	光标移动到刀具“FACEMILL 63”上，按〖卸载〗软键，跳出对话框	卸载	
3	任务完成结果		

3. 任务操作3——在程序中调用刀具

在程序中调用刀具操作步骤见表 3-7。

表 3-7　在程序中调用刀具

序号	设置方法	操作步骤	基本设置参数
1	在系统面板上按程序模式【PROGRAM】键	按  PROGRAM 键	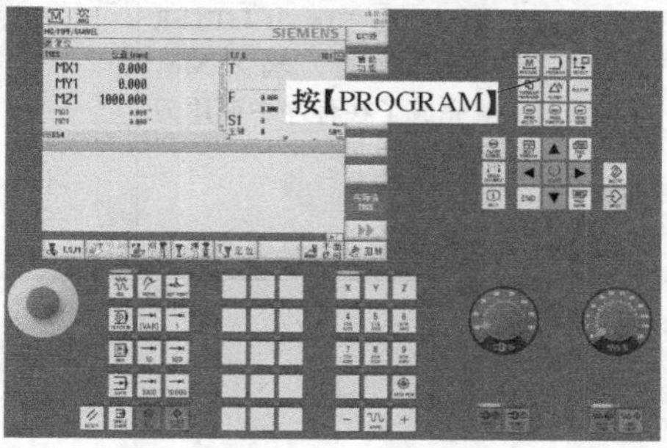 按【PROGRAM】
2	在“程序管理器”中选择并打开程序，进入程序编辑界面，使光标停在程序中合适的位置行，按【INPUT】键，使光标换行	  → INPUT	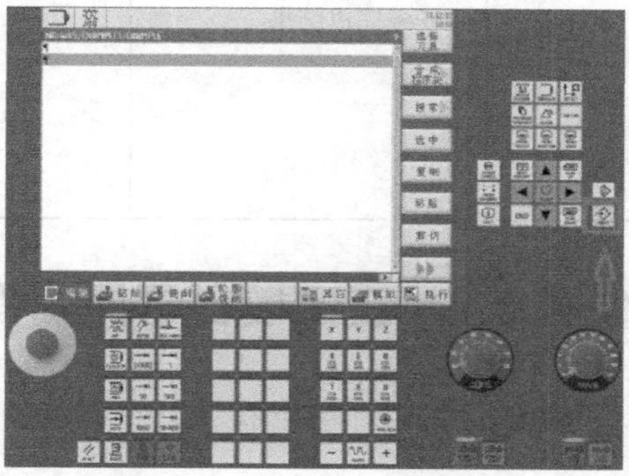
3	按〖选择刀具〗软键	 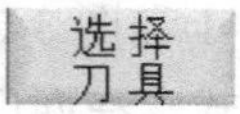 → 选择刀具	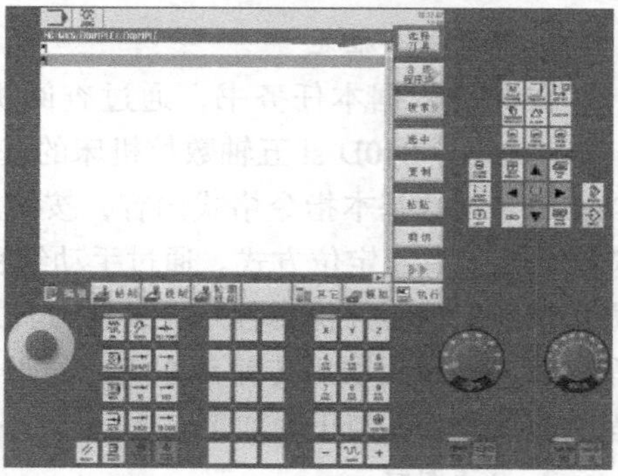
4	选中“CUTTER 12”的立铣刀，按〖确认〗软键	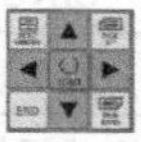  → 确认	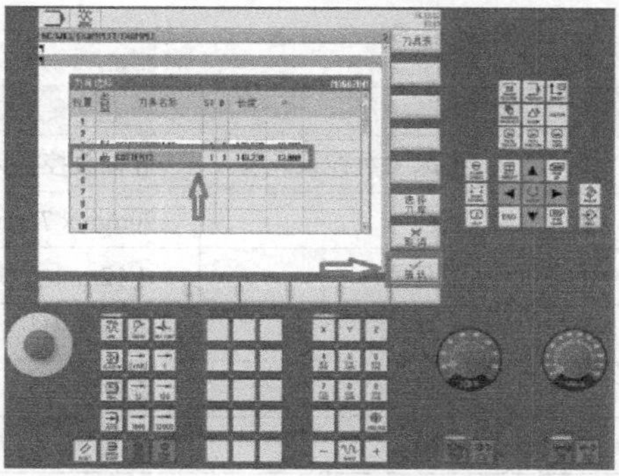

（续）

序号	设置方法	操作步骤	基本设置参数
5	此时在程序的当前行位置出现“T=‘CUTTER 12’”，换行，输入 M6，就完成了在程序中调用刀具的操作	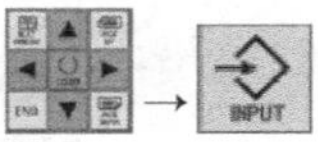 →	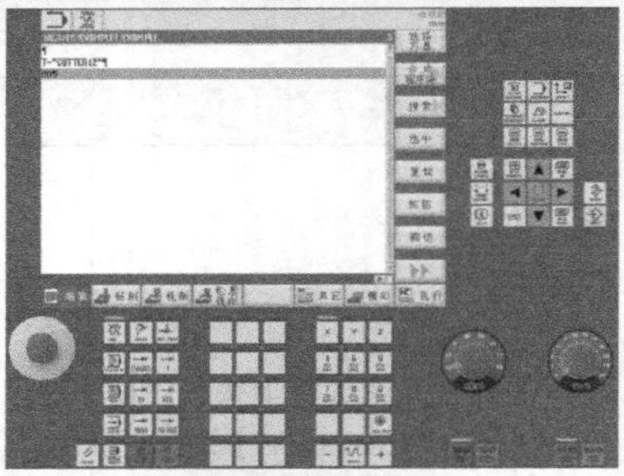
6	任务完成结果		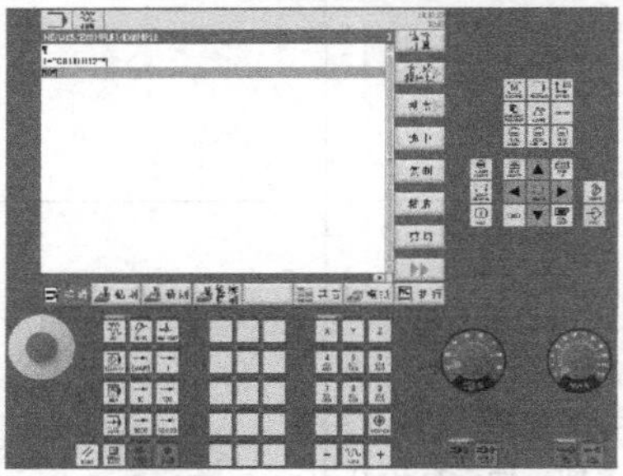

任务 3.2　正四棱台零件编程与加工

学习任务书

1. 学习任务描述

在课前依据本任务书，通过查阅机床说明书和相关资料，熟悉 SINUMERIK 840D sl 五轴数控机床的基本参数及基本操作；初步掌握 CYCLE800 的基本指令格式内容，按照图 3-1 和图 3-2 所示核准毛坯，选择合适刀具及定位方式。通过手动编程方式，在西门子 SINUTRAIN 仿真软件上编制并仿真程序，了解刀具加工 60° 斜面的旋转及移动编程方式。程序无误后传输至系统，通过装夹找正，调用程序完成零件程序的编程验证与正确加工。

图 3-1　正四棱台零件

2. 识读图样

3. 学习准备

序号	工作准备	内容	备注
1	机床（数控系统）	五轴数控机床	SINUMERIK 840D sl 数控系统
2	毛坯	70mm × 70mm × 50mm 方料	2A12
3	刀具	ϕ 12mm 立铣刀（1 把）	或根据小组讨论决定
4	夹具	平口虎钳	为更好避免加工干涉，可使用数控台虎钳
5	量具	游标卡尺	测量范围为 0~150mm，精度为 0.02mm
6	其他		

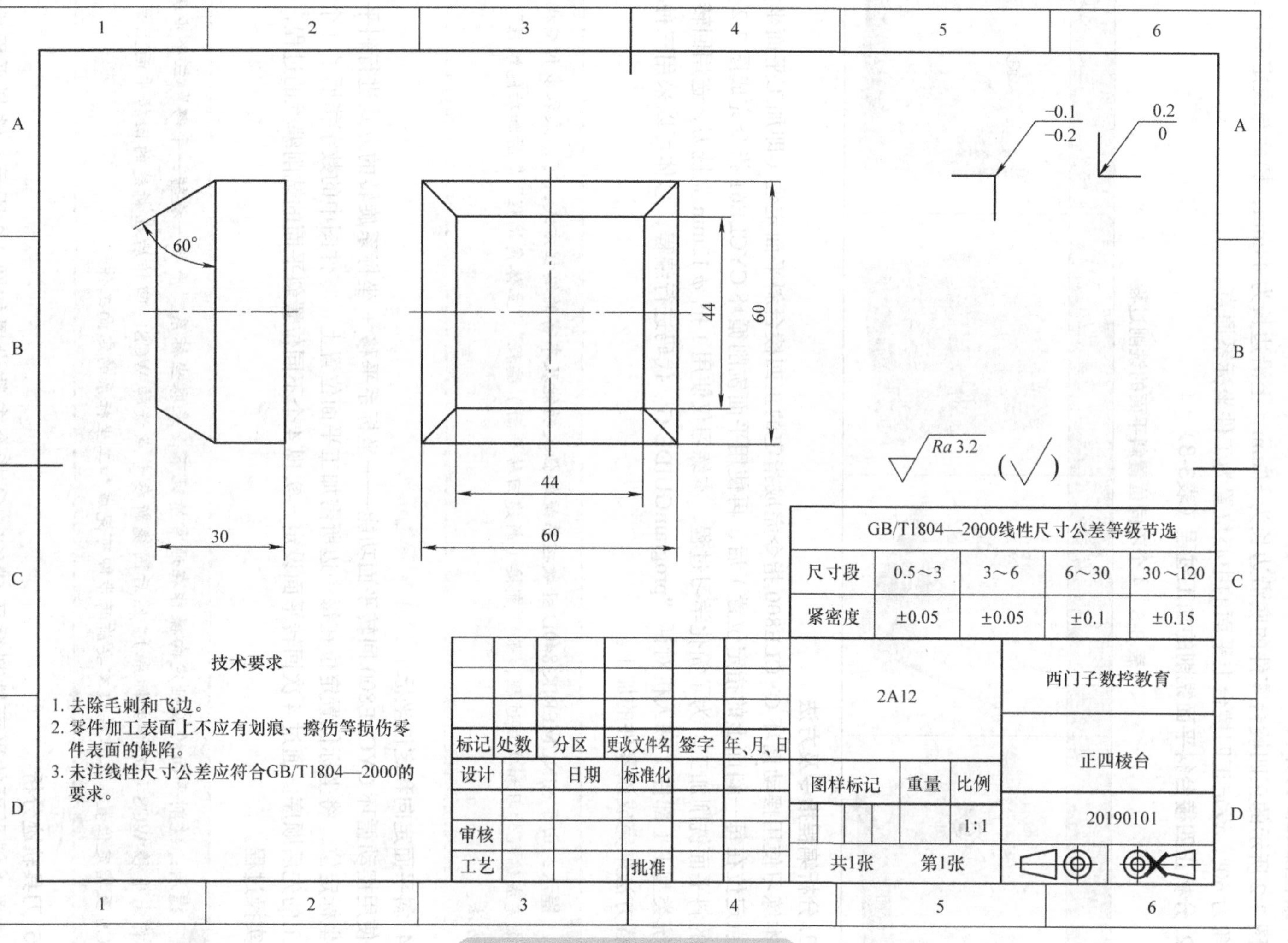

图 3-2 "正四棱台零件"零件图

3.2.1 正四棱台零件加工任务描述

1. 编程加工任务分析

图 3-2 所示的正四棱台零件的底沿边长为 60mm，上沿边长为 44mm，棱面与设定 G17 平面的夹角为 60°，设定正四棱台上平面的中心位置为工件坐标系原点。

2. 分析正四棱台斜平面铣削的加工过程（表3-8）

表 3-8 4 个不同位置斜平面的铣削过程

位置 1 斜平面加工	位置 2 斜平面加工	位置 3 斜平面加工	位置 4 斜平面加工
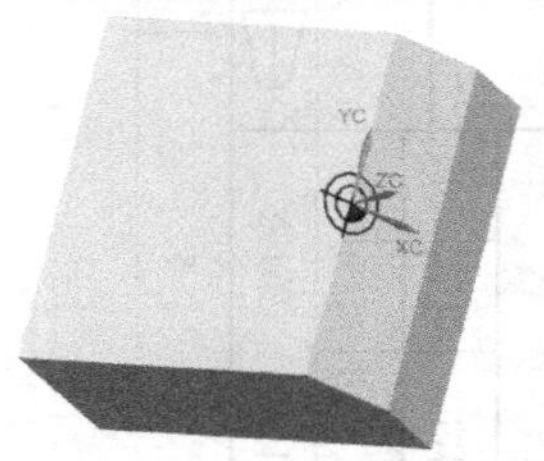 YC ZC XC	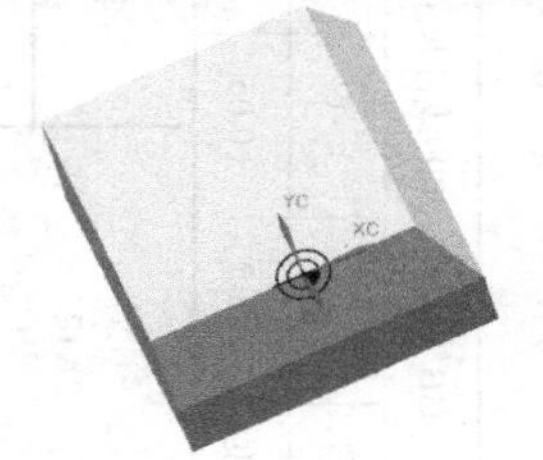 YC XC	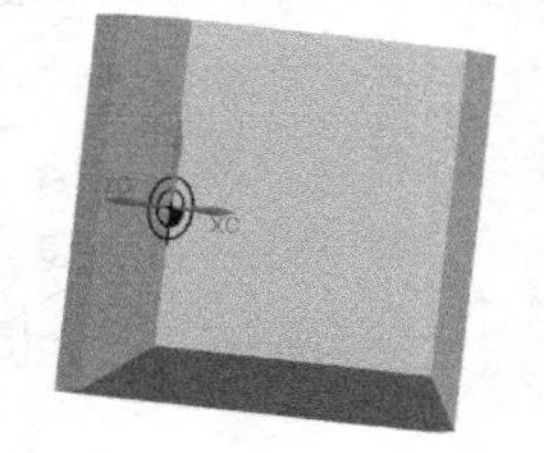 ZC XC	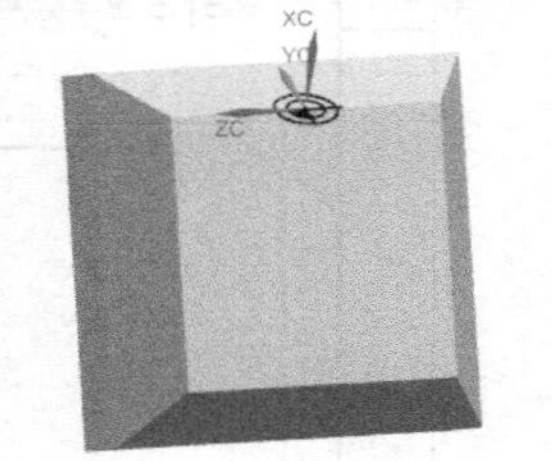 XC YC ZC

3. 分析编程指令及方法

本练习使用摆动循环 CYCLE800 指令完成指定的正四棱台斜平面定位（即加工平面坐标系参考点定位在每一斜面上的指定位置）后，再使用平面铣削循环 CYCLE61 指令完成图 3-2 所示尺寸的斜平面铣削加工。为了简化学习过程，本练习仅使用 1 把 ϕ 12mm 立铣刀，选用回转台运动系统类型 P（部件）和人机对话“programGUIDE G”代码进行编程，总体可以采用三种不同的编程方法来完成该零件的加工。

提示： 由于 SINUMERIK 840D sl 数控系统的强大功能及丰富的编程方式，可以采取多种编程方法来完成编程学习和实践过程，如“直接（新建回转平面）编程”“立体角编程”“附加功能编程”三种方法。

4. 斜平面定向和定位坐标

使用摆动循环 CYCLE800 回转平面功能——坐标系平移 + 坐标系旋转的方式进行斜平面定向和坐标定位，将坐标位置定位在每一边所需加工平面位置上，零件图中的数字指明了 4 个斜平面加工的先后顺序。通过 4 次回转平面设定，实现 4 个不同位置斜平面的铣削编程的过程，详见任务实操过程。

提示： 铣削平面的五轴定向操作在通常情况下，采取坐标系“平移—旋转—平移”三个步骤。即首先平移 WCS（工件坐标系），然后围绕新参考点旋转 WCS，回转后在新建的回转平面上平移 WCS 至指定位置。本零件仅需要前两步即可完成加工坐标系的定向工作。

5. 刀具轨迹分析

位置 1 斜平面的平面铣削循环 CYCLE61 指令参数设置如图 3-3 所示。铣削平面面积为 16mm × 60mm；SC=5；Z0=7，Z1=0；选择绝对尺寸方式（abs）则比较直观，因为 Z1 是斜平面 1 加工完成的平面位置，也是斜平面 1 旋转定位参考点位置所在平面；若选择 Z1=−7，选择相对尺寸方式（inc）也是可以的，这时要注意其正负方向不要输错。由于是粗加工，刀具的切削范围只要保证能够覆盖铣削平面就可以了，如果是精加工表面，刀具在进刀方向上应超出工件表面的长度尺寸，此时应注意刀具的运动不能与夹具发生干涉。

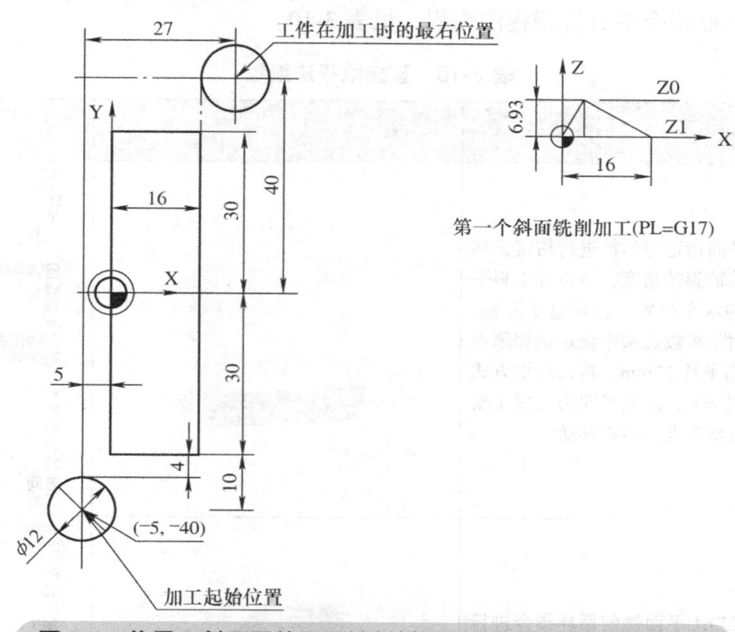

图 3-3　位置 1 斜平面的平面铣削循环 CYCLE61 指令参数设置

3.2.2　正四棱台零件编程方式与过程

1. CYCLE800初始化设置

1）完成五轴摆动循环 CYCLE800 初始化设置工作，其操作步骤及参数设定见表 3-9。

表 3-9　摆动循环 CYCLE800 初始化设置操作

设置方法	系统操作步骤	基本设置参数
在程序编辑界面中，进行摆动循环 CYCLE800 指令的初始化设置，按〖其它〗软键，按〖回转平面〗软键，按〖基本设置〗软键，出现“回转平面”对话框，将其中所有数值参数项全部清零，其他选择项目内容如右图所示，最后，按〖确认〗软键	→〖其它〗→〖回转平面〗→ 〖基本设置〗→〖确认〗	回转平面 PL G17 (XY) TC TC1 回退 Z XY 回转平面 新建 X0 0.000 Y0 0.000 Z0 0.000 回转模式 沿轴 轴序列 X Y Z X 0.000 ° Y 0.000 ° Z 0.000 ° X1 0.000 Y1 0.000 Z1 0.000 方向 + 刀具 不跟踪

2）初始化设置完成后，进行工件毛坯的设定。

针对图 3-1 所示的正四棱台零件，最方便的毛坯设置是选择“中心六面体”形式。本练习加工选择的毛坯是已经经过加工，符合图样外形标注尺寸的零件半成品要求。

这里需要说明的是：编程中创建工件毛坯的步骤不是必须做的。所建立的毛坯仅仅是为了在验证编写程序正确性的模拟加工操作中查看毛坯外形，或是在实际加工过程中查看，以及分析零件实体加工后内部结构，与工件的实际加工没有必然的关联。

2. 任务实操——直接编程法编程过程

使用 CYCLE800 指令中直接编程法编程，见表 3-10。

表 3-10　直接编程法编程

序号	设置方法	图示	基本设置参数
1	利用回转平面指定对话框进行指定偏移量和围绕旋转轴旋转角度，将位置 1 斜平面调至机床的水平位置，且垂直于刀轴。在“回转平面”参数选项中设定编程原点沿 X 轴正方向平移 22mm，再以沿轴方式围绕 Y 轴旋转 60°。此位置即为位置 1 斜平面加工的新参考点，不再移动	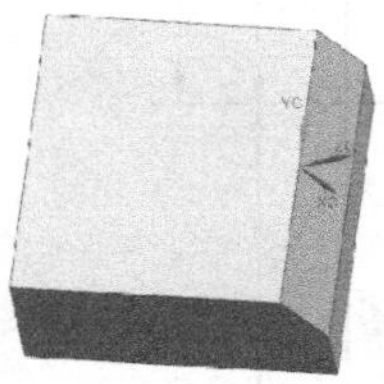	回转平面 PL G17 (XY) TC TC1 回退 Z XY 回转平面 新建 X0 22.000 Y0 0.000 Z0 0.000 回转模式 沿轴 轴序列 X Y Z X 0.000 ° Y 60.000 ° Z 0.000 ° X1 0.000 Y1 0.000 Z1 0.000 方向 + 刀具 不跟踪
2	使用 CYCLE61 平面铣削循环指令进行斜面 1 的铣削加工参数定义，此时要根据当前的 X、Y 坐标来进行铣削位置参数定义	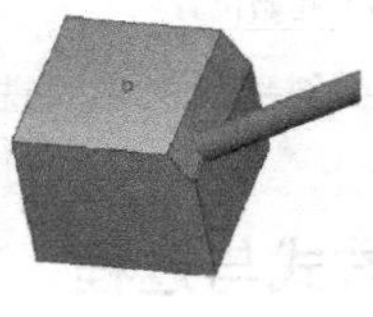	平面铣削 PL G17 (XY) RP 100.000 SC 12.000 F 2000.000 加工方向 X0 -5.000 Y0 -40.000 Z0 10.000 X1 16.000 abs Y1 80.000 inc Z1 0.000 abs DXY 5.000 inc DZ 5.000 UZ 0.000
3	新建回转平面。“刀具”方式采用“不跟踪”形式，避免出现加工位置 1 斜面后，刀具随位置 2 斜平面会随机床旋转轴的摆动进行“时时”位置跟随，产生机床坐标轴超程或与工件产生干涉。在“回转平面”参数选项中设定编程原点沿 Y 轴负方向平移 –22mm，再以沿轴方式围绕 X 轴旋转 60°。此位置即为位置 2 斜平面加工的新参考点，不再移动	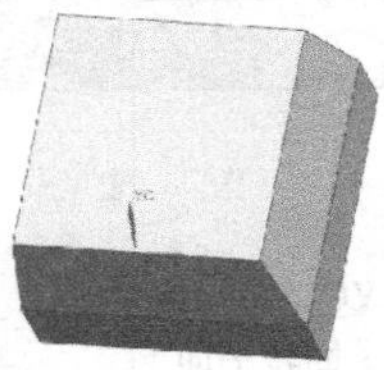	回转平面 PL G17 (XY) TC TC1 回退 最大刀具方向 回转平面 新建 X0 0.000 Y0 -22.000 Z0 0.000 回转模式 沿轴 轴序列 X Y Z X 60.000 ° Y 0.000 ° Z 0.000 ° X1 0.000 Y1 0.000 Z1 0.000 方向 + 刀具 不跟踪
4	使用 CYCLE61 平面铣削循环指令进行位置 2 斜平面的铣削加工程序参数定义，此时也要注意回转平面定位后实际的 X、Y 轴的坐标指向，根据实际的坐标指向进行平面铣削位置参数的定义		平面铣削 PL G17 (XY) RP 100.000 SC 12.000 F 2000.000 加工方向 X0 -40.000 Y0 5.000 Z0 10.000 X1 80.000 inc Y1 -16.000 abs Z1 0.000 abs DXY 5.000 inc DZ 5.000 UZ 0.000

（续）

序号	设置方法	图示	基本设置参数
5	新建回转平面，“刀具”方式采用“不跟踪”形式 在“回转平面”参数选项中设定编程原点沿 X 轴负方向平移 22mm，再以沿轴方式围绕 Y 轴旋转 –60°。此位置即为位置 2 斜平面加工的新参考点，不再移动		回转平面 PL G17 (XY) TC TC1 回退 最大刀具方向 回转平面 新建 X0 -22.000 Y0 0.000 Z0 0.000 回转模式 沿轴 轴序列 X Y Z X 0.000 ° Y -60.000 ° Z 0.000 ° X1 0.000 Y1 0.000 Z1 0.000 方向 + 刀具 不跟踪
6	使用 CYCLE61 平面铣削循环指令进行位置 3 斜平面的铣削加工程序参数定义		平面铣削 PL G17 (XY) RP 100.000 SC 12.000 F 2000.000 加工 ▽ 方向 X0 5.000 Y0 -40.000 Z0 10.000 X1 -16.000 abs Y1 80.000 inc Z1 0.000 abs DXY 5.000 inc DZ 5.000 UZ 0.000
7	新建回转平面，“刀具”方式采用“不跟踪”形式 在“回转平面”参数选项中设定编程原点沿 Y 轴正方向平移 22mm，再以沿轴方式围绕 X 轴旋转 –60°。此位置即为位置 2 斜平面加工的新参考点，不再移动		回转平面 PL G17 (XY) TC TC1 回退 最大刀具方向 回转平面 新建 X0 0.000 Y0 22.000 Z0 0.000 回转模式 沿轴 轴序列 X Y Z X -60.000 ° Y 0.000 ° Z 0.000 ° X1 0.000 Y1 0.000 Z1 0.000 方向 + 刀具 不跟踪
8	使用 CYCLE61 平面铣削循环指令进行位置 4 斜平面的铣削加工程序参数定义		平面铣削 PL G17 (XY) RP 100.000 SC 12.000 F 2000.000 加工 ▽ 方向 X0 -40.000 Y0 -5.000 Z0 10.000 X1 80.000 inc Y1 16.000 abs Z1 0.000 abs DXY 5.000 inc DZ 5.000 UZ 0.000

直接（新建回转平面）编程方式下，数控系统通过人机对话自动生成的斜平面铣削加工参考程序清单，见表 3-11。

表 3-11　直接（新建回转平面）编程方式下斜平面铣削加工的参考程序清单

段号	程序	注释
N10	CYCLE800（1，“0”，200000，57，22，0，0，0，30，0，0，0，0，1，100，1）	将摆台初始化设置
N20	T=“CUTTER 12”	调用 ϕ12mm 立铣刀
N30	M6	
N40	G54	设置工艺参数
N50	S5000M03	
N60	WORKPIECE（，“ ”，，“BOX”，0，0，-50，-80，-30，-30，60，60）	设置模拟加工毛坯
N70	CYCLE800（4，“TC1”，200000，57，22，0，0，0，60，0，0，0，0，1，100，1）	定位到“位置 1”处
N80	CYCLE61（100，10，12，0，-5，-40，16，80，5，5，0，2000，41，0，1，1000）	铣削位置 1 斜面
N90	CYCLE800（4，“TC1”，200000，57，0，-22，0，60，0，0，0，0，0，1，100，1）	定位到“位置 2”处
N100	CYCLE61（100，10，12，0，-40，5，80，-16，5，5，0，2000，31，0，1，10000）	铣削位置 2 斜面
N110	CYCLE800（4，“TC1”，200000，57，-22，0，0，0，-60，0，0，0，0，1，100，1）	定位到“位置 3”处
N120	CYCLE61（100，10，12，0，5，-40，-16，80，5，5，0，2000，41，0，1，1000）	铣削位置 3 斜面
N130	CYCLE800（4，“TC1”，200000，57，0，22，0，-60，0，0，0，0，0，1，100，1）	定位到“位置 4”处
N140	CYCLE61（100，10，12，0，-40，-5，80，16，5，5，0，2000，31，0，1，10000）	铣削位置 4 斜面
N150	M5	
N160	CYCLE800（4，“TC1”，200000，57，0，0，0，0，0，0，0，0，0，1，100，1）	将摆台恢复到初始设置状态
N170	M30	程序结束

注意：N10 语句是摆动循环 CYCLE800 回转平面的初始设定。其意义在于实际加工过程中，中途停机或执行完带有摆动循环 CYCLE800 回转平面定位的加工程序，机床停止在指定回转平面位置，未能够恢复到旋转轴初始位置。再次启动加工程序后，系统会在最后停机位置作为初始参考基准位置进行计算，会产生后续回转平面定义角度参数的累计，造成角度定位不正确。

3.2.3　使用 CYCLE800 指令中立体角编程法编程

1. 立体角编程基础知识

1）分析图 3-2 中零件的几何形状，四个斜平面尺寸与形状完全一致。在编程过程中可以考虑采用完全相同的铣削循环来完成加工，以减少编程过程中的相互位置计算及减少分析坐标平移后的 X、Y 轴旋转方向。此时，可以利用摆动循环 CYCLE800 的回转平面功能中“立体角”回转模式进行参数设定与程序编制。

所谓立体角，是指一个空间夹角在原始坐标系基础上，通过沿两坐标轴（Z 轴、Y 轴）旋转后形成的空间角度。

立体角的应用原则是：工件坐标系首先围绕 Z 轴进行指定角度旋转，再围绕 Y 轴进行指定角度旋转。实现立体角回转工作台方式的参数设置见表 3-12。

表 3-12　立体角回转工作台方式的参数设置

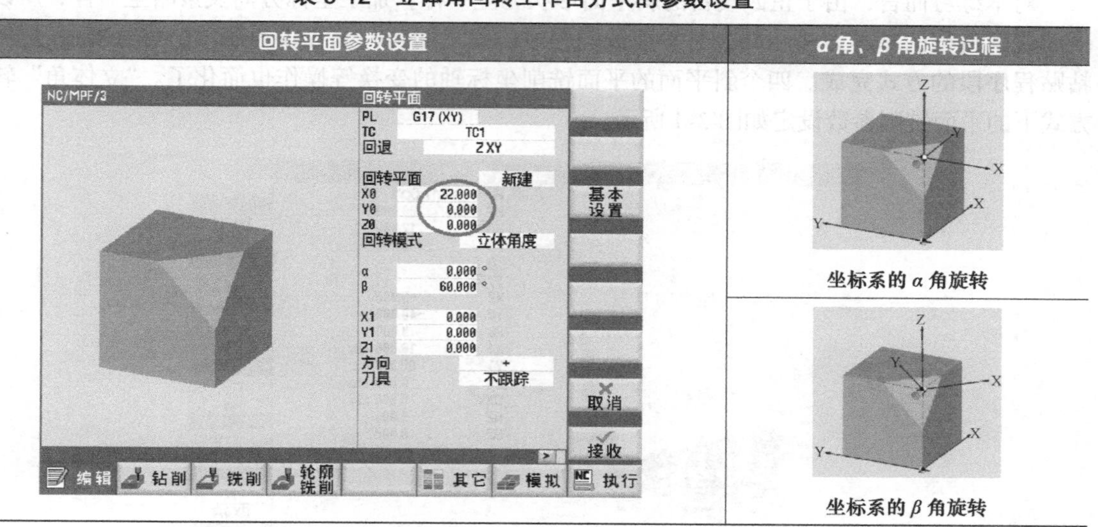

2）根据立体角的应用原则，结合当前工件零点的位置，首先进行工件坐标系零点的平行偏移，再进行立体角的坐标变换。工件坐标系的平行偏移可通过 X0、Y0、Z0 的实际坐标偏移量来进行设定。坐标系平移参数设定后进行 α 角（围绕 Z 轴的旋转角度）的设定，α 角参数确定以后，再进行 β 角（围绕 Y 轴的旋转角度）的设定。采用立体角的方法编写加工正四棱台加工中坐标系转换的过程，见表 3-13。

表 3-13　采用立体角编程方法的坐标系转换过程

位置 1 斜平面	位置 2 斜平面	位置 3 斜平面	位置 4 斜平面
坐标系沿 X 轴正向平移 22mm；Z 轴先旋转 0°，再绕 Y 轴旋转 60°	坐标系沿 Y 轴负向平移 22mm；Z 轴先旋转 270°，再绕 Y 轴旋转 60°	坐标系沿 X 轴负向平移 22mm；Z 轴先旋转 180°，再绕 Y 轴旋转 60°	坐标系沿 Y 轴正向平移 22mm；Z 轴先旋转 90°，再绕 Y 轴旋转 60°
YC ZC XC	YC	ZC XC YC	ZC XC YC
回转平面 PL G17 (XY) TC TC1 回退 Z XY 回转平面 新建 X0 22.000 Y0 0.000 Z0 0.000 回转模式 立体角度 α 0.000 ° β 60.000 ° X1 0.000 Y1 0.000 Z1 0.000 方向 + 刀具 不跟踪	回转平面 PL G17 (XY) TC TC1 回退 Z XY 回转平面 新建 X0 0.000 Y0 -22.000 Z0 0.000 回转模式 立体角度 α 270.000 ° β 60.000 ° X1 0.000 Y1 0.000 Z1 0.000 方向 + 刀具 不跟踪	回转平面 PL G17 (XY) TC TC1 回退 Z XY 回转平面 新建 X0 -22.000 Y0 0.000 Z0 0.000 回转模式 立体角度 α 180.000 ° β 60.000 ° X1 0.000 Y1 0.000 Z1 0.000 方向 + 刀具 不跟踪	回转平面 PL G17 (XY) TC TC1 回退 Z XY 回转平面 新建 X0 0.000 Y0 22.000 Z0 0.000 回转模式 立体角度 α 90.000 ° β 60.000 ° X1 0.000 Y1 0.000 Z1 0.000 方向 + 刀具 不跟踪

对本练习而言，由于正四棱台的斜平面形状完全一样，加工坐标方向及策略全一样，所以斜平面铣削编程的基本方法相同。对平面铣削程序段编写而言，编程较为简单，可直接通过复制、粘贴程序段的方式完成。四个斜平面的平面铣削坐标轴的变换等操作也简化了。“立体角”转换方式下的平面铣削参数设定如图 3-4 所示。

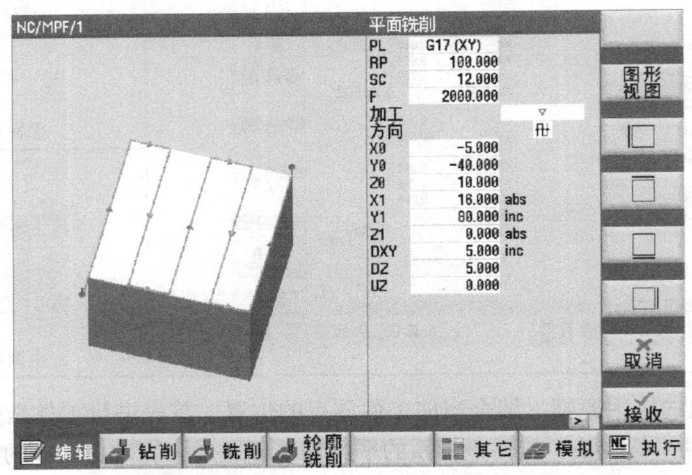

图 3-4 “立体角”转换方式下的平面铣削参数设定

2. 任务实操——立体角编程法

使用 CYCLE800 指令中立体角编程法编程见表 3-14。

表 3-14 立体角编程法编程

序号	设置方法	图示	基本设置参数
1	坐标系沿 X 轴正向平移 22mm；Z 轴先旋转 0°，再绕 Y 轴旋转 60°	YC ZC XC	回转平面 PL G17 (XY) TC TC1 回退 Z XY 回转平面 新建 X0 22.000 Y0 0.000 Z0 0.000 回转模式 立体角度 α 0.000 ° β 60.000 ° X1 0.000 Y1 0.000 Z1 0.000 方向 + 刀具 不跟踪
2	坐标系沿 Y 轴负向平移 22mm；Z 轴先旋转 270°，再绕 Y 轴旋转 60°	YC	回转平面 PL G17 (XY) TC TC1 回退 Z XY 回转平面 新建 X0 0.000 Y0 -22.000 Z0 0.000 回转模式 立体角度 α 270.000 ° β 60.000 ° X1 0.000 Y1 0.000 Z1 0.000 方向 + 刀具 不跟踪

（续）

序号	设置方法	图示	基本设置参数
3	坐标系沿 X 轴负向平移 22mm；Z 轴先旋转 180°，再绕 Y 轴旋转 60°	ZC XC YC	回转平面 PL G17 (XY) TC TC1 回退 Z XY 回转平面 新建 X0 -22.000 Y0 0.000 Z0 0.000 回转模式 立体角度 α 180.000 ° β 60.000 ° X1 0.000 Y1 0.000 Z1 0.000 方向 + 刀具 不跟踪
4	坐标系沿 Y 轴正向平移 22mm；Z 轴先旋转 90°，再绕 Y 轴旋转 60°	ZC XC YC	回转平面 PL G17 (XY) TC TC1 回退 Z XY 回转平面 新建 X0 0.000 Y0 22.000 Z0 0.000 回转模式 立体角度 α 90.000 ° β 60.000 ° X1 0.000 Y1 0.000 Z1 0.000 方向 + 刀具 不跟踪

在“立体角”转换方式下，数控系统通过人机对话自动生成的斜面铣削加工的参考程序清单见表 3-15。

表 3-15　立体角编程方式加工程序参考

段号	程序	注释
N10	CYCLE800（2，“TC1”，200000，57，0，0，0，0，0，0，0，0，0，1，100，1）	将摆台初始化设置
N20	T=“CUTTER 12”	调用 ϕ12mm 立铣刀
N30	M6	
N40	G54	设置工艺参数
N50	S5000M3	
N60	WORKPIECE（，“ ”，，“BOX”，0，0，-80，-80，-30，-30，60，60）	设置模拟加工毛坯
N70	CYCLE800（2，“TC1”，200000，64，22，0，0，0，60，，0，0，0，1，100，1）	定位到“位置 1”处
N80	CYCLE61（100，10，12，0，-5，-40，16，80，5，6，0，2000，41，0，1，1000）	铣削位置 1 斜面
N90	CYCLE800（2，“TC1”，100000，64，0，-22，0，270，60，，0，0，0，-1，100，1）	定位到“位置 2”处
N100	CYCLE61（100，10，12，0，-5，-40，16，80，5，6，0，2000，41，0，1，1000）	复制铣削位置 1 斜面程序
N110	CYCLE800（2，“TC1”，100000，64，-22，0，0，180，60，，0，0，0，-1，100，1）	定位到“位置 3”处
N120	CYCLE61（100，10，12，0，-5，-40，16，80，5，6，0，2000，41，0，1，1000）	复制铣削位置 1 斜面程序
N130	CYCLE800（2，“TC1”，100000，64，0，22，0，90，60，，0，0，0，-1，100，1）	定位到“位置 4”处
N140	CYCLE61（100，10，12，0，-5，-40，16，80，5，6，0，2000，41，0，1，1000）	复制铣削位置 1 斜面程序
N150	M5	
N160	CYCLE800（2，“TC1”，200000，57，0，0，0，0，0，0，0，0，0，1，100，1）	将摆台恢复到初始设置
N170	M30	程序结束

说明：由于所加工的每个正棱台斜平面的尺寸与指令参数一样，为了加快编写程序的速度，不用每次都要进入对话界面填入参数数据再生成程序的方法，在编写 N100、N120 和 N140 语句时，可以直接复制前面 N80 程序段粘贴在当前位置使用。

3.2.4 使用 CYCLE800 指令中附加功能编程法编程

在常规编程中，初学者一般的思路都是先进行工件坐标系的偏移（基础编程中的框架编程指令，如 TRANS、ROT 等），然后再进行 CYCLE800 的立体角旋转定位。利用此种方式在回转平面中需选择“附加”的形式才能正确完成定位加工，如图 3-5 所示；否则在系统调用摆动循环 CYCLE800 指令后会将前一程序段的偏移指令自动替换撤销，这是因为采用 CYCLE800 回转平面定位编程指令中，其功能已经完全覆盖（包含）基础编程中的框架编程指令，系统会自动按最新方式进行执行。例如在采用“立体角”定位编程方式中，工件零点坐标已经在回转平面内设定了偏移量。

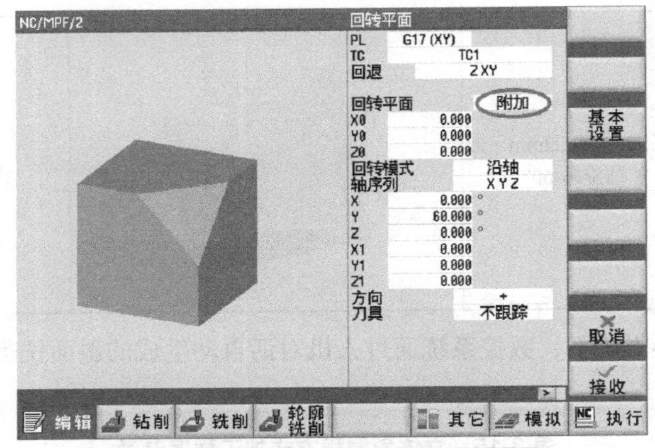

图 3-5 附加方式回转平面参数定义

采用附加功能方式编写，数控系统通过人机对话自动生成的四棱台斜面铣削程序，见表 3-16。

表 3-16 采用附加功能方式编写的四棱台斜平面铣削程序

段号	程序	注释
	……	
N50	TRANS X22	坐标系平移指令，工件零点向 X 轴正方向偏移 22mm
N60	CYCLE800（2，“TC1”，200001，57，0，0，0，0，60，0，0，0，1，100，1）	沿 Y 轴旋转 60°，定向于斜面 1
N70	CYCLE61（100，10，12，0，-5，-40，16，80，5，6，0，2000，41，0，1，1000）	铣削斜面 1
N80	TRANS	取消平面坐标平移
N90	CYCLE800（2，“TC1”，200000，57，0，0，0，0，0，0，0，0，1，100，1）	回转平面进行初始化参数设定
N100	TRANS Y-22	坐标系平移指令，工件零点向 Y 轴负方向偏移 22mm
	……	

注意：第一个斜平面加工完成后要进行一次回转平面的初始设置，清除系统内部回转数据参数，见 N90 程序语句。

提示：虽然此编程方式分步骤进行坐标转换比较直观，但是不建议采取此种编程方式编写加工程序，因为摆动循环 CYCLE800 指令已经将框架指令集成到其内部。

任务 3.3 正四方凸台圆形腔与侧面孔零件编程与加工（四面孔加工方法补充）

学习任务书

1. 学习任务描述

依据本任务书的要求，掌握 SINUMERIK 840D sl 数控系统五轴数控机床的基本参数及基本操作；掌握凸台铣削、圆形腔铣削循环和钻孔循环指令，进一步熟悉 CYCLE800 的编程。按照图 3-6 所示的正四方凸台圆形腔与侧面孔核准零件毛坯尺寸，并选择合适刀具及夹具。通过手动编程方式，使用摆动循环 CYCLE800 指令进行“3+2”五轴定向加工，完成周边四个孔的钻孔及孔口倒角加工。程序无误后传输至机床数控系统，通过装夹找正，调用程序完成零件程序的验证与正确加工。

2. 识读图样

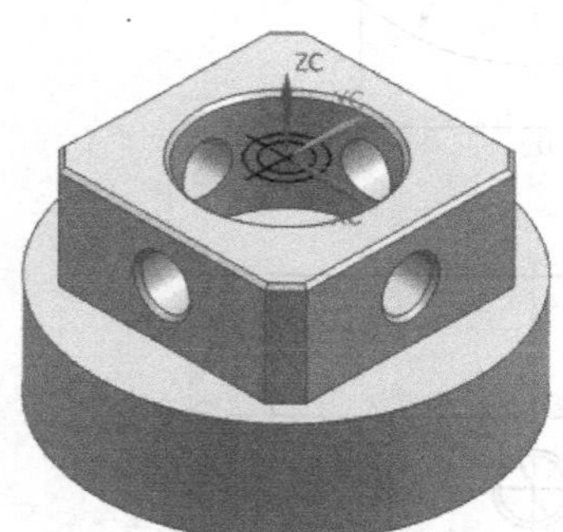

图 3-6 正四方凸台圆形腔与侧面孔零件

3. 学习准备

序号	工作准备	内容	备注
1	机床（数控系统）	五轴数控机床	SINUMERIK 840D sl 数控系统
2	毛坯	ϕ90mm 圆柱毛坯	2A12
3	刀具	ϕ12mm 立铣刀、ϕ12mm 麻花钻头、ϕ6mm 倒角刀	或根据小组讨论决定
4	夹具	自定心卡盘	自定心卡盘的装夹，注意加工干涉
5	量具	游标卡尺	测量范围为 0~150mm，精度为 0.02mm
6	其他		

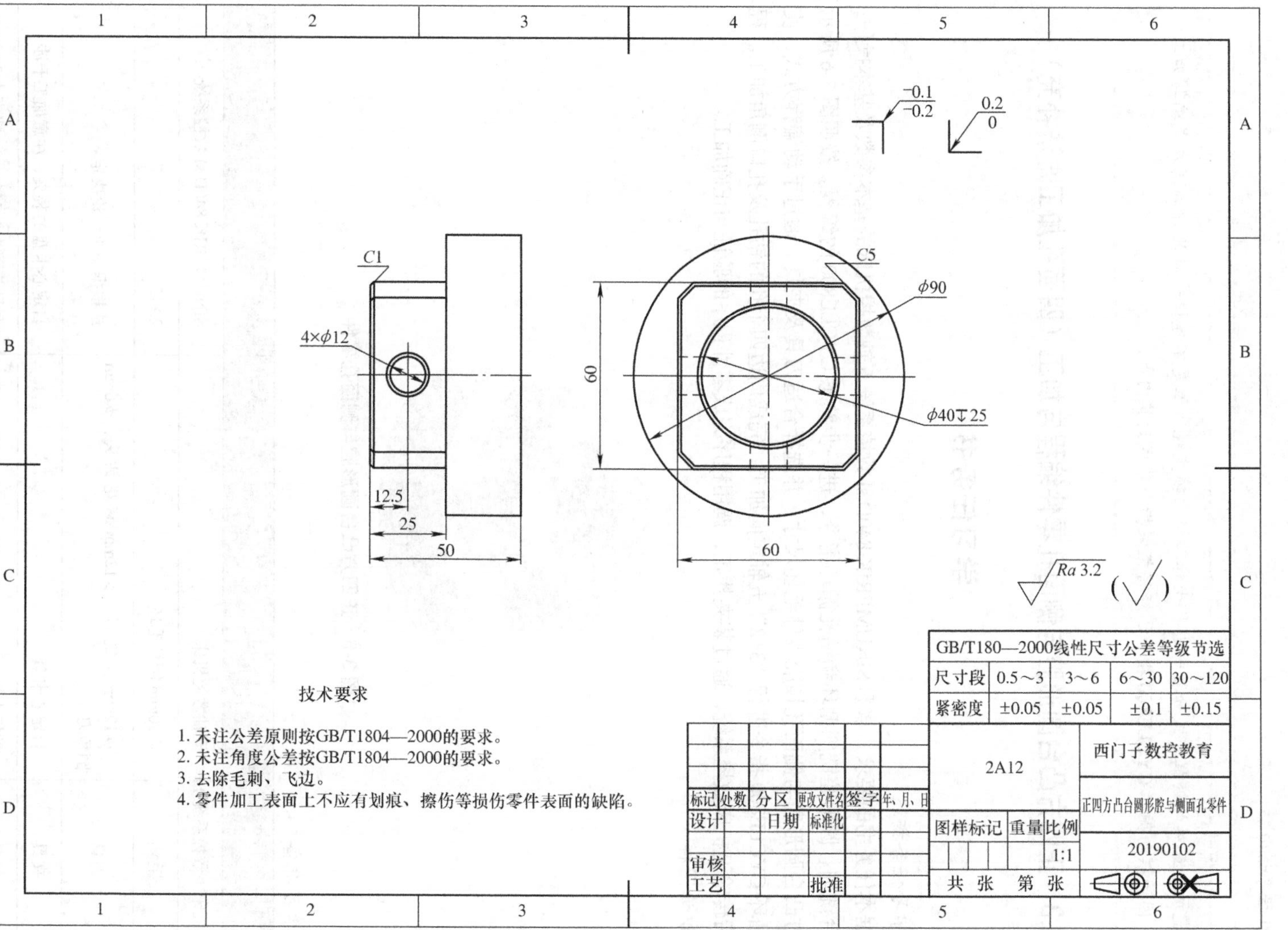

图 3-7 “正四方凸台圆形腔与侧面孔零件”零件图

3.3.1 编程加工任务描述

1. 分析工件坐标系原点

图 3-7 所示的正四方凸台圆形腔与侧面孔零件是在材质为 2A12 的 ϕ90mm 圆柱毛坯上，加工出尺寸为 60mm × 60mm × 25mm 的正方凸台，中心处有一个 ϕ40mm，深 25mm 的圆形腔，并在凸台的四个侧面上各加工一个 ϕ12mm 通孔，在凸台边沿和 ϕ40mm 圆形腔边沿倒角 $C1$，设定工件上平面的中心位置为工件坐标系原点。

2. 分析正四方凸台圆形腔与侧面孔及边沿倒角铣削的加工过程（表3-17）

表 3-17　正四方凸台圆形腔与侧面孔及边沿倒角铣削的加工过程

铣削四方外轮廓	铣削 ϕ40mm 的圆形腔	钻削 ϕ12mm 的孔	边沿倒角
ϕ12mm 立铣刀 T=CUTTER 12	ϕ12mm 立铣刀 T=CUTTER 12	ϕ12mm 麻花钻头 T=DRILL 12	ϕ6mm 倒角刀 T=DRILL 6

3. 分析编程指令及方法

本练习先使用循环 CYCLE63 指令完成指定的四方凸台铣削后，然后使用摆动循环 CYCLE800 指令完成指定的钻孔平面定位，接着使用钻孔循环 CYCLE82 指令完成图 3-6 所示侧孔的钻削加工，最后进行倒角加工。为了简化学习的过程，本练习只进行外形尺寸的粗加工，选用人机对话“programGUIDE G”代码进行编程。

3.3.2 正四方凸台零件编程方式及过程

1. 编程前初始设置

1）完成五轴摆动循环 CYCLE800 初始化设置工作，其操作步骤及参数设定见表 3-10。

2）初始化设置完成后，进行工件毛坯的设定。针对图 3-7 所示的零件，应选择“圆柱体”形式，尺寸为 ϕ90mm × 50mm。本练习加工选择的毛坯是已经经过加工后，符合图样外形标注尺寸的零件半成品。

2. 任务实操——使用CYCLE800指令直接编程法编程

1）调用 ϕ12mm 立铣刀，如图 3-8 所示。

图 3-8　程序中调用刀具的操作过程

再手动输入

```
M6;
S5000M3;
G54G90G0X0Y0M8;
```

创建 60mm × 60mm 凸台轮廓和 ϕ90mm 圆轮廓的加工程序块，见表 3-18。

表 3-18 创建轮廓

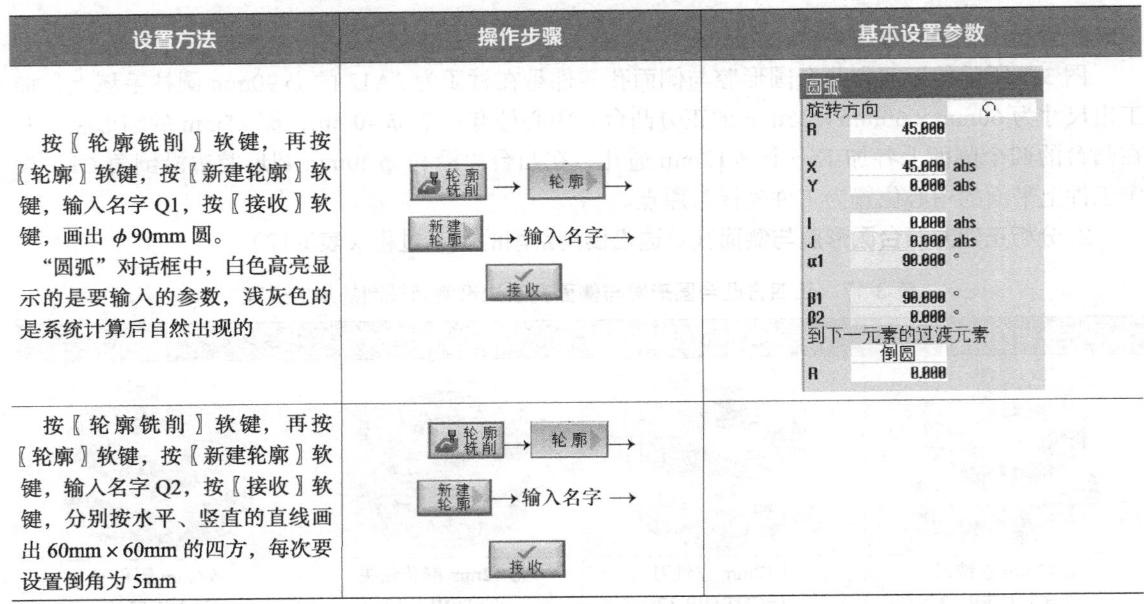

设置方法	操作步骤	基本设置参数
按〖轮廓铣削〗软键，再按〖轮廓〗软键，按〖新建轮廓〗软键，输入名字 Q1，按〖接收〗软键，画出 ϕ90mm 圆。 “圆弧”对话框中，白色高亮显示的是要输入的参数，浅灰色的是系统计算后自然出现的	轮廓铣削 → 轮廓 → 新建轮廓 → 输入名字 → 接收	圆弧 旋转方向 R 45.000 X 45.000 abs Y 0.000 abs I 0.000 abs J 0.000 abs α1 90.000 ° β1 90.000 ° β2 0.000 ° 到下一元素的过渡元素 倒圆 R 0.000
按〖轮廓铣削〗软键，再按〖轮廓〗软键，按〖新建轮廓〗软键，输入名字 Q2，按〖接收〗软键，分别按水平、竖直的直线画出 60mm×60mm 的四方，每次要设置倒角为 5mm	轮廓铣削 → 轮廓 → 新建轮廓 → 输入名字 → 接收	

2）使用 CYCLE62 调用指令、CYCLE63 循环指令进行四方凸台的铣削，见表 3-19。

表 3-19 铣削四方凸台

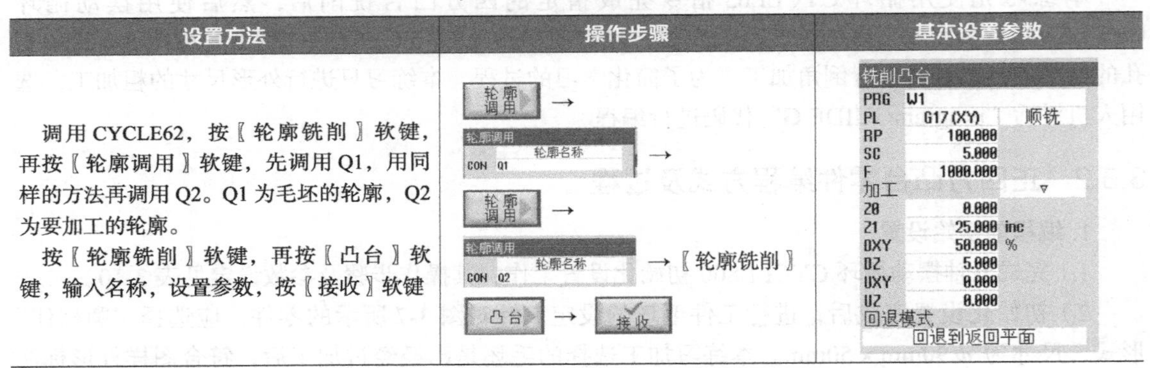

设置方法	操作步骤	基本设置参数
调用 CYCLE62，按〖轮廓铣削〗软键，再按〖轮廓调用〗软键，先调用 Q1，用同样的方法再调用 Q2。Q1 为毛坯的轮廓，Q2 为要加工的轮廓。 按〖轮廓铣削〗软键，再按〖凸台〗软键，输入名称，设置参数，按〖接收〗软键	轮廓调用 → 轮廓调用 轮廓名称 CON Q1 → 轮廓调用 → 轮廓调用 轮廓名称 CON Q2 →〖轮廓铣削〗 凸台 → 接收	铣削凸台 PRG W1 PL G17 (XY) 顺铣 RP 100.000 SC 5.000 F 1000.000 加工 ▽ Z0 0.000 Z1 25.000 inc DXY 50.000 % DZ 5.000 UXY 0.000 UZ 0.000 回退模式 回退到返回平面

3）使用圆形腔铣削循环 POCKET4 指令铣削 ϕ40mm 圆形腔，见表 3-20。

表 3-20 铣削圆形腔

设置方法	操作步骤	设置参数
按〖铣削〗软键，再按〖型腔〗软键，按〖圆形腔〗软键，再输入“圆形腔”对话框设置参数，下刀方式选螺线，按〖接收〗软键	铣削 → 型腔 → 圆形腔 → 接收	圆形腔 输入 完全 PL G17 (XY) 顺铣 RP 100.000 SC 5.000 F 1000.000 加工 ▽ 平面式 单独位置 X0 0.000 Y0 0.000 Z0 0.000 ∅ 40.000 Z1 25.000 inc DXY 50.000 % DZ 5.000 UXY 0.000 UZ 0.000 下刀方式 螺线 EP 2.000 ER 2.000 扩孔加工 5，无扩孔加工

4）钻削 4 个 ϕ12mm 通孔，4 个孔的加工顺序为 0° 位置、270° 位置、180° 位置、90° 位置。在程序中调用“DRILL 12”，并输入

```
M6;
S1500M3;
G54G90G0X0Y0M8;
```

第 1 个孔（0° 位置）的加工编程，见表 3-21。

表 3-21　钻第 1 个孔

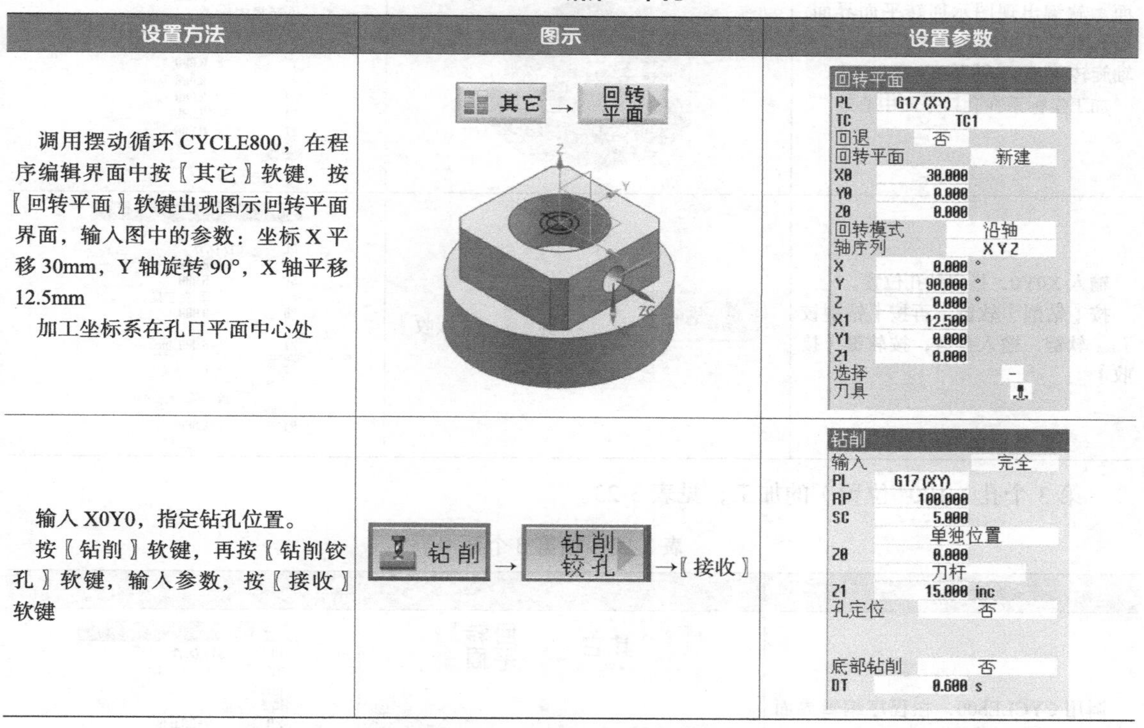

设置方法	图示	设置参数
调用摆动循环 CYCLE800，在程序编辑界面中按〖其它〗软键，按〖回转平面〗软键出现图示回转平面界面，输入图中的参数：坐标 X 平移 30mm，Y 轴旋转 90°，X 轴平移 12.5mm 加工坐标系在孔口平面中心处	其它 → 回转平面	回转平面 PL G17 (XY) TC TC1 回退 否 回转平面 新建 X0 30.000 Y0 0.000 Z0 0.000 回转模式 沿轴 轴序列 X Y Z X 0.000 ° Y 90.000 ° Z 0.000 ° X1 12.500 Y1 0.000 Z1 0.000 选择 - 刀具
输入 X0Y0，指定钻孔位置。 按〖钻削〗软键，再按〖钻削铰孔〗软键，输入参数，按〖接收〗软键	钻削 → 钻削铰孔 →〖接收〗	钻削 输入 完全 PL G17 (XY) RP 100.000 SC 5.000 单独位置 Z0 0.000 刀杆 Z1 15.000 inc 孔定位 否 底部钻削 否 DT 0.600 s

钻削深度如图 3-9 所示，经对零件图样分析，在钻削循环参数对话框中将钻深方式设定为“刀杆”，钻孔深度取大于 12mm，足以保证钻通。

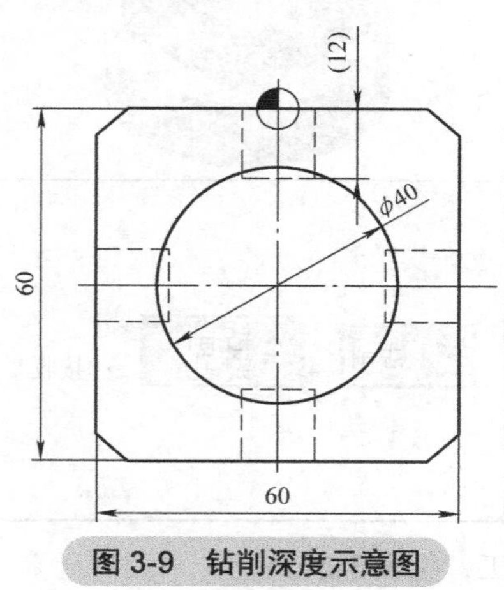

图 3-9　钻削深度示意图

第 2 个孔（270° 位置）的加工，见表 3-22。

表 3-22　钻第 2 个孔

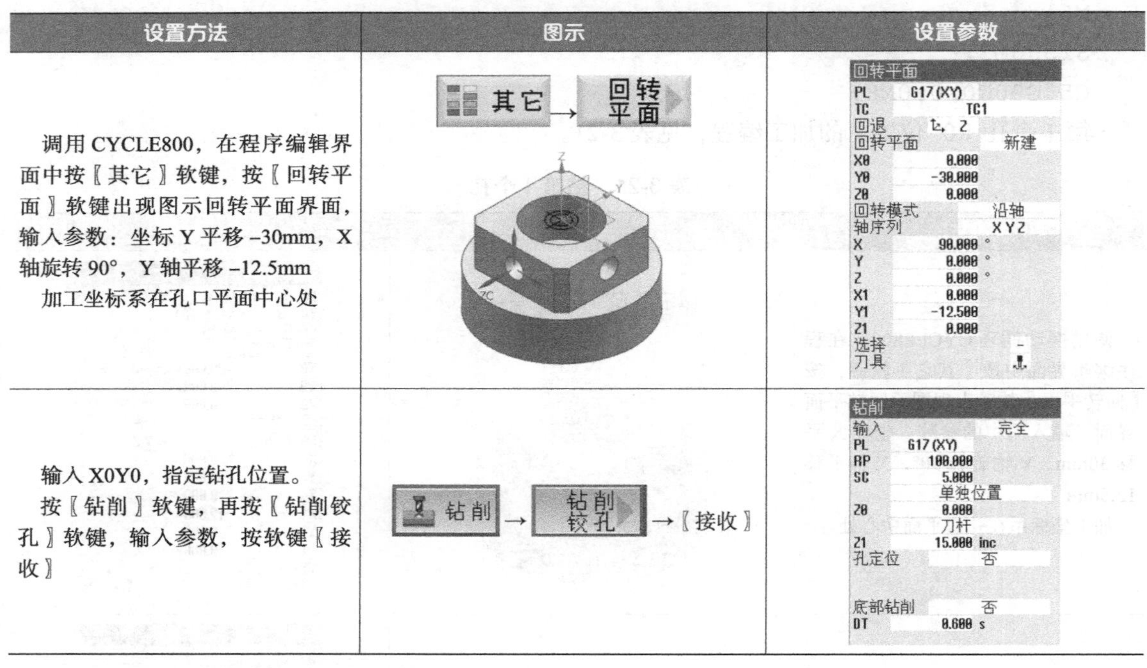

设置方法	图示	设置参数
调用 CYCLE800，在程序编辑界面中按〖其它〗软键，按〖回转平面〗软键出现图示回转平面界面，输入参数：坐标 Y 平移 -30mm，X 轴旋转 90°，Y 轴平移 -12.5mm 加工坐标系在孔口平面中心处	其它 → 回转平面	回转平面 PL G17 (XY) TC TC1 回退 2 回转平面 新建 X0 0.000 Y0 -30.000 Z0 0.000 回转模式 沿轴 轴序列 XYZ X 90.000 ° Y 0.000 ° Z 0.000 ° X1 0.000 Y1 -12.500 Z1 0.000 选择 - 刀具
输入 X0Y0，指定钻孔位置。 按〖钻削〗软键，再按〖钻削铰孔〗软键，输入参数，按软键〖接收〗	钻削 → 钻削铰孔 →〖接收〗	钻削 输入 完全 PL G17 (XY) RP 100.000 SC 5.000 单独位置 Z0 0.000 刀杆 Z1 15.000 inc 孔定位 否 底部钻削 否 DT 0.600 s

第 3 个孔（180° 位置）的加工，见表 3-23。

表 3-23　钻第 3 个孔

设置方法	图示	设置参数
调用 CYCLE800，在程序编辑界面中按〖其它〗软键，按〖回转平面〗软键出现图示回转平面界面，输入参数：坐标 X 平移 -30mm，Y 轴旋转 -90°，X 轴平移 -12.5mm。 加工坐标系在孔口平面中心处	其它 → 回转平面	回转平面 PL G17 (XY) TC TC1 回退 2 回转平面 新建 X0 -30.000 Y0 0.000 Z0 0.000 回转模式 沿轴 轴序列 XYZ X 0.000 ° Y -90.000 ° Z 0.000 ° X1 -12.500 Y1 0.000 Z1 0.000 选择 - 刀具
输入 X0Y0，指定钻孔位置。按〖钻削〗软键，再按〖钻削铰孔〗软键，输入参数，按〖接收〗软键	钻削 → 钻削铰孔 →〖接收〗	钻削 输入 完全 PL G17 (XY) RP 100.000 SC 5.000 单独位置 Z0 0.000 刀杆 Z1 15.000 inc 孔定位 否 底部钻削 否 DT 0.600 s

第 4 个孔（90° 位置）的加工，见表 3-24。

表 3-24　钻第 4 个孔

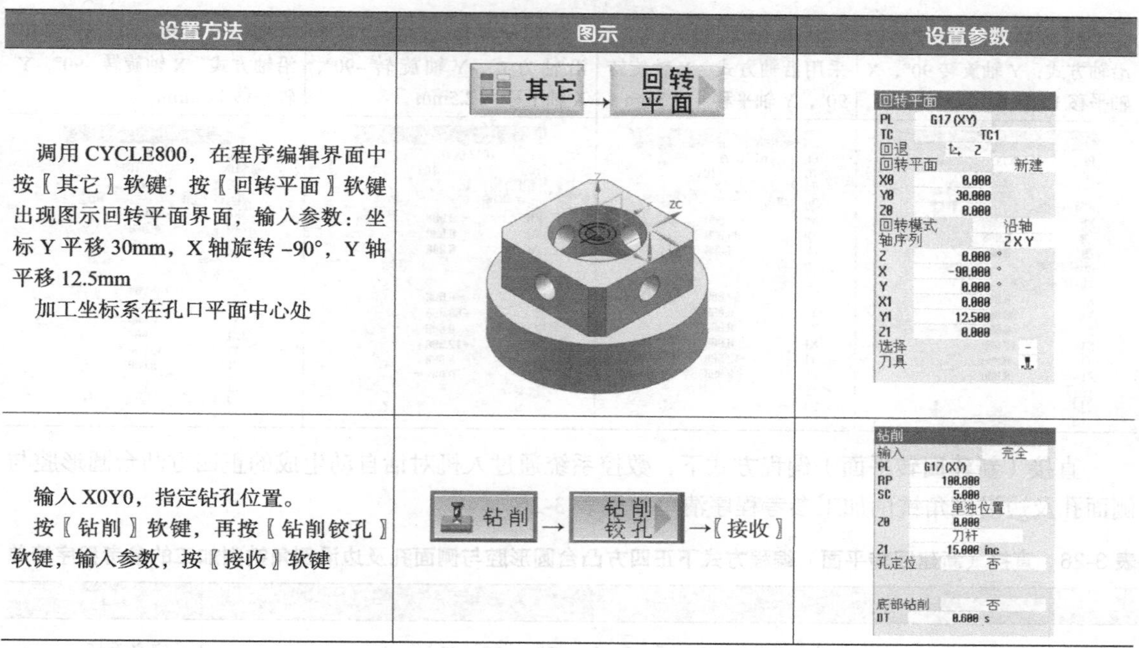

设置方法	图示	设置参数
调用 CYCLE800，在程序编辑界面中按〖其它〗软键，按〖回转平面〗软键出现图示回转平面界面，输入参数：坐标 Y 平移 30mm，X 轴旋转 -90°，Y 轴平移 12.5mm 加工坐标系在孔口平面中心处	其它 → 回转平面	回转平面 PL G17 (XY) TC TC1 回退 Z 回转平面 新建 X0 0.000 Y0 30.000 Z0 0.000 回转模式 沿轴 轴序列 ZXY Z 0.000 ° X -90.000 ° Y 0.000 ° X1 0.000 Y1 12.500 Z1 0.000 选择刀具
输入 X0Y0，指定钻孔位置。 按〖钻削〗软键，再按〖钻削铰孔〗软键，输入参数，按〖接收〗软键	钻削 → 钻削铰孔 →〖接收〗	钻削 输入 完全 PL G17 (XY) RP 100.000 SC 5.000 单独位置 Z0 0.000 刀杆 Z1 15.000 inc 孔定位 否 底部钻削 否 DT 0.600 s

5）边沿倒角加工。

在程序中调用倒角刀 T=DRILL 6，并输入

```
M6;
S1500M3;
G54G90G0X0Y0M8;
```

倒角加工时，只需要把“铣削”对话框中的加工方式从“粗加工”改为“倒角”，所以不需要重新编写，只需把前面铣削四方外轮廓、铣削 ϕ40mm 圆形腔、钻削 ϕ12mm 孔的程序全复制，粘贴到 N310 G54G90G0X0Y0M8 之后，进入到 CYCLE63（凸台铣削）、POCKET4（ϕ40mm 圆形腔铣削）中，把“粗加工”改为“倒角”。

另外，4 个钻孔程序 X0Y0，CYCLE82（100，0，5，，15，0.6，10，1，11），替换为 POCKET4〖圆形腔〗命令来做，同样把“粗加工”改为“倒角”。

倒角加工的顺序与加工参数见表 3-25。

表 3-25　倒角加工的顺序与加工参数

（1）CYCLE800 的初始化	（2）四方外轮廓倒角	（3）ϕ40mm 圆形腔沿倒角	（4）4 个 ϕ12mm 孔倒角
回转平面 PL G17 (XY) TC TC1 回退 Z 回转平面 新建 X0 0.000 Y0 0.000 Z0 0.000 回转模式 沿轴 轴序列 XYZ X 0.000 ° Y 0.000 ° Z 0.000 ° X1 0.000 Y1 0.000 Z1 0.000 选择刀具 基本设置 取消 接收	铣削凸台 PRG W1 PL G17 (XY) 顺铣 RP 100.000 SC 5.000 F 1000.000 加工 倒角 Z0 0.000 FS 1.000 ZFS 2.000 inc	圆形腔 PL G17 (XY) 顺铣 RP 100.000 SC 5.000 F 1000.000 加工 倒角 单独位置 X0 0.000 Y0 0.000 Z0 0.000 ∅ 40.000 FS 1.000 ZFS 2.000 inc	圆形腔 PL G17 (XY) 顺铣 RP 100.000 SC 5.000 F 1000.000 加工 倒角 单独位置 X0 0.000 Y0 0.000 Z0 0.000 ∅ 12.000 FS 1.000 ZFS 2.000 inc

（续）

坐标 X 平移 30mm，采用沿轴方式，Y 轴旋转 90°，X 轴平移 12.5mm	坐标 Y 平移 –30mm，采用沿轴方式，X 轴旋转 90°，Y 轴平移 –12.5mm	坐标 Y 平移 –30mm，采用沿轴方式，Y 轴旋转 –90°，X 轴平移 –12.5mm	坐标 Y 平移 –30mm，采用沿轴方式，X 轴旋转 –90°，Y 轴平移 12.5mm
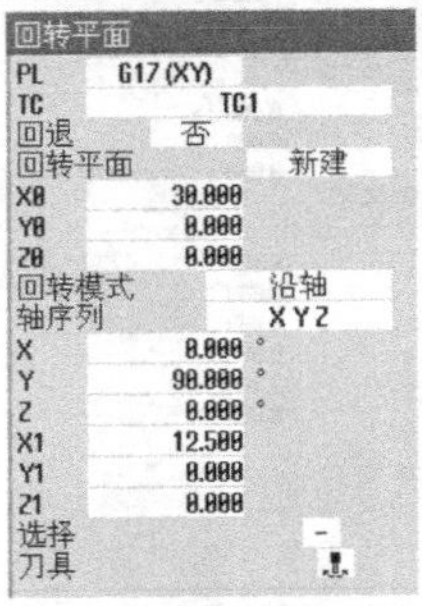 回转平面 PL G17 (XY) TC TC1 回退 否 回转平面 新建 X0 30.000 Y0 0.000 Z0 0.000 回转模式 沿轴 轴序列 XYZ X 0.000 ° Y 90.000 ° Z 0.000 ° X1 12.500 Y1 0.000 Z1 0.000 选择 - 刀具	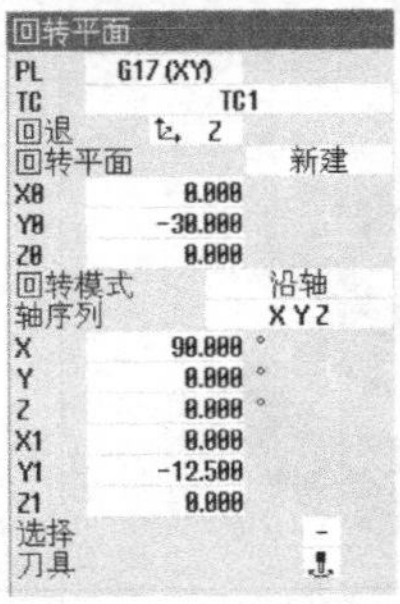 回转平面 PL G17 (XY) TC TC1 回退 Z 回转平面 新建 X0 0.000 Y0 -30.000 Z0 0.000 回转模式 沿轴 轴序列 XYZ X 90.000 ° Y 0.000 ° Z 0.000 ° X1 0.000 Y1 -12.500 Z1 0.000 选择 - 刀具	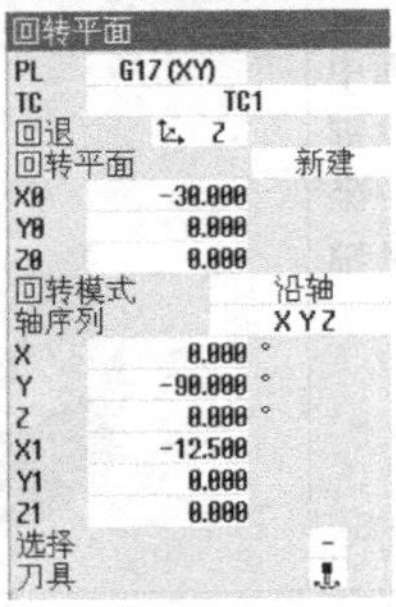 回转平面 PL G17 (XY) TC TC1 回退 Z 回转平面 新建 X0 -30.000 Y0 0.000 Z0 0.000 回转模式 沿轴 轴序列 XYZ X 0.000 ° Y -90.000 ° Z 0.000 ° X1 -12.500 Y1 0.000 Z1 0.000 选择 - 刀具	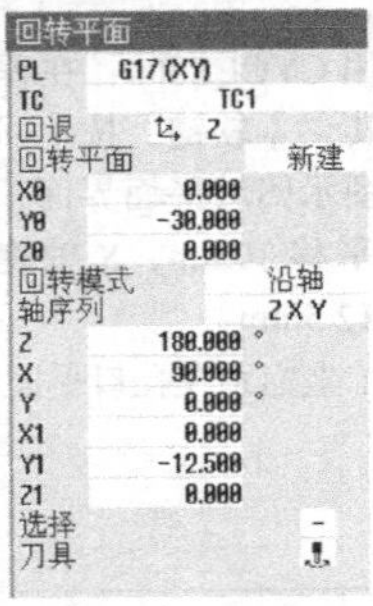 回转平面 PL G17 (XY) TC TC1 回退 Z 回转平面 新建 X0 0.000 Y0 -30.000 Z0 0.000 回转模式 沿轴 轴序列 ZXY Z 180.000 ° X 90.000 ° Y 0.000 ° X1 0.000 Y1 -12.500 Z1 0.000 选择 - 刀具

直接（新建回转平面）编程方式下，数控系统通过人机对话自动生成的正四方凸台圆形腔与侧面孔及边沿倒角铣削加工参考程序清单，见表 3-26。

表 3-26　直接（新建回转平面）编程方式下正四方凸台圆形腔与侧面孔及边沿倒角铣削加工的参考程序清单

段号	程序	注释
N10	WORKPIECE（，“C”，，“CYLINDER”，0，0，–50，–80，90）	定义毛坯
N20	CYCLE800（1，“TC1”，100000，57，0，0，0，0，0，0，0，0，0，–1，100，1）	初始化操作
N30	T= “CUTTER 12”	调用刀具
N40	M6;	
N50	S5000M3;	
N60	G54G90G0X0Y0M8;	
N70	CYCLE62（“Q1”，1，，）	调用毛坯轮廓
N80	CYCLE62（“Q2”，1，，）	调用四方轮廓
N90	CYCLE63（“W1”，1，100，0，5，25，1000，，50，5，0，0，0，，，，，，1，2，，，，0，201，111）	凸台铣削
N100	POCKET4（100，0，5，25，40，0，0，5，0，0，1000，100，0，21，50，9，15，2，2，0，1，2，10100，111，111）	铣 ϕ40mm 圆型腔
N110	T= “DRILL 12”	换麻花钻
N120	M6;	
N130	S1500M3;	

（续）

段号	程序	注释
N140	G54G90G0X0Y0M8;	
N150	CYCLE800（1，“TC1”，100000，57，30，0，0，0，90，0，12.5，0，0，–1，100，1）	回转平面
N160	X0Y0	钻孔定位
N170	CYCLE82（100，0，5，，15，0.6，10，1，11）	钻第 1 个孔
N180	CYCLE800（1，“TC1”，100000，57，0，–30，0，90，0，0，0，–12.5，0，–1，100，1）	回转平面
N190	X0Y0	钻孔定位
N200	CYCLE82（100，0，5，，15，0.6，10，1，11）	钻第 2 个孔
N210	CYCLE800（1，“TC1”，100000，57，–30，0，0，0，–90，0，–12.5，0，0，–1，100，1）	回转平面
N220	X0Y0	钻孔定位
N230	CYCLE82（100，0，5，，15，0.6，10，1，11）	钻第 3 个孔
N240	CYCLE800（1，“TC1”，100000，39，0，30，0，0，–90，0，0，12.5，0，–1，100，1）	回转平面
N250	X0Y0	钻孔定位
N260	CYCLE82（100，0，5，，15，0.6，10，1，11）	钻第 4 个孔
N270	CYCLE800（1，“TC1”，100000，57，0，0，0，0，0，0，0，0，0，–1，100，1）	初始化操作
N280	T=“DRILL 6”	倒角刀
N290	M6;	
N300	S1500M3;	
N310	G54G90G0X0Y0M8;	
N320	CYCLE62（“Q1”，1，，）	
N330	CYCLE62（“Q2”，1，，）	
N340	CYCLE63（“W1”，5，100，0，5，25，1000，，50，5，0，0，0，，，，，1，1.5，，，0，201，111）	四方轮廓倒角
N350	POCKET4（100，0，5，25，40，0，0，5，0，0，1000，100，0，25，50，9，15，2，2，0，1，1.5，10100，111，111）	圆形腔倒角
N360	CYCLE800（1，“TC1”，100000，57，30，0，0，0，90，0，12.5，0，0，–1，100，1）	
N370	POCKET4（100，0，5，25，12，0，0，5，0，0，1000，100，0，25，50，9，15，2，2，0，1，1.5，10100，111，111）	第 1 个孔倒角
N380	CYCLE800（1，“TC1”，100000，57，0，–30，0，90，0，0，0，–12.5，0，–1，100，1）	
N390	POCKET4（100，0，5，25，12，0，0，5，0，0，1000，100，0，25，50，9，15，2，2，0，1，1.5，10100，111，111）	第 2 个孔倒角

（续）

段号	程序	注释
N400	CYCLE800（1，“TC1”，100000，57，-30，0，0，0，-90，0，-12.5，0，0，-1，100，1）	
N410	POCKET4（100，0，5，25，12，0，0，5，0，0，1000，100，0，25，50，9，15，2，2，0，1，1.5，10100，111，111）	第 3 个孔倒角
N420	CYCLE800（1，“TC1”，100000，39，0，30，0，0，-90，0，0，12.5，0，-1，100，1）	
N430	POCKET4（100，0，5，25，12，0，0，5，0，0，1000，100，0，25，50，9，15，2，2，0，1，1.5，10100，111，111）	第 4 个孔倒角
N440	CYCLE800（1，“TC1”，100000，57，0，0，0，0，0，0，0，0，0，-1，100，1）	初始化操作
N450	M30	
N460	E_LAB_A_Q1: ;#SM Z:2 ;#7__DlgK contour definition begin - Don’t change!;*GP*;*RO*;*HD* G17 G90 DIAMOF;*GP* G0 X45 Y0 ;*GP* G3 I=AC（0）J=AC（0）;*GP* ;CON，0，0.0000，1，1，MST:0，0，AX:X，Y，I，J，CYL:1，0，10，TRANS:1;*GP*;*RO*;*HD* ;S，EX:45，EY:0;*GP*;*RO*;*HD* ;ACCW，EX:45，EY:0，CX:0，RAD:45;*GP*;*RO*;*HD* ;#End contour definition end - Don’t change!;*GP*;*RO*;*HD* E_LAB_E_Q1:	程序块轮廓 Q1
N470	E_LAB_A_Q2: ;#SM Z:4 ;#7__DlgK contour definition begin - Don’t change!;*GP*;*RO*;*HD* G17 G90 DIAMOF;*GP* G0 X30 Y25 ;*GP* G1 Y-30 CHR=5 ;*GP* X-30 CHR=5 ;*GP* Y30 CHR=5 ;*GP* X30 CHR=5 ;*GP* Y25 ;*GP* ;CON，0，0.0000，4，4，MST:0，0，AX:X，Y，I，J，CYL:1，0，10，TRANS:1;*GP*;*RO*;*HD* ;S，EX:30，EY:30;*GP*;*RO*;*HD* ;LD，EY:-30;*GP*;*RO*;*HD* ;F，LFASE:5;*GP*;*RO*;*HD* ;LL，EX:-30;*GP*;*RO*;*HD* ;F，LFASE:5;*GP*;*RO*;*HD* ;LU，EY:30;*GP*;*RO*;*HD* ;F，LFASE:5;*GP*;*RO*;*HD* ;LR，EX:30;*GP*;*RO*;*HD* ;F，LFASE:5;*GP*;*RO*;*HD* ;#End contour definition end - Don’t change!;*GP*;*RO*;*HD* E_LAB_E_Q2:	程序块轮廓 Q2

任务 3.4　多角度空间斜面零件编程与加工

学习任务书

1. 学习任务描述

本任务要求加工多角度空间斜面零件，如图 3-10 所示。该零件是在 50mm × 50mm × 25mm 矩形凸台的基础上，顶部的四个边沿分别被加工成 30° 空间倾斜面、*C*5 标准倒角和 15° 指定斜面。掌握 CYCLE800 指令和平面铣削指令的配合使用。按照图 3-11 所示的多角度空间斜面零件尺寸核准毛坯，选择合适刀具及夹具。通过手动编程方式，使用摆动循环 CYCLE800 指令进行“3+2”五轴定向加工，完成四个斜面及钻孔加工。程序无误通过后传输至系统，通过独立装夹找正，调用程序完成零件程序的编程验证与正确加工。

2. 识读图样

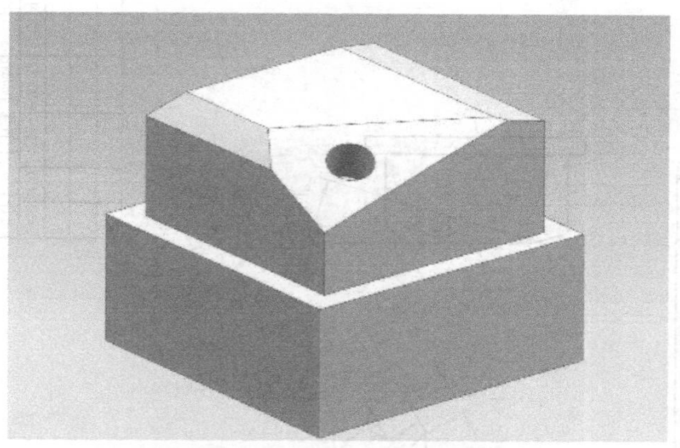

图 3-10　多角度空间斜面零件

3. 学习准备

序号	工作准备	内容	备注
1	机床（数控系统）	五轴数控机床	SINUMERIK 840D sl 数控系统
2	毛坯	60mm × 60mm × 50mm 的方料	2A12
3	刀具	ϕ12mm 立铣刀和 ϕ8.5mm 钻头	或根据小组讨论决定
4	夹具	平口虎钳	注意加工干涉
5	量具	游标卡尺	测量范围为 0~150mm，精度为 0.02mm
		游标万能角度尺	测量范围为 0°~320° ，精度为 2′
6	其他		

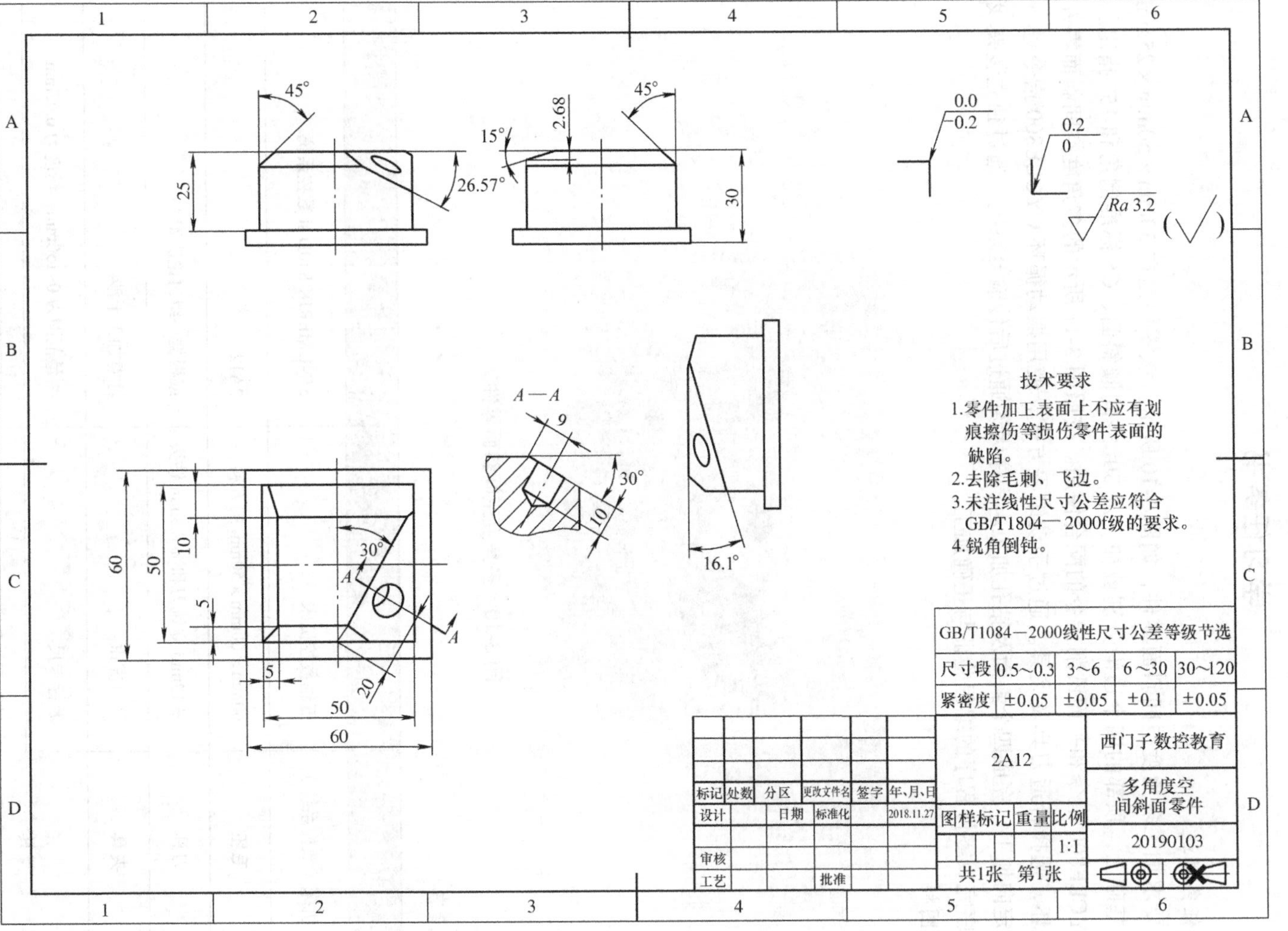

图 3-11 “多角度空间斜面零件”零件图

3.4.1　编程加工任务描述

1. 分析工件坐标系原点

图 3-11 所示的多角度空间斜面零件是在 50mm × 50mm × 25mm 矩形凸台的基础上，顶部的四个边沿被切割成空间 30° 倾斜面、15° 指定斜面和 *C*5 倒角，设定零件上平面的中心位置为工件坐标系原点。

2. 分析编程思路

多角度空间斜面零件的编程思路是：首先在三轴基础上编写 50mm × 50mm × 25mm 矩形凸台的加工程序，然后编写 30° 空间倾斜面、两个 *C*5 标准倒角、15° 指定斜面和 30° 空间倾斜面上钻孔的加工程序。选用回转台运动系统类型 P（部件）和人机对话 “programGUIDE G” 代码进行编程，这里采用两种不同的编程方法来完成该零件的加工。

3. 分析多角度空间斜面零件铣削的加工过程（表3-27）

表 3-27　多角度空间斜面零件的加工过程

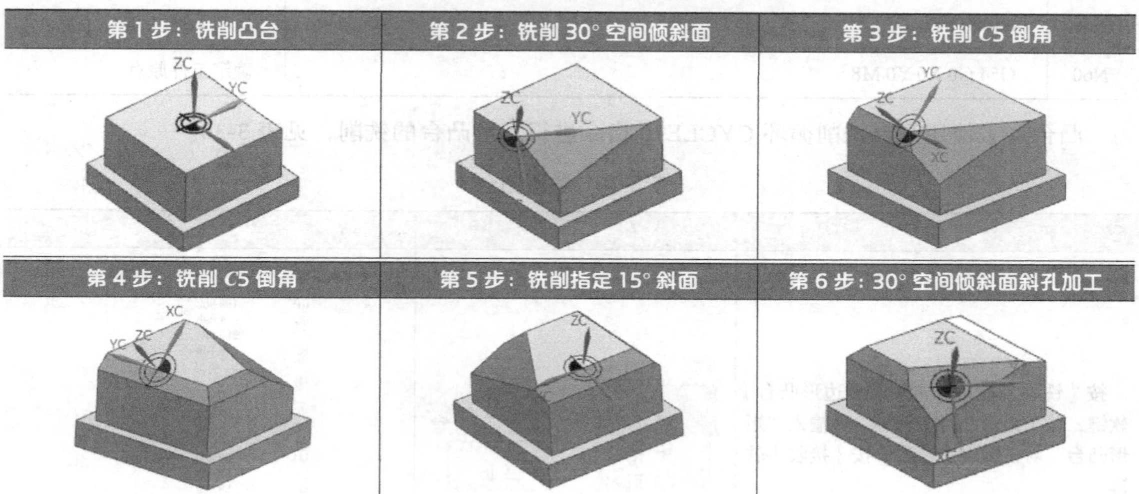

第 1 步：铣削凸台	第 2 步：铣削 30° 空间倾斜面	第 3 步：铣削 *C*5 倒角
第 4 步：铣削 *C*5 倒角	第 5 步：铣削指定 15° 斜面	第 6 步：30° 空间倾斜面斜孔加工

3.4.2　多角度空间斜面零件使用 CYCLE800 指令直接编程法编程

1. 编程前初始设置

1）为了实现零件的安全、正确加工，首先要完成 CYCLE800 循环初始设置的设定工作，使工作台处在“零位”，其操作步骤及参数设定见表 3-28。

表 3-28　摆动循环 CYCLE800 初始化设置操作

设置方法	系统操作步骤	基本设置参数
在程序编辑界面中，进行摆动循环 CYCLE800 指令的初始化设置，按〖其它〗软键，按〖回转平面〗软键，按〖基本设置〗软键，出现“回转平面”对话框界面，将其中所有数值参数项全部清零，其他选择项目内容如右图所示，最后，按〖确认〗软键	→ 其它 → 回转平面 → 基本设置 → 确认	回转平面 PL G17 (XY) TC TC1 回退 Z XY 回转平面 新建 X0 0.000 Y0 0.000 Z0 0.000 回转模式 沿轴 轴序列 X Y Z X 0.000 ° Y 0.000 ° Z 0.000 ° X1 0.000 Y1 0.000 Z1 0.000 方向 + 刀具 不跟踪

2）初始化设置完成后，进行工件毛坯的设定。针对正四棱台零件，最方便的毛坯设置是选择“中心六面体”形式，尺寸为 60mm × 60mm × 50mm。本练习选择的毛坯是已经加工，且符合图样外形标注尺寸的零件半成品。

3）程序头的编写和矩形凸台的加工。完成程序头（表 3-29）基本设置后，首先进行矩形凸台的加工。

表 3-29　程序头的编写

段号	程序	注释
N10	CYCLE800（1，“0”，200000，57，22，0，0，0，30，0，0，0，0，1，100，1）	CYCLE800 初始化设置
N20	WORKPIECE（,,，“RECTANGLE”，0，0，-50，-80，60，60，）	创建中心六面体毛坯
N30	T= “MILL 12”	调用 ϕ 12mm 立铣刀
N40	M6	换刀到主轴
N50	S5000 M3	启动主轴
N60	G54 G0 X0 Y0 M8	确定工件原点

凸台加工使用凸台铣削循环 CYCLE76 指令进行矩形凸台的铣削，见表 3-30。

表 3-30　铣削凸台

设置方法	操作步骤	设置参数
按〖铣削〗软键，再按〖多边形凸台〗软键，按〖矩形凸台〗软键，再输入“矩形凸台”对话框设置参数，按〖接收〗软键	铣削 → 多边形凸台 → 矩形凸台 → 接收	矩形凸台 PL G17 (XY) 顺铣 RP 100.000 SC 1.000 F 2000.000 FZ 0.100 参考点 加工 单独位置 X0 0.000 Y0 0.000 Z0 0.000 W1 60.000 L1 60.000 W 50.000 L 50.000 R 0.300 α0 0.000 ° Z1 25.000 inc DZ 3.000 UXY 0.200 UZ 0.100

2. 使用CYCLE800指令中直接编程法编程方式及过程

凸台加工完成后，使用“沿轴”回转模式，平移坐标系后按轴序列次序先后绕几何轴 X、Y、Z 旋转输入的回转角度，实现各斜面加工平面坐标系的定位，即通过 4 次 CYCLE800 回转平面循环与 CYCLE61 平面铣削循环的参数设定，实现 4 个不同位置斜面的铣削编程。

1）定向加工 30° 空间倾斜面编程参数说明：工作台回退方向选择“最大刀具方向”，回转平面选择“新建”，回转模式选择“沿轴”，轴序列选择“ZYX”，方向选择“-”，刀具选择“不跟踪”。工件坐标系首先沿 Y 轴负方向平移 25mm，然后绕 Z 轴旋转 -30°（顺时针转动），最后绕 Y 轴旋转 30°，完成“三个步骤”定位后（表 3-31），通过三角函数进行计算：铣削宽度 $X1$ =cos30° × 25mm =21.65mm，$Y1$=25mm/sin30°=50mm，铣削深度 $Z0$=21.65mm × sin30° × cos30°=9.37mm，然后定义 CYCLE61 平面铣削循环加工 30° 空间倾斜面的参数（图 3-12）。

表 3-31　铣削 30° 空间倾斜面回转参数与步骤

回转参数设置	回转步骤 1	回转步骤 2	回转步骤 3
回转平面 PL　G17 (XY) TC　TC1 回退　最大刀具方向 回转平面　新建 X0　0.000 Y0　-25.000 Z0　0.000 回转模式　沿轴 轴序列　Z Y X Z　-30.000 ° Y　30.000 ° X　0.000 ° X1　0.000 Y1　0.000 Z1　0.000 方向　- 刀具　不跟踪	ZC YC	ZC YC	ZC YC

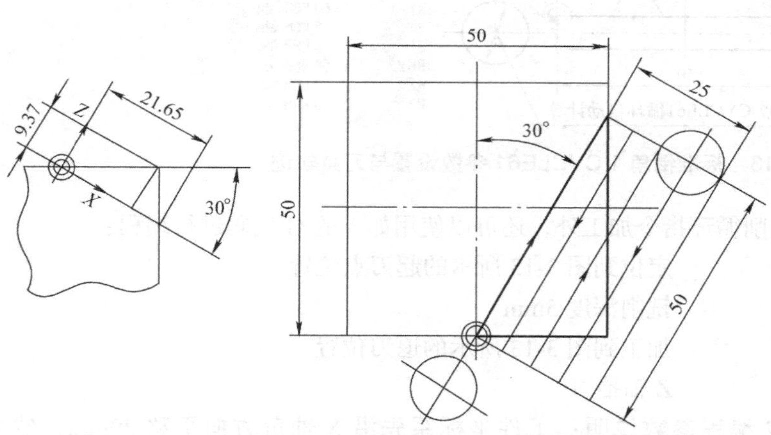

平面铣削
PL　G17 (XY)
RP　100.000
SC　1.000
F　1500.000
加工　▽
方向
X0　0.000
Y0　0.000
Z0　10.000
X1　25.000 abs
Y1　50.000 abs
Z1　10.000 inc
DXY　60.000 %
DZ　3.000
UZ　0.000

图 3-12　30° 空间倾斜面 CYCLE61 参数设置与刀具轨迹

提示： 此例采用 CYCLE800 回转平面“3+2”五轴定向加工时，回转数据组 TC 的名称统一设置为 TC1，回退统一设置为最大刀具方向，回转平面统一设置为新建（绝对），选择（方向）统一设置为负方向，刀具统一设置为不跟踪。同时要根据当前的 X、Y 坐标来进行铣削位置参数定义，避免发生干涉或过切现象。

2）定向加工标准倒角 1 编程参数说明：工件坐标系先沿 Y 轴负方向平移 20mm，然后绕 X 轴旋转 45°，最后沿旋转后的 X 轴正方向平移 25mm 后（表 3-32），根据图 3-13 中所示的尺寸条件，$X1$=50mm，通过三角函数进行计算：铣削宽度 $Y1$=5mm/sin45°=7.07mm，铣削深度 $Z0$=5mm × sin45°=3.54mm，然后定义 CYCLE61 平面铣削循环加工标准倒角的参数（图 3-13）。

表 3-32 铣削标准倒角 1 回转参数与步骤

回转参数设置	回转步骤 1	回转步骤 2	回转步骤 3
回转平面 PL G17 (XY) TC TC1 回退 最大刀具方向 回转平面 新建 X0 0.000 Y0 -20.000 Z0 0.000 回转模式 沿轴 轴序列 ZXY Z 0.000 ° X 45.000 ° Y 0.000 ° X1 25.000 Y1 0.000 Z1 0.000 方向 - 刀具 不跟踪			

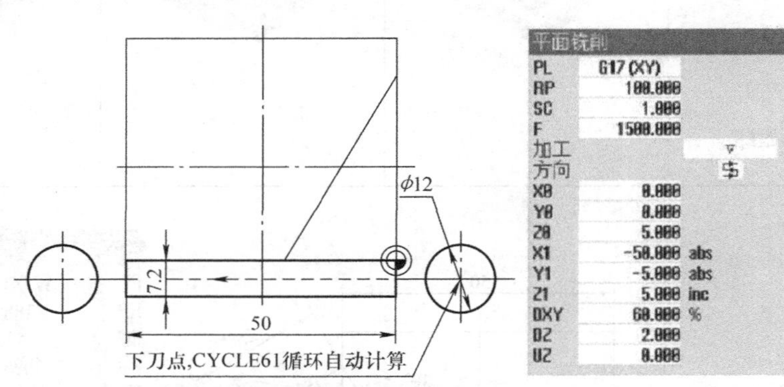

图 3-13 标准倒角 1 CYCLE61 参数设置与刀具轨迹

除使用 CYCLE61 平面铣削循环指令加工外，还可以使用如下的 G 代码进行编程：

```
G0    X10 Y-5 Z5;        定位到图 3-13 所示的起刀点位置
G1    Z0 F800;           铣削深度 5mm
G1    X-60 F1500;        加工到图 3-13 所示的退刀位置
G0    Z100;              Z 轴抬刀
```

3）定向加工标准倒角 2 编程参数说明：工件坐标系先沿 X 轴负方向平移 20mm，然后绕 Y 轴旋转 -45°，最后沿旋转后的 Y 轴负方向平移 25mm 后（表 3-33），根据图 3-14 所示的尺寸条件，$Y1$=50mm，通过三角函数进行计算：铣削宽度 $X1$=5mm/sin45°=7.07mm，铣削深度 $Z0$=5mm × sin45°=3.54mm，然后定义 CYCLE61 平面铣削循环标准倒角的参数（图 3-14）。

表 3-33 铣削标准倒角 2 回转参数与步骤

回转参数设置	回转步骤 1	回转步骤 2	回转步骤 3
回转平面 PL G17 (XY) TC TC1 回退 最大刀具方向 回转平面 新建 X0 -20.000 Y0 0.000 Z0 0.000 回转模式 沿轴 轴序列 ZYX Z 0.000 ° Y -45.000 ° X 0.000 ° X1 0.000 Y1 -25.000 Z1 0.000 方向 - 刀具 不跟踪			

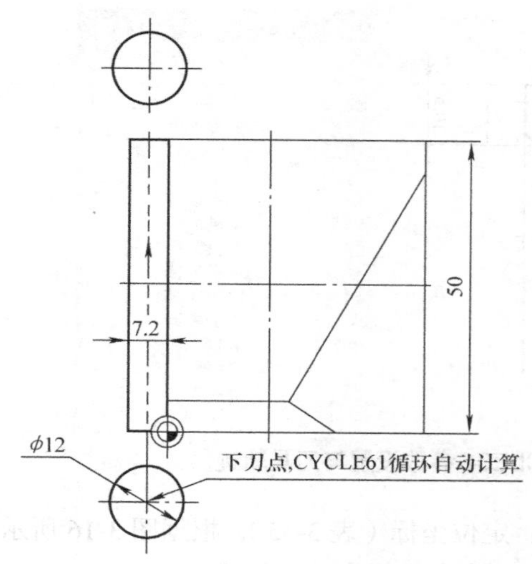

平面铣削		
PL	G17 (XY)	
RP	100.000	
SC	1.000	
F	1500.000	
加工		▽
方向		
X0	0.000	
Y0	0.000	
Z0	5.000	
X1	-5.000	abs
Y1	50.000	abs
Z1	5.000	inc
DXY	60.000	%
DZ	2.000	
UZ	0.000	

图 3-14　标准倒角 2 CYCLE61 参数设置与刀具轨迹

除使用 CYCLE61 平面铣削循环指令加工外，还可以使用如下的 G 代码进行编程：

```
G0    X-5 Y-10 Z5;          定位到图 3-14 所示的起刀点位置
G1    Z0 F800;              铣削深度 5mm
G1    Y60 F1500;            加工到图 3-14 所示的退刀位置
G0    Z100;                 Z 轴抬刀
```

4）定向加工 15° 指定斜面编程参数说明：工件坐标系先沿 Y 轴正方向平移 15mm，然后绕 X 轴旋转 –15°，最后沿旋转后的 X 轴负方向平移 25mm 后（表 3-34），根据图 3-15 所示的尺寸条件，按照相同方法计算出：铣削面积为 10.5mm × 50mm，深度 *Z*0=2.58mm，然后定义 CYCLE61 平面铣削循环标准倒角的参数（图 3-15）。

表 3-34　铣削 15° 指定斜面回转参数与步骤

回转参数设置	回转步骤 1	回转步骤 2	回转步骤 3
回转平面 PL　G17 (XY) TC　TC1 回退　最大刀具方向 回转平面　新建 X0　0.000 Y0　15.000 Z0　0.000 回转模式　沿轴 轴序列　ZXY Z　0.000 ° X　-15.000 ° Y　0.000 ° X1　-25.000 Y1　0.000 Z1　0.000 方向　- 刀具　不跟踪	ZC YC	ZC YC	ZC XC

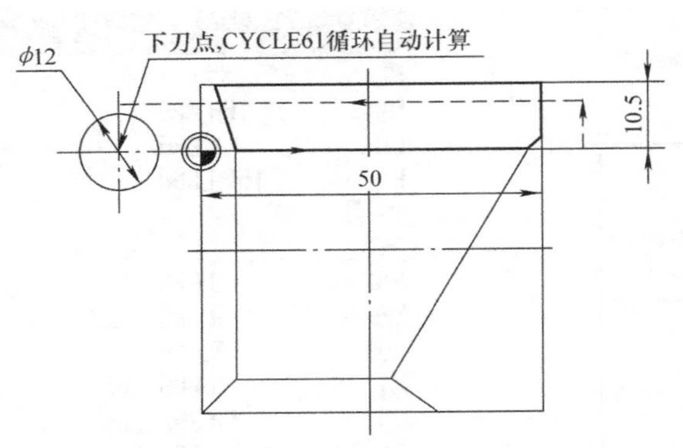

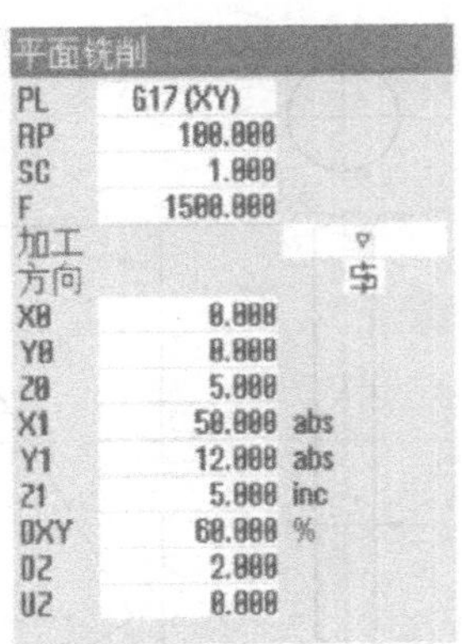

图 3-15　15° 指定斜面 CYCLE61 参数设置与刀具轨迹

5）定向加工 30° 空间倾斜面编程参数说明：定位坐标（表 3-35），根据图 3-16 所示，在工件坐标系定位后孔的位置为：X 方向坐标为“9”，Y 方向坐标为“20”，即 G0 X9 Y20。

表 3-35　铣削 30° 空间倾斜面孔回转参数与步骤

回转参数设置	回转步骤 1	回转步骤 2	回转步骤 3
回转平面 PL G17 (XY) TC TC1 回退 最大刀具方向 回转平面 新建 X0 0.000 Y0 -25.000 Z0 0.000 回转模式 沿轴 轴序列 ZYX Z -30.000 ° Y 30.000 ° X 0.000 ° X1 0.000 Y1 0.000 Z1 0.000 方向 - 刀具 不跟踪	ZC YC	ZC YC	ZC YC

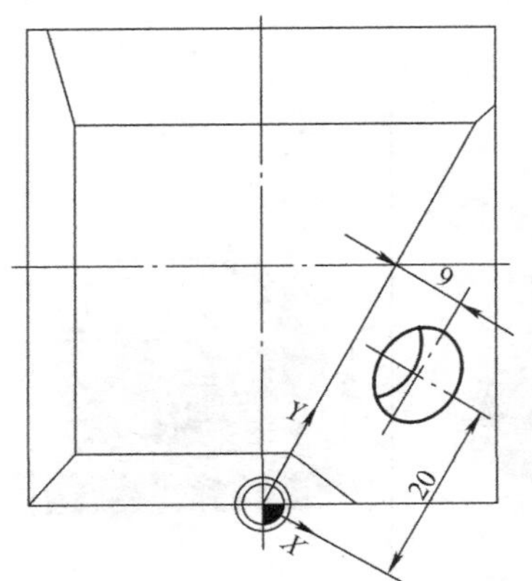

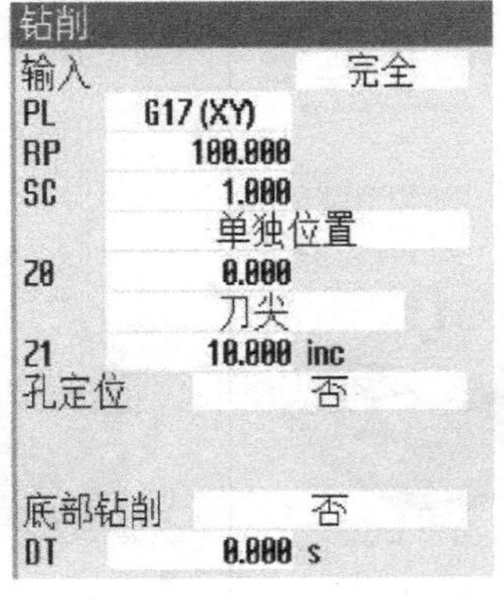

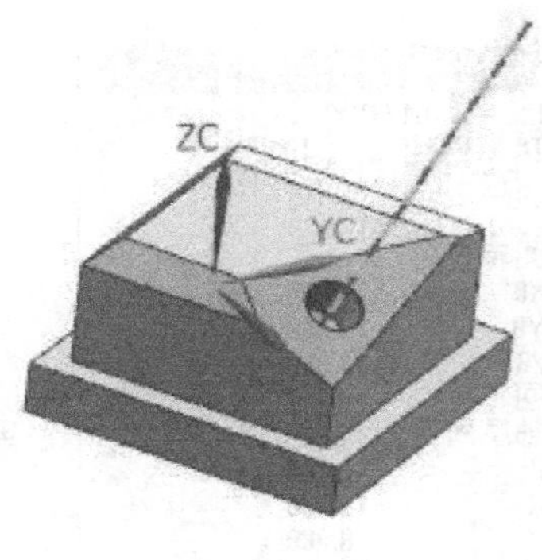

图 3-16　30° 空间倾斜面孔 CYCLE82 参数设置与刀具轨迹

沿轴回转模式编程的参考程序清单见表 3-36。

表 3-36　沿轴回转模式编程的参考程序清单

段号	程序	注释
N10	CYCLE800（1，“0”，200000，57，22，0，0，0，30，0，0，0，0，1，100，1）	CYCLE800 初始设置
N20	WORKPIECE（,,，“RECTANGLE”，0，0，-50，-80，60，60，）	创建毛坯
N30	T=“MILL 12”	选用 ϕ 12mm 立铣刀
N40	M6	换刀到主轴
N50	S5000 M3	启动主轴
N60	G54 G0 X0 Y0 M8	确定工件原点
N70	CYCLE61（100，1，1，1，-30，-30，30，30，0.5，60，0.1，800，12，0，1，11011）	铣削工件表面
N80	CYCLE76（100，0，1,，25，50，50，0.3，0，0，0，3，0.2，0.1，2000，800，0，1，60，60，1，2，1100，1，101）	粗加工矩形凸台
N90	CYCLE76（100，0，1,，25，50，50，0.3，0，0，0，25，0，0，800，800，0，2，60，60，1，2，1100，1，101）	精加工矩形凸台
N100	CYCLE800（4，“TC1”，100000，27，0，-25，0，-30，30，0，0，0，0，-1，100，1）	定位到 30° 斜面
N110	CYCLE61（100，10，1，10，0，0，25，50，3，60，0，1500，41，0，1，11011）	铣削 30° 斜面
N120	CYCLE800（4，“TC1”，100000，39，0，-20，0，0，45，0，25，0，0，-1，100，1）	定位到 45° 斜面 1
N130	CYCLE61（100，5，1，5，0，0，-50，-5，2，60，0，1500，31，0，1，11011）	铣削 45° 斜面 1
N140	CYCLE800（4，“TC1”，100000，27，-20，0，0，0，-45，0，0，-25，0，-1，100，1）	定位到 45° 斜面 2
N150	CYCLE61(100，5，1，5，0，0，-5，50，2，60，0，1500，41，0，1，11011）	铣削 45° 斜面 2
N160	CYCLE800（4，“TC1”，100000，39，0，15，0，0，-15，0，-25，0，0，-1，100，1）	定位到 15° 斜面
N170	CYCLE61（100，5，1，5，0，0，50，12，2，60，0，1500，31，0，1，11011）	铣削 15° 斜面
N180	T=“DRILL 8.5”	选用 ϕ 8.5mm 钻头
N190	M6	换刀到主轴
N200	S800 M3	启动主轴
N210	CYCLE800（4，“TC1”，100000，27，0，-25，0，-30，30，0，0，0，0，-1，100，1）	定位到 30° 斜面
N220	G0 X9 Y20	定位到钻孔位置
N230	CYCLE82（100，0，1,，10，0，10，1，11）	钻孔
N240	CYCLE800（1，“0”，200000，57，22，0，0，0，30，0，0，0，0，1，100，1）	CYCLE800 初始设置
N250	M30	程序结束

提示：因多角度空间斜面零件 ϕ10mm 孔的精度为 H7，所以钻孔后可以选择铰孔或铣孔的加工方法来保证 H7 精度。

3.4.3 多角度空间斜面零件使用 CYCLE800 指令立体角编程法编程

1）使用回转模式“立体角”时，坐标系首先围绕 Z 轴旋转（α 角），然后绕 Y 轴旋转（β 角）。具体编程方法参照回转模式“沿轴”的编程过程，CYCLE800 中的参数设置如表 3-37 所列。

表 3-37 立体角参数设置

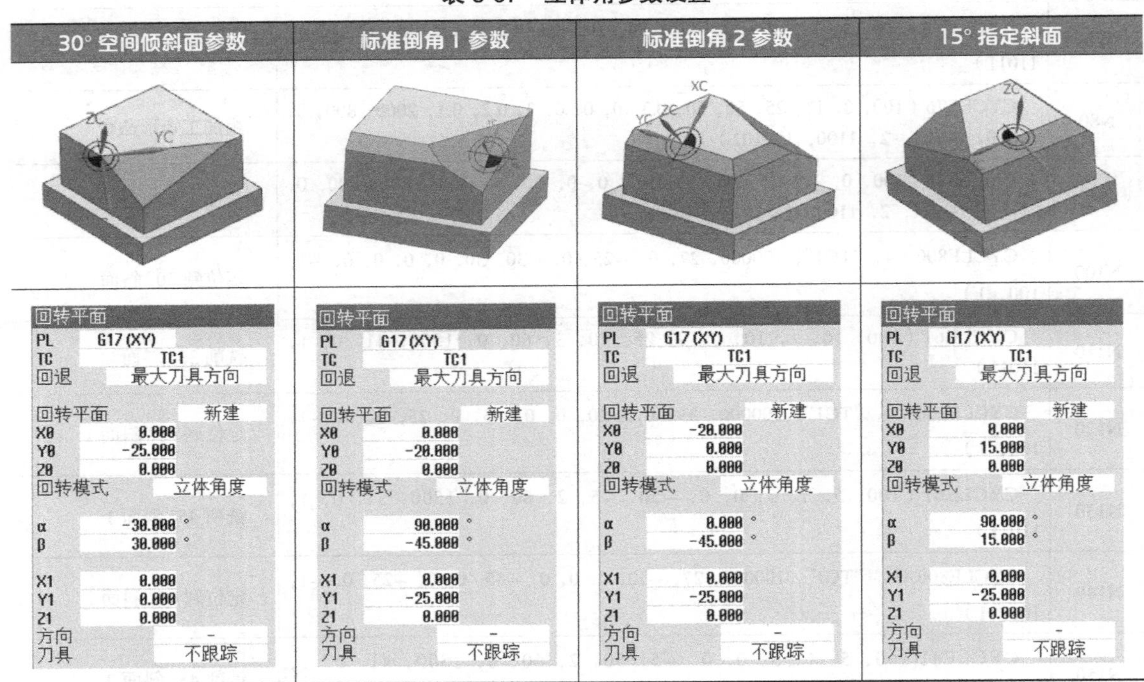

回转平面	30° 空间倾斜面参数	标准倒角 1 参数	标准倒角 2 参数	15° 指定斜面
PL	G17 (XY)	G17 (XY)	G17 (XY)	G17 (XY)
TC	TC1	TC1	TC1	TC1
回退	最大刀具方向	最大刀具方向	最大刀具方向	最大刀具方向
回转平面	新建	新建	新建	新建
X0	0.000	0.000	-20.000	0.000
Y0	-25.000	-20.000	0.000	15.000
Z0	0.000	0.000	0.000	0.000
回转模式	立体角度	立体角度	立体角度	立体角度
α	-30.000 °	90.000 °	0.000 °	90.000 °
β	30.000 °	-45.000 °	-45.000 °	15.000 °
X1	0.000	0.000	0.000	0.000
Y1	0.000	-25.000	-25.000	-25.000
Z1	0.000	0.000	0.000	0.000
方向	-	-	-	-
刀具	不跟踪	不跟踪	不跟踪	不跟踪

2）定向加工 30° 空间倾斜面编程参数说明：工件坐标系首先沿 Y 轴负方向平移 25mm，然后绕 α 角（Z 轴）旋转 −30°，最后绕 β 角（Y 轴）旋转 30°，完成“三个步骤”的定位后定义如图 3-17a 所示的 CYCLE61 平面铣削循环参数。

3）定向加工标准倒角 1 编程参数说明：工件坐标系先沿 Y 轴负方向平移 20mm，然后绕 α 角（Z 轴）旋转 90°，绕 β 角（Y 轴）旋转 −45°，最后沿旋转后的 Y 轴负方向平移 25mm，完成定位后定义如图 3-17b 所示的 CYCLE61 平面铣削循环参数。

4）定向加工标准倒角 2 编程参数说明：工件坐标系先沿 X 轴负方向平移 20mm，然后绕 β 角（Y 轴）旋转 −45°，最后沿旋转后的 Y 轴负方向平移 25mm，完成定位后定义如图 3-17c 所示的 CYCLE61 平面铣削循环参数。

5）定向加工 15° 指定斜面编程参数说明：工件坐标系先沿 Y 轴正方向平移 15mm，然后绕 α 角（Z 轴）旋转 90°，绕 Y 轴旋转 15°，最后沿旋转后的 Y 轴负方向平移 25mm，完成定位后定义如图 3-17d 所示的 CYCLE61 平面铣削循环参数。

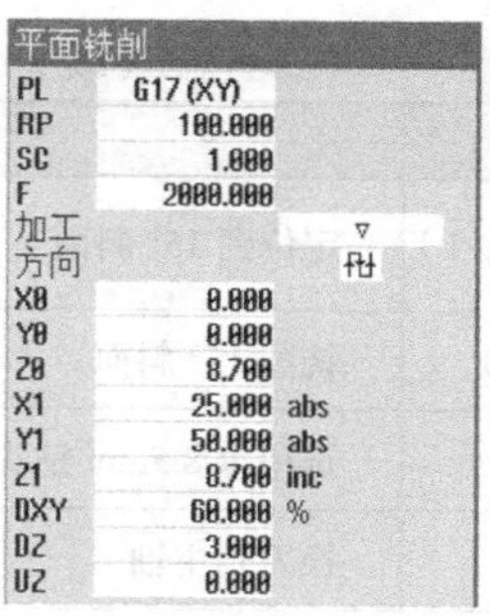

a) 30°空间斜面铣削参数

平面铣削
PL G17 (XY)
RP 100.000
SC 1.000
F 2000.000
加工方向
X0 0.000
Y0 -25.000
Z0 3.540
X1 -7.200 abs
Y1 25.000 abs
Z1 3.540 inc
DXY 60.000 %
DZ 2.000
UZ 0.000

b) 标准45°倒角1铣削参数

平面铣削
PL G17 (XY)
RP 100.000
SC 1.000
F 2000.000
加工方向
X0 0.000
Y0 -25.000
Z0 3.540
X1 -7.200 abs
Y1 25.000 abs
Z1 3.540 inc
DXY 60.000 %
DZ 2.000
UZ 0.000

c) 标准45°倒角2铣削参数

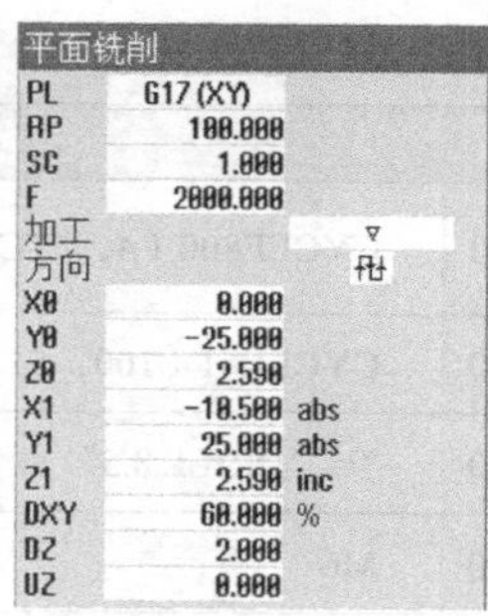

d) 15°指定斜面铣削参数

图 3-17　各斜面铣削参数

立体角回转模式编程的参考程序清单见表 3-38。

表 3-38　立体角回转模式编程的参考程序清单

段号	程序	注释
N10	CYCLE800（0，“TC1”，200010，57，0，0，0，0，0，0，0，0，1，100，1）	CYCLE800 初始设置
N20	WORKPIECE（，“ ”，，“RECTANGLE”，0，1，–50，–80，60，60）	创建毛坯
N30	T=“CUTTER 12”	选用 ϕ12mm 立铣刀
N40	M6	换刀到主轴
N50	S5000 M3	启动主轴
N60	G54 G0 X0 Y0 M8	确定工件原点
N70	CYCLE61（100，1，1，1，–30，–30，30，30，0.5，60，0.1，800，32，0，1，11011）	铣削工件表面
N80	CYCLE76（100，0，1，，25，50，50，0.3，0，0，0，3，0.2，0.1，2000，800，0，1，60，60，1，2，1100，1，101）	粗加工矩形凸台
N90	CYCLE76（100，0，1，，25，50，50，0.3，0，0，0，25，0，0，800，800，0，2，60，60，1，2，1100，1，101）	精加工矩形凸台
N100	CYCLE800（4，“TC1”，100000，64，0，–25，0，–30，30，，0，0，0，–1，100，1）	定位到 30° 斜面
N110	CYCLE61（100，10，1，10，0，0，25，50，3，60，0，1500，41，0，1，11011）	铣削 30° 斜面
N120	CYCLE800（4，“TC1”，100000，64，0，–20，0，90，–45，，0，–25，0，–1，100，1）	定位到 45° 斜面 1
N130	CYCLE61（100，5，1，5，–5，0，0，50，2，60，0，1500，41，0，1，11011）	铣削 45° 斜面 1
N140	CYCLE800（4，“TC1”，100000，64，–20，0，0，0，–45，，0，–25，0，–1，100，1）	定位到 45° 斜面 2
N150	CYCLE61（100，5，1，5，0，0，–5，50，2，60，0，1500，41，0，1，11011）	铣削 45° 斜面 2

（续）

段号	程序	注释
N160	CYCLE800（4，“TC1”，100000，64，0，15，0，90，15，，0，–25，0，–1，100，1）	定位到 15° 斜面
N170	CYCLE61（100，5，1，5，8，0，0，50，2，60，0，1500，41，0，1，11011）	铣削 15° 斜面
N180	T= “DRILL 8.5”	选用 ϕ8.5mm 钻头
N190	M6	换刀到主轴
N200	S800 M3	启动主轴
N210	CYCLE800（4，“TC1”，100000，64，0，–25，0，–30，30，，0，0，0，–1，100，1）	定位到 30° 斜面
N220	G0 X9 Y20	定位到钻孔位置
N230	CYCLE82（100，0，1，，10，0，10，1，11）	钻孔
N240	CYCLE800（1，“0”，200000，57，22，0，0，0，30，0，0，0，0，1，100，1）	CYCLE800 初始设置
N250	M30	

提示：此处仅仅是说明 CYCLE800 的另一种编程方式，对比可看出使用“沿轴”回转模式编程比较直观、简洁。实际使用中，要根据图样尺寸的标注情况，灵活运用方便的编程方式。

习　题

填空题：

1. 根据图 3-18，写出图示方框对应的含义。

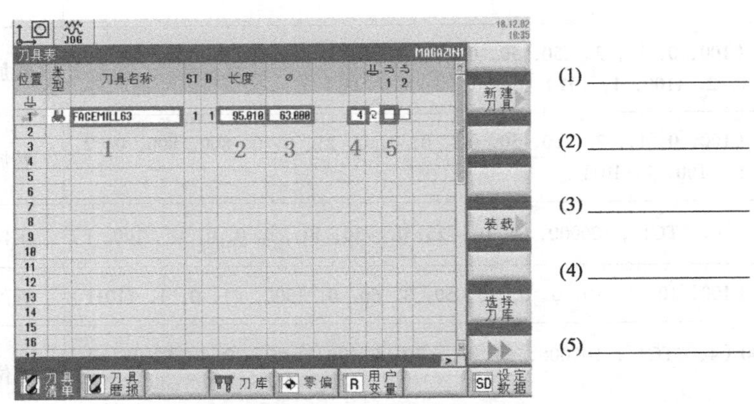

(1) ________

(2) ________

(3) ________

(4) ________

(5) ________

图 3-18　创建刀具指令界面

2. 立铣刀是经常要用到的刀具，主要用于平面铣削、凹槽铣削、台阶面铣削和仿形铣削。请参考建立“面铣刀”的方法，创建表 3-1 中立铣刀“CUTTER12”和“CUTTER8”。

3. 如图 3-19 所示，“CYCLE800”是西门子定制的五轴定位功能，它将五轴定位加工中涉及的坐标系旋转和平移功能定制在同一界面，将五轴空间变换简化为工件和刀具的关系。该指令界面分为 11 大项内容，分别是：

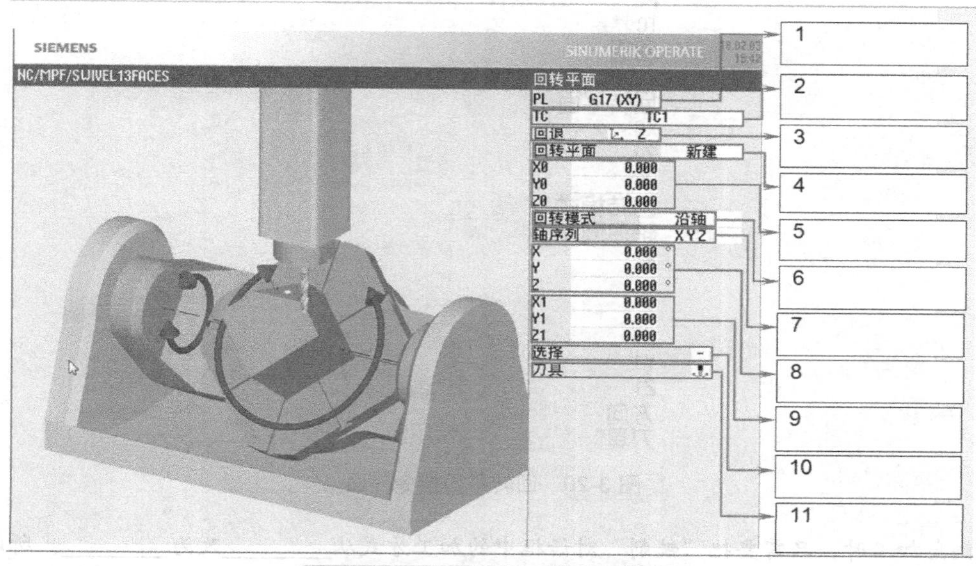

图 3-19 “CYCLE800”指令界面

4. 运用 SINUMERIK 840D sl 数控系统方式 1——直接（新建回转平面）方式铣削可以很便利地完成“3+2”五轴定位加工空间变换，请参考工艺卡片和表 3-39 中要加工的位置填写表中参数完成这项工作。

表 3-39　加工的位置

第一面	第二面	第三面	第四面
回转平面 PL G17 (XY) TC TC1 回退 否 回转平面 新建 X0 Y0 Z0 回转模式 轴序列 X ° Y ° Z ° X1 Y1 不跟踪 Z1 选择 + 刀具 不跟踪	回转平面 PL G17 (XY) TC TC1 回退 否 回转平面 新建 X0 Y0 Z0 回转模式 轴序列 X ° Y ° Z ° X1 Y1 不跟踪 Z1 选择 + 刀具 不跟踪	回转平面 PL G17 (XY) TC TC1 回退 否 回转平面 新建 X0 Y0 Z0 回转模式 轴序列 X ° Y ° Z ° X1 Y1 不跟踪 Z1 选择 + 刀具 不跟踪	回转平面 PL G17 (XY) TC TC1 回退 否 回转平面 新建 X0 Y0 Z0 回转模式 轴序列 X ° Y ° Z ° X1 Y1 不跟踪 Z1 选择 + 刀具 不跟踪

5. 使用 CYCLE800 编程开始时，要进行一次摆动循环 CYCLE800 的初始化操作。完成图 3-20 的参数设置，并按自己的理解说说为什么要进行这个操作。

回转平面	
PL	G17 (XY)
TC	
回退	
回转平面	
X0	
Y0	
Z0	
回转模式	
轴序列	
X	°
Y	°
Z	°
X1	
Y1	
Z1	
方向	
刀具	

图 3-20　回转平面指令界面

6. 倒角加工时，只需要把“铣削”对话框中的加工方式从________改为________，所以不需要重新编写。

7. 在通常情况下，工作台回转平面的设定采取“________—旋转—________”的步骤。

8. 合理的切削参数设置可以极大地提高刀具寿命，假设在完成图 3-11 所示的零件加工时，工件材料变为 45 钢，选用硬质合金刀具（AlTiSin），请完成图 3-21 中的参数设置。

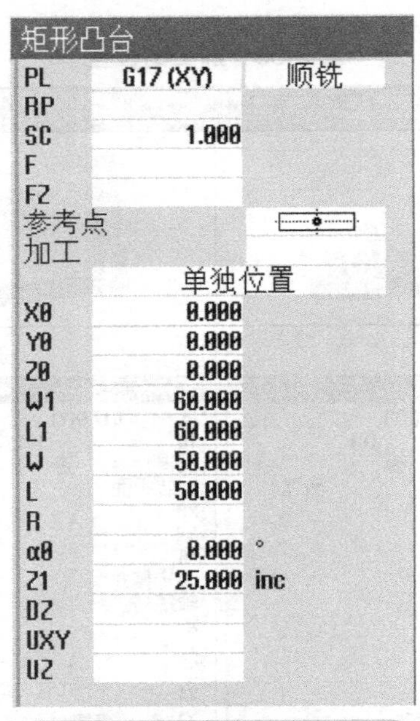

图 3-21　矩形凸台指令界面

9. 编程题

应用“3+2”五轴加工编程方法对图 3-22、图 3-23 和图 3-24 所示零件进行编程。

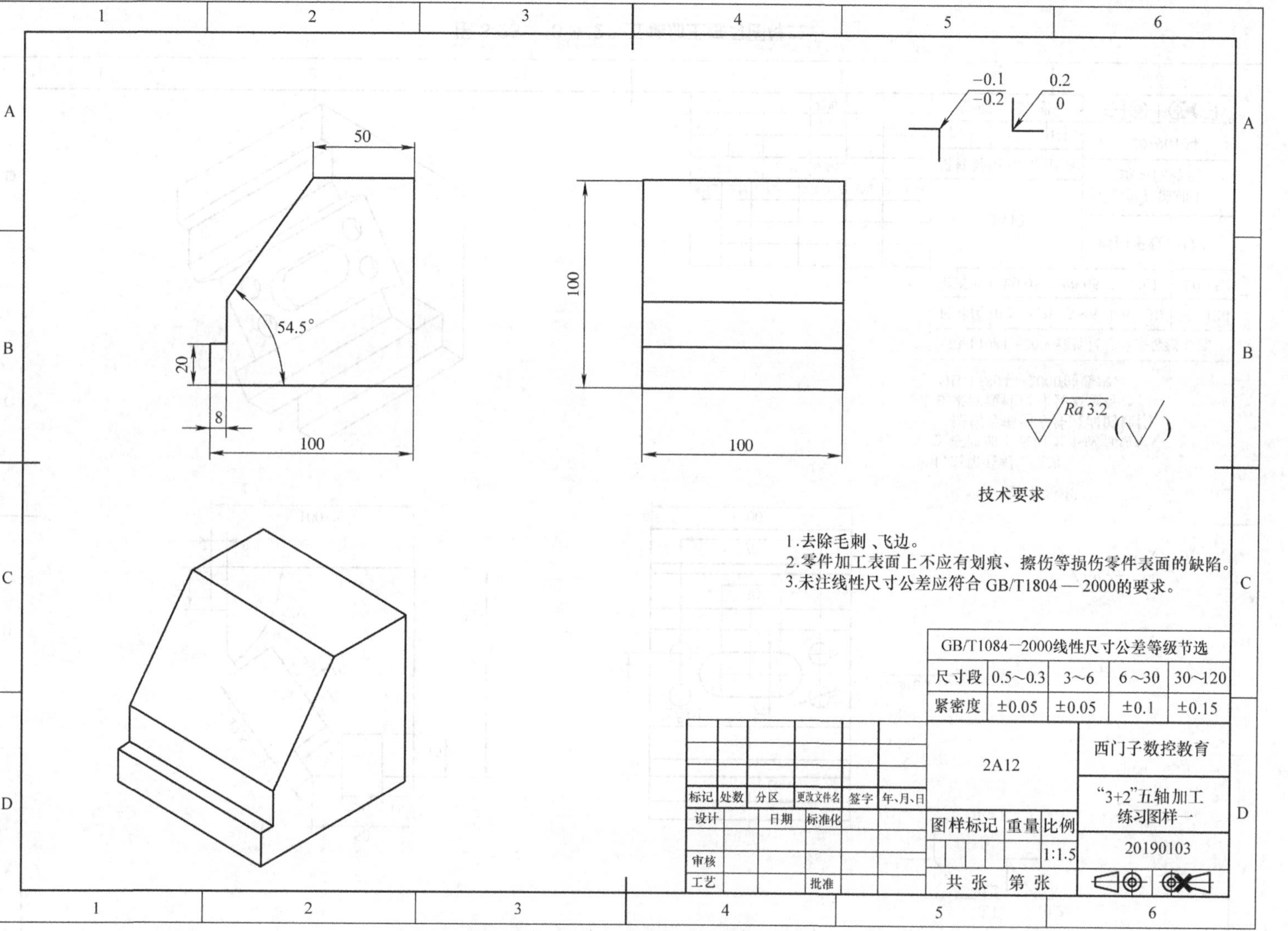

图 3-22 “3 + 2”五轴加工练习图样一

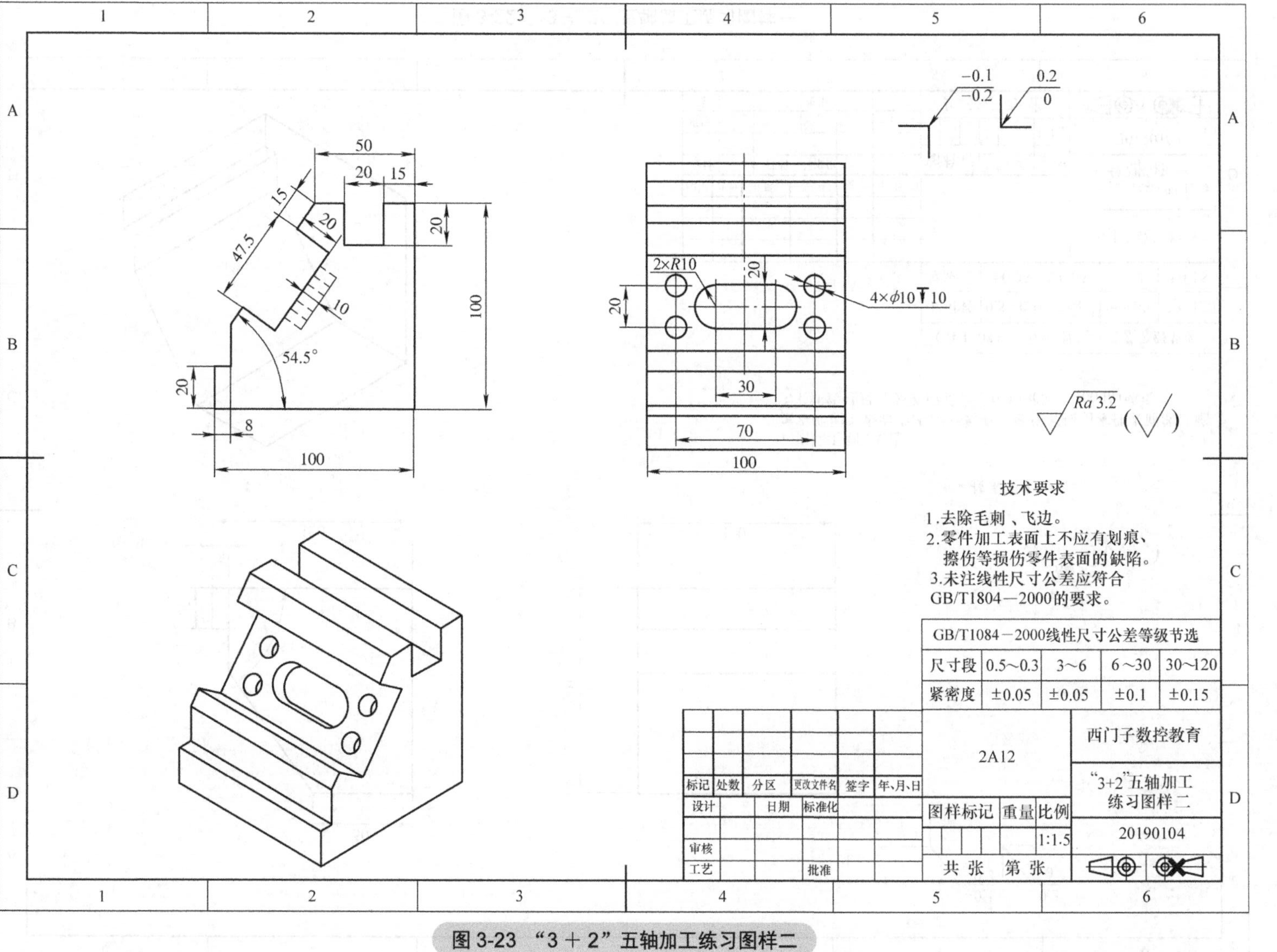

图 3-23 “3 + 2”五轴加工练习图样二

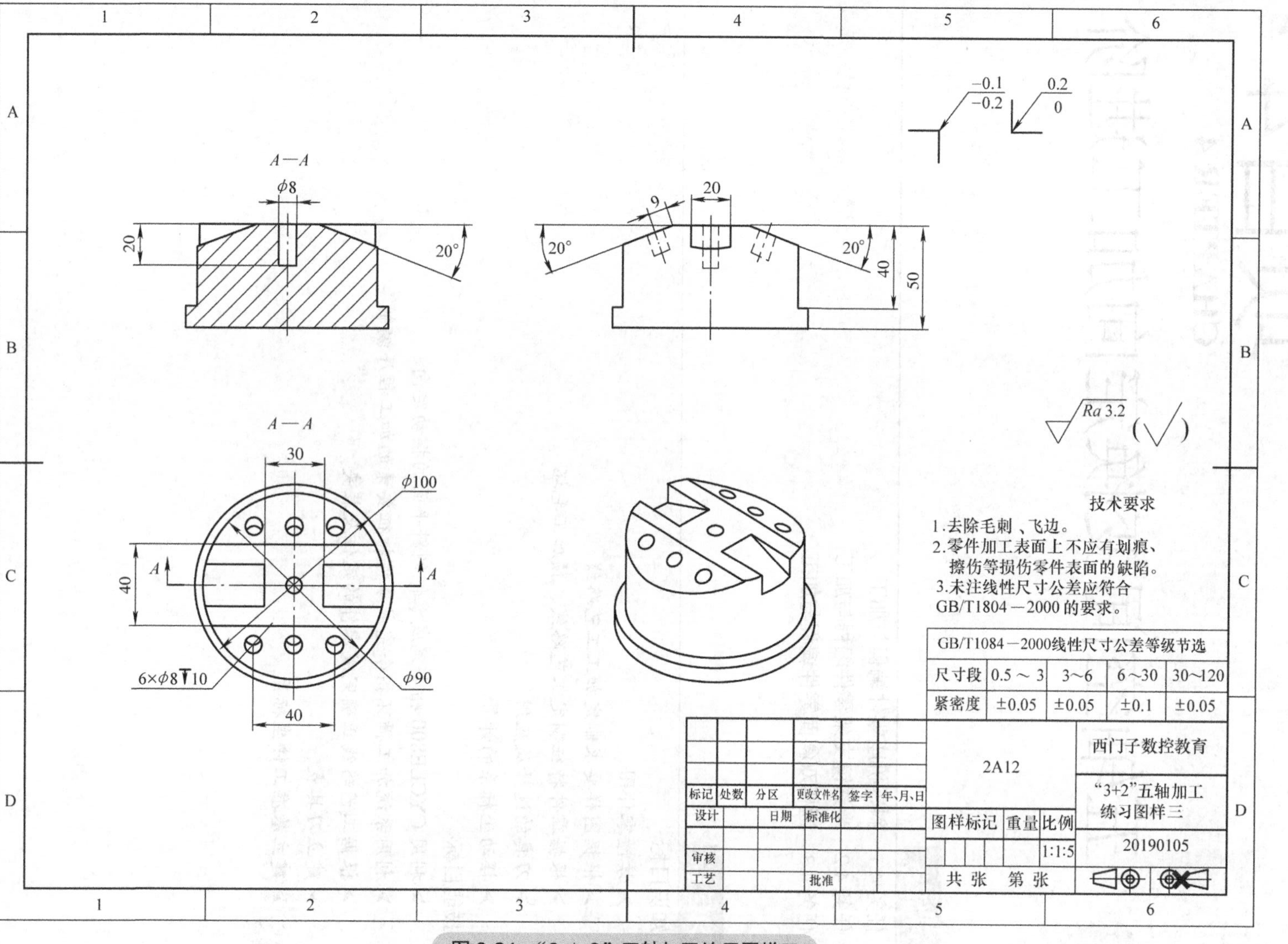

图3-24 "3＋2"五轴加工练习图样三

项目4

CHAPTER 4

五轴空间变换定向加工进阶

学习任务

任务 4.1　斜置机座零件编程与加工

任务 4.2　半透镜支架零件编程与加工

任务 4.3　通槽双斜面零件编程与加工

学习目标

知识目标

- 读懂零件图
- 根据图样要求制定加工工艺路线
- 根据零件特征制定工艺路线、预加工毛坯
- 刀具的选择及应用
- 摆动坐标系的计算

技能目标

- 利用 CYCLE800 指令完成零件倾斜平面的摆动定向
- 利用系统加工循环指令完成零件特征要素的加工程序编制
- 根据工艺路线正确完成零件的定位及装夹
- 建立刀具表
- 建立基准工件坐标系

本项目学习任务思维导图如下：

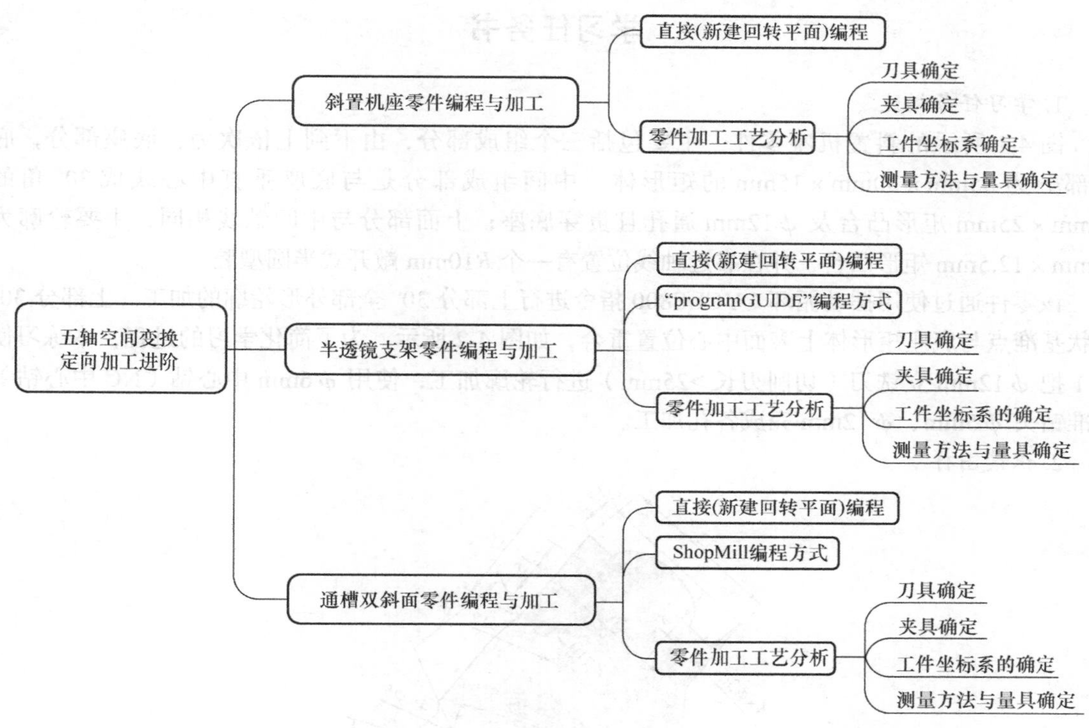

本项目在项目3的基础上，继续结合三个使用“3+2”五轴加工方式的零件练习编程与加工，在难度上有所增加。既有外形结构较为简单的特征，又有最常见的零件形面特征，同时增加了附加旋转，是学习应用回转平面CYCLE800循环指令进阶的题材。

通过对这三个典型零件进行回转平面加工方向定位、加工的案例分析，可方便学习者对多轴机床加工中常用的、较复杂的“3+2”五轴定向加工方式、“G”代码及“Shop MILL”两种不同编程方式，有更深层次的系统理解及根据零件特点灵活地运用。

任务4.1　斜置机座零件编程与加工

学习任务书

1. 学习任务描述

图4-1所示的斜置机座零件，主要包括三个组成部分，由下到上依次为：底座部分，底座部分为35mm×50mm×15mm的矩形体；中间组成部分是与底座垂直中心线成30°角的32mm×25mm矩形凸台及ϕ12mm通孔且贯穿底座；上面部分与中间轴线相同，主要轮廓为32mm×12.5mm矩形凸台，并在靠近轴线位置有一个R10mm敞开式半圆型腔。

该零件通过使用摆动循环CYCLE800指令进行上部分30°全部外形轮廓的加工。上部分30°形状基准点与底座矩形体上表面中心位置重合，如图4-2所示。为了简化学习的过程，本练习使用1把ϕ12mm立铣刀（切削刃长>25mm）进行轮廓加工，使用ϕ6mm中心钻（NC中心钻），标准钻头ϕ5mm、ϕ12mm完成各孔加工。

2. 识读图样

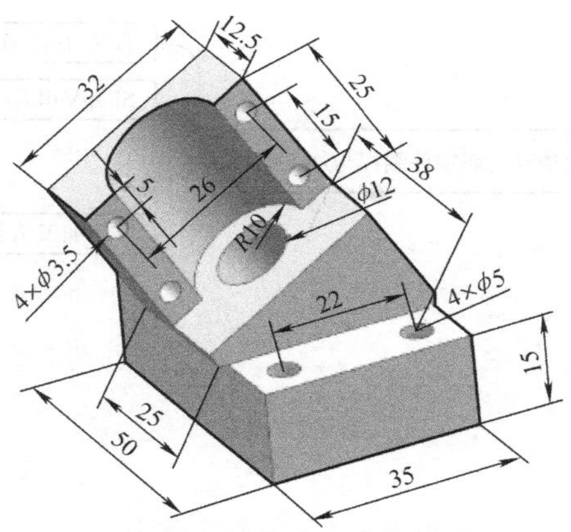

图4-1　斜置机座零件（三维标注）

3. 学习准备

序号	工作准备	内容	备注
1	机床（数控系统）	五轴数控机床	SINUMERIK 840D sl数控系统
2	毛坯	52mm×52mm×57mm毛坯	
3	刀具	ϕ12mm立铣刀、ϕ6mm×90°NC中心钻、ϕ5mm钻头、ϕ12mm钻头	或根据小组讨论决定
4	夹具	平口虎钳	注意加工干涉
5	量具	游标卡尺	测量范围为0~150mm，精度为0.02mm

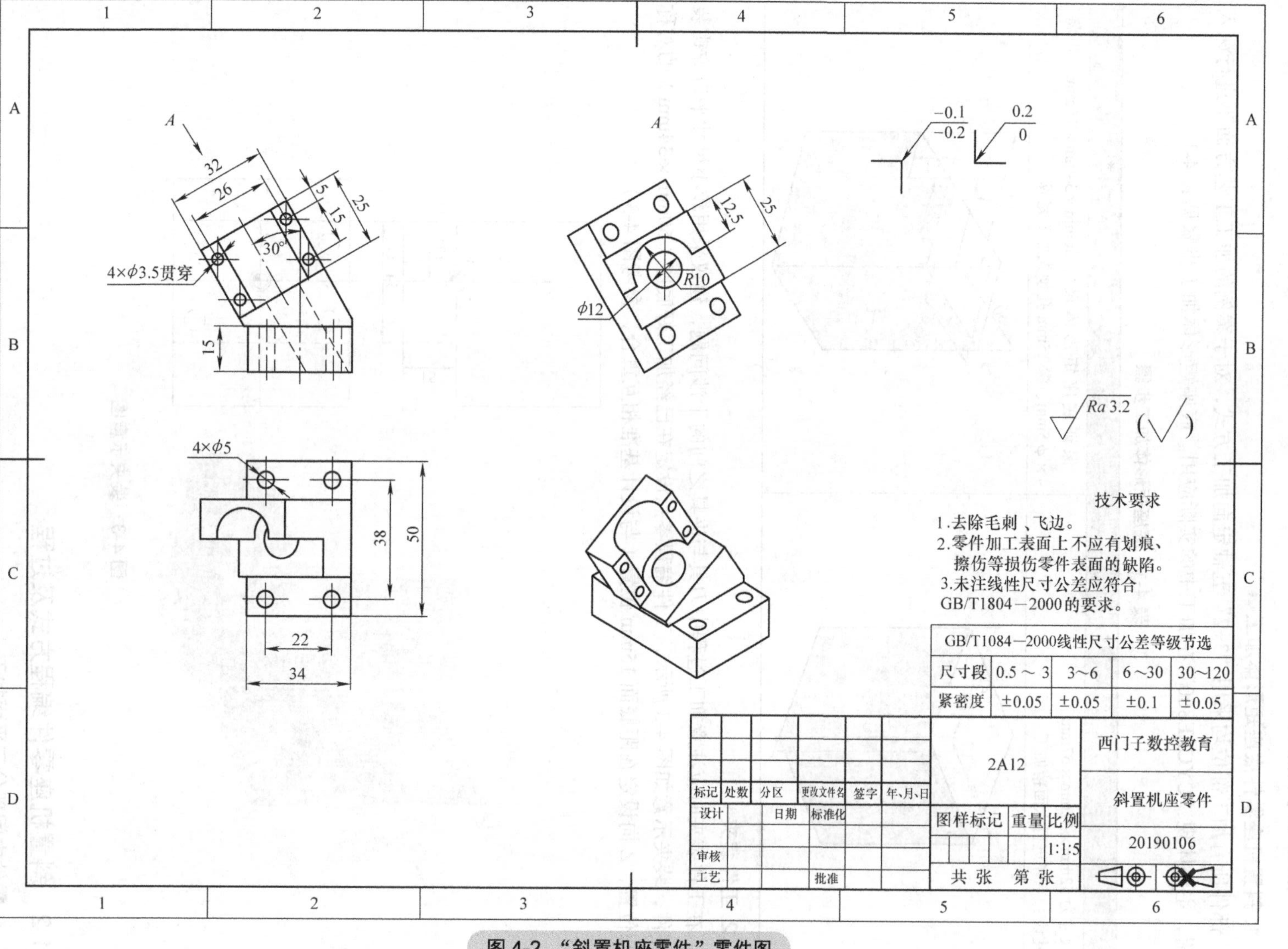

图 4-2 “斜置机座零件”零件图

4.1.1 加工任务描述

1. 斜置机座零件底座矩形体加工

部件所有加工部位均采用“3+2”五轴定向加工方式，对于案例的加工工艺方面不进行深入介绍，主要体现“CYCLE800”在加工中的实际应用。底座矩形体加工步骤见表 4-1。

表 4-1 底座矩形体加工步骤

确定毛坯	底座加工
尺寸为 52mm × 52mm × 57mm 建议：毛坯进行六面精加工	保证底座矩形体尺寸 50mm × 34mm × 15mm，并将 4 × ϕ 5mm、深 15mm 孔预先加工完成
52 52 57	50 52 34 38 22 15

2. 工件装夹

在工件装夹时应注意加工过程中刀具与夹具之间的干涉问题，建议采用较小尺寸平口虎钳装夹零件，装夹示意如图 4-3 所示，工件编程零点设定在已经加工好底座（50mm × 34mm）的对称中心位置，Z 向设定在距底面 15mm 位置（与设计基准相互重合，参考图 4-3）。

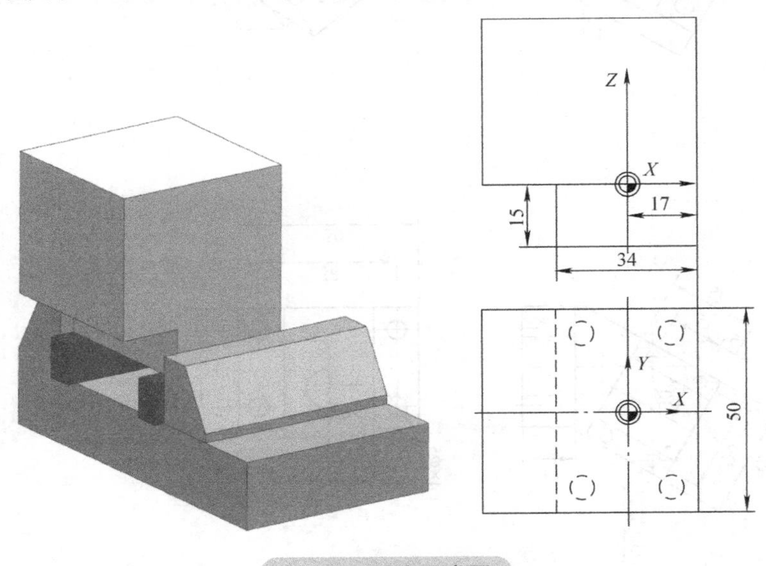

图 4-3 装夹示意图

4.1.2 斜置机座零件编程方式及过程

1. 零件中间部分三平面加工

零件中间部分三平面加工方式主要是通过 CYCLE800 回转平面进行坐标定位，利用轮廓循环编程方式进行三个定位面的加工，具体步骤见表 4-2。

表 4-2　零件中间部分三平面的工件坐标系移动过程

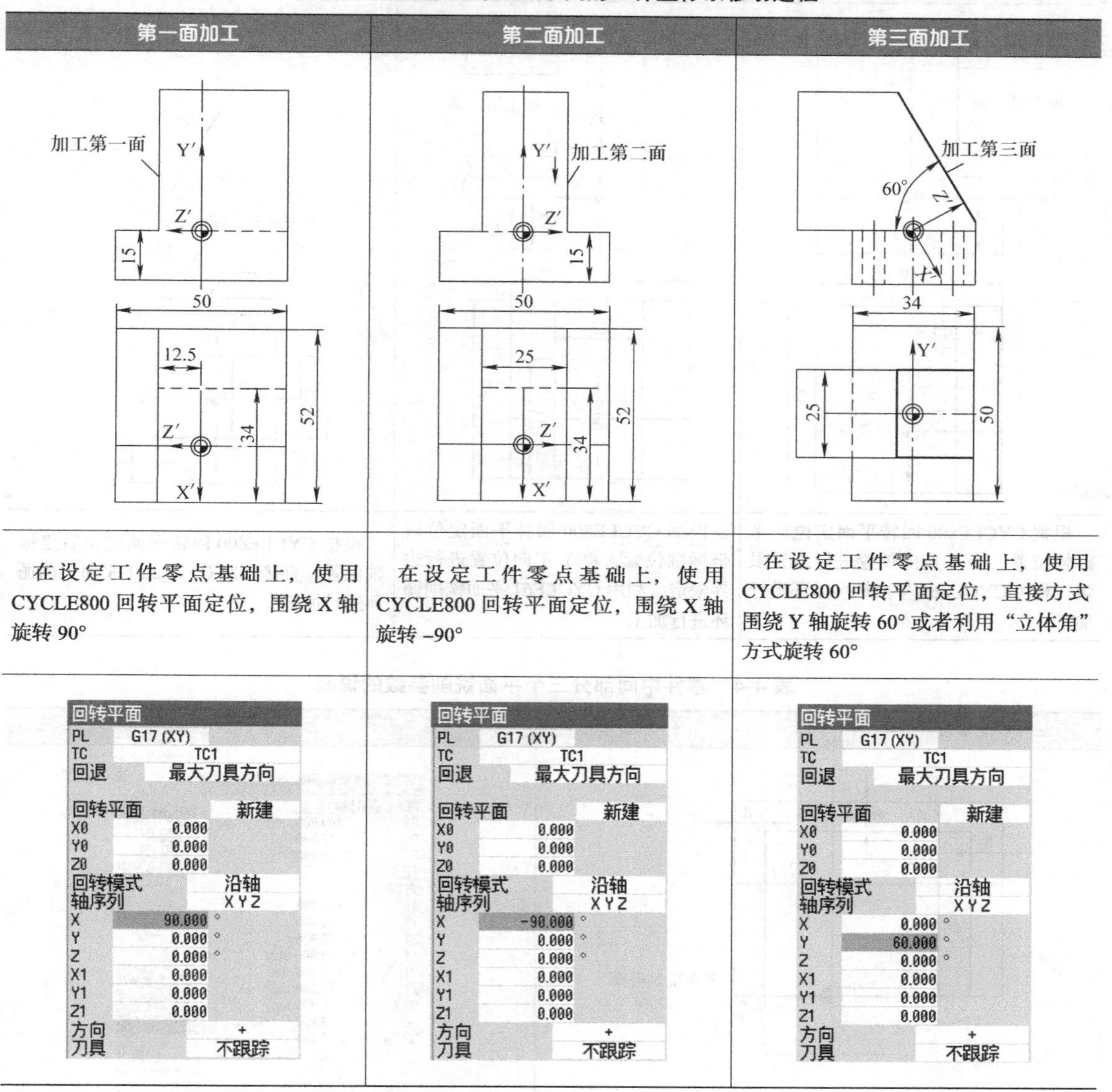

第一面加工	第二面加工	第三面加工
加工第一面 Y′ Z′ X′ 15 50 12.5 34 52	加工第二面 Y′ Z′ X′ 15 50 25 34 52	加工第三面 60° Z′ Y′ 34 25 50
在设定工件零点基础上，使用 CYCLE800 回转平面定位，围绕 X 轴旋转 90°	在设定工件零点基础上，使用 CYCLE800 回转平面定位，围绕 X 轴旋转 −90°	在设定工件零点基础上，使用 CYCLE800 回转平面定位，直接方式围绕 Y 轴旋转 60° 或者利用“立体角”方式旋转 60°
回转平面 PL G17 (XY) TC TC1 回退 最大刀具方向 回转平面 新建 X0 0.000 Y0 0.000 Z0 0.000 回转模式 沿轴 轴序列 X Y Z X 90.000 ° Y 0.000 ° Z 0.000 ° X1 0.000 Y1 0.000 Z1 0.000 方向 + 刀具 不跟踪	回转平面 PL G17 (XY) TC TC1 回退 最大刀具方向 回转平面 新建 X0 0.000 Y0 0.000 Z0 0.000 回转模式 沿轴 轴序列 X Y Z X −90.000 ° Y 0.000 ° Z 0.000 ° X1 0.000 Y1 0.000 Z1 0.000 方向 + 刀具 不跟踪	回转平面 PL G17 (XY) TC TC1 回退 最大刀具方向 回转平面 新建 X0 0.000 Y0 0.000 Z0 0.000 回转模式 沿轴 轴序列 X Y Z X 0.000 ° Y 60.000 ° Z 0.000 ° X1 0.000 Y1 0.000 Z1 0.000 方向 + 刀具 不跟踪

关于第一面和第二面回转定位的操作说明：案例加工所用机床旋转轴为“B、C”轴，回转轴 B 为工作台绕“Y”轴摆动、C 轴为工作台绕“Z”轴回转。而在编程过程中两个面的指定形式是围绕“X”轴进行回转定位，通常理解是围绕“X”轴的旋转轴为“A”轴。而“CYCLE800”回转平面定位编程中，为简化编程者计算工作量，只需考虑工件坐标系围绕某一个直线坐标轴进行旋转定位，不需要考虑本身的机床结构，系统会根据实际回转轴情况进行自动计算，以达到理想回转状态。

直接使用 SINUMERIK 840D sl“平面铣削”循环“CYCLE61”指令即可完成三个面的粗、精加工，在使用平面铣削加工第一、第二面中应注意铣削边界控制，表 4-3 和表 4-4 中“平面铣削”参数框中的提示，通过边界控制方法控制实际刀路范围。

表 4-3　零件中间部分三个平面的铣削加工参数设置

第一面平面铣削	第二面平面铣削	第三面平面铣削
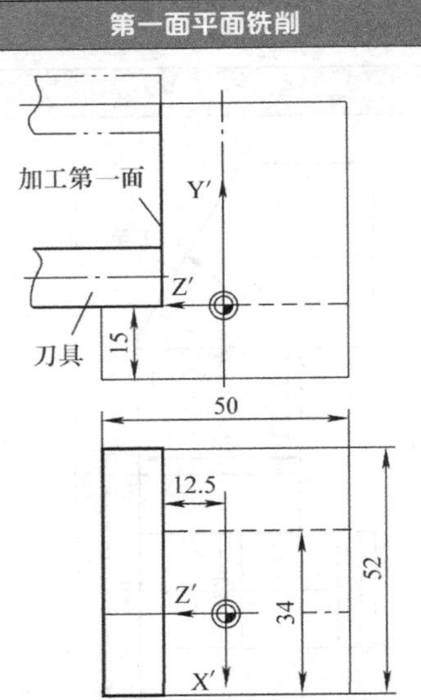	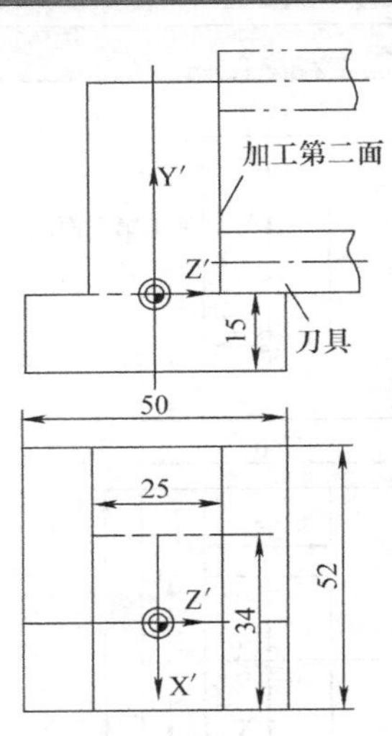	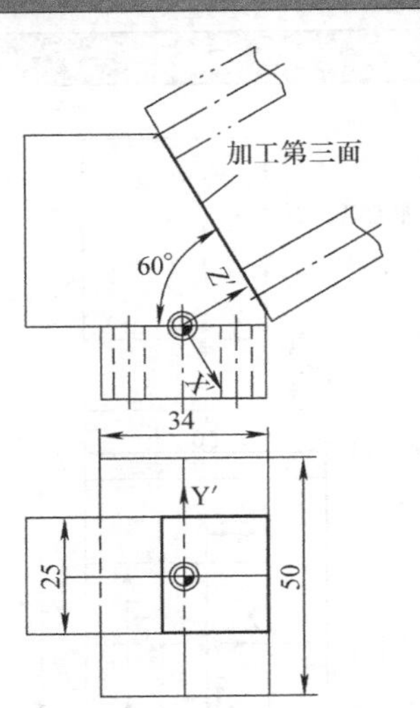
根据 CYCLE800 回转平面定位后坐标轴位置，将 Y 负向位置进行边界限定，利用 CYCLE61 平面铣削循环进行加工	根据 CYCLE800 回转平面定位后坐标轴位置，将 Y 正向位置进行边界限定，利用 CYCLE61 平面铣削循环进行加工	根据 CYCLE800 回转平面定位后坐标轴位置，直接利用 CYCLE61 平面铣削循环进行加工

表 4-4　零件中间部分三个平面铣削参数的说明

零件中间部分三个加工平面铣削区域	平面铣削参数
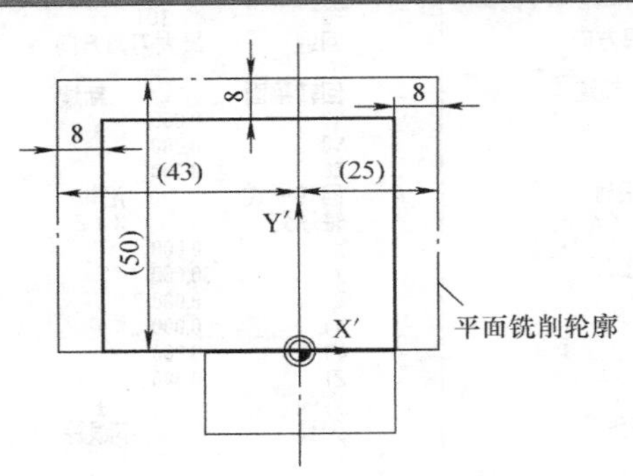	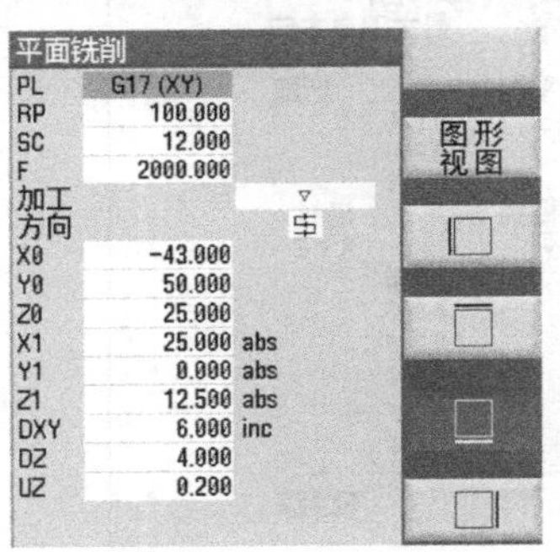平面铣削 PL G17 (XY) RP 100.000 SC 12.000 F 2000.000 加工方向 X0 -43.000 Y0 50.000 Z0 25.000 X1 25.000 abs Y1 0.000 abs Z1 12.500 abs DXY 6.000 inc DZ 4.000 UZ 0.200 图形视图
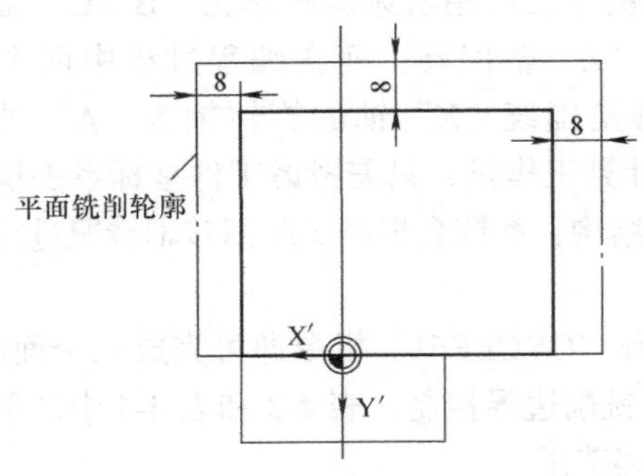	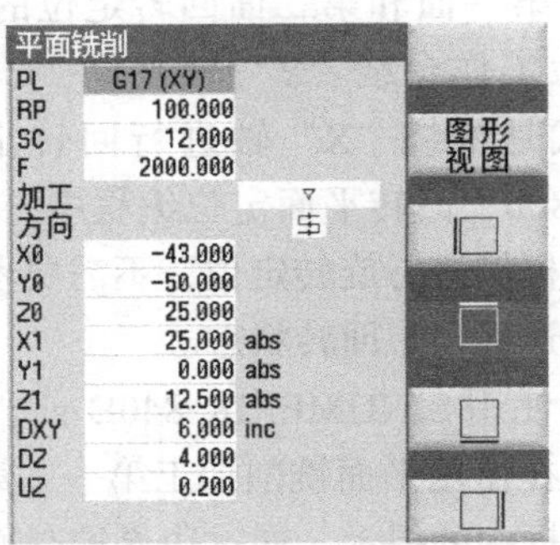平面铣削 PL G17 (XY) RP 100.000 SC 12.000 F 2000.000 加工方向 X0 -43.000 Y0 -50.000 Z0 25.000 X1 25.000 abs Y1 0.000 abs Z1 12.500 abs DXY 6.000 inc DZ 4.000 UZ 0.200 图形视图

（续）

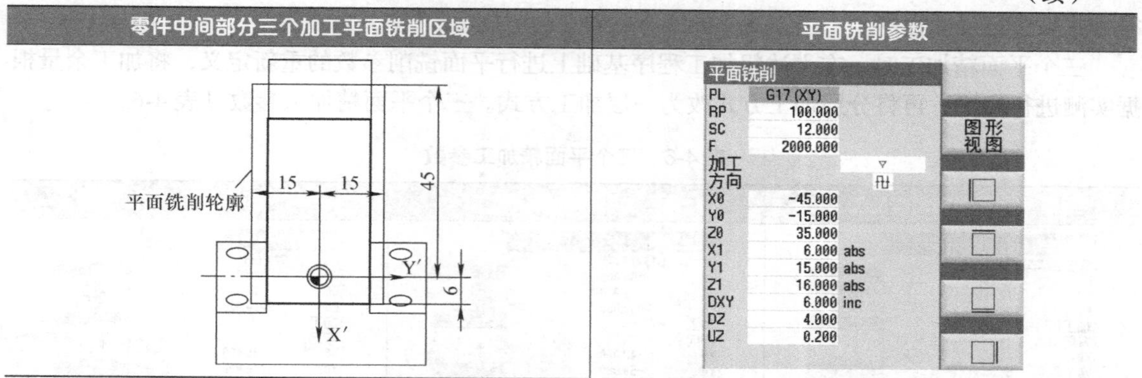

零件中间部分三个平面加工程序及其步骤基本相同，表 4-5 所列为参考加工程序。

表 4-5　零件中间部分三个平面铣削加工程序

段号	程序	注释
N10	CYCLE800（4，“TC1”，200000，57，0，0，0，0，0，0，0，0，0，1，100，1）	将摆台恢复到初始设置状态
N20	WORKPIECE（，“”，，“BOX”，0，42，–57，–80，–35，–26，52，52）	建立毛坯
N30	T=“MILL 12”	调用 ϕ 12mm 立铣刀
N40	M6	
N50	G54	设置工艺参数
N60	S5000M03	
N70	CYCLE800（4，“TC1”，200000，57，0，0，0，90，0，0，0，0，0，1，100，1）	第一面回转定位沿 X 轴旋转 90°
N80	CYCLE61（100，25，12，12.5，–42，50，23，0，4，6，0.2，2000，31，100，1，11000）	第一面铣削，Y 负方向位置限制
N90	CYCLE800（4，“TC1”，200000，57，0，0，0，0，0，0，0，0，0，1，100，1）	将摆台恢复到初始设置状态
N100	CYCLE800（4，“TC1”，200000，57，0，0，0，–90，0，0，0，0，0，1，100，1）	第二面回转定位沿 X 轴旋转 –90°
N110	CYCLE61（100，25，12，12.5，–42，–50，23，0，4，6，0.2，2000，31，1000，1，11000）	第二面铣削，Y 正方向位置限制
N120	CYCLE800（4，“TC1”，200000，57，0，0，0，0，0，0，0，0，0，1，100，1）	摆台恢复初始设置状态
N130	CYCLE800（4，“TC1”，200000，57，0，0，0，0，60，0，0，0，0，1，100，1）	第三面回转定位沿 Y 轴旋转 60°
N140	CYCLE61（100，45，12，16，–45，–15，5，15，4，6，0.2，2000，41，0，1，11000）	第三面铣削
N150	CYCLE800（4，“TC1”，200000，57，0，0，0，0，0，0，0，0，0，1，100，1）	摆台恢复初始设置状态
N160	M5	
N170	M30	程序结束

粗加工过程中，深度方向通过平面铣削余量控制，第一面及第二面边界控制通过改变刀具半径方式来进行尺寸控制。

三个平面精加工时，在上述粗加工程序基础上进行平面铣削参数的重新定义，将加工余量根据实测进行修正，再将分层加工方式改为一层加工方式。三个平面精加工参数见表 4-6。

表 4-6　三个平面精加工参数

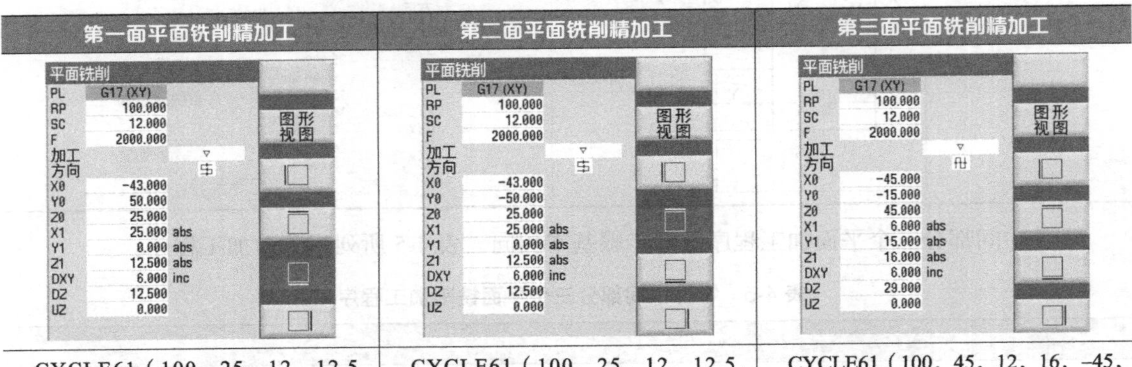

第一面平面铣削精加工	第二面平面铣削精加工	第三面平面铣削精加工
CYCLE61（100，25，12，12.5，-43，50，25，0，12.5，6，0，2000，31，100，1，11000）	CYCLE61（100，25，12，12.5，-43，-50，25，0，12.5，6，0，2000，31，1000，1，11000）	CYCLE61（100，45，12，16，-45，-15，6，15，29，6，0，2000，41，0，1，11000）

如果在进行第一面和第二面加工中出现工作台、夹具与主轴产生干涉的情况，可以改变原有加工策略，利用侧向铣削的加工方式完成两面的加工，相关步骤及参考程序见表 4-7。

表 4-7　两面侧铣方式

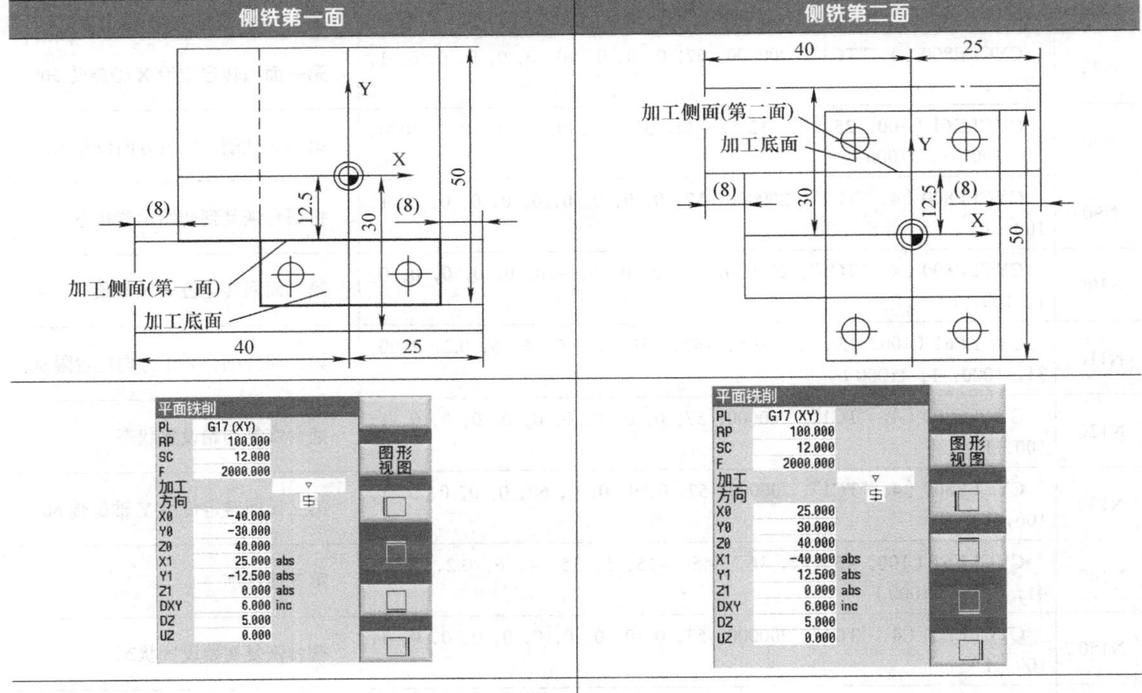

侧铣第一面	侧铣第二面
CYCLE61（100，40，12，0，-40，-30，25，-12.5，5，6，0，2000，31，1000，1，11000）	CYCLE61（100，40，12，0，25，30，-40，12.5，5，6，0，2000，31，100，1，11000）

2. 顶面、左侧面及顶面 ϕ 12mm孔加工

左侧面、顶面及顶面 R10mm 半圆型腔体及 ϕ 12mm 圆孔的加工可以在一次摆动回转工作台的定位中完成。

本练习的机床回转工作台为 B、C 轴机构，B 轴转角范围为：−5.5°~110.5°，如图 4-4 所示参数。本练习预想实现刀具垂直于左侧面加工（表 4-8 中位置加工面）已经超出这台机床圆工作台的摆角范围（见第 2 章内容），难以实现，故该面采用了侧刃铣削方式。一般其他常见结构的机床（A、C 轴结构）在加工此角度面时也难以实现垂直于加工面的加工方式，在利用 CYCLE800 回转平面定位加工过程中无须考虑其机床结构，用户只需根据加工工艺在加工范围内进行平面回转定位即可。

轴机床数据		AX5:B1 DP3.SLAVE3:AXB_01 (15)	
36012[5]	$MA_STOP_LIMIT_FACTOR	1	cf
36020	$MA_POSITIONING_TIME	1 s	cf
36030	$MA_STANDSTILL_POS_TOL	0.2 °	cf
36040	$MA_STANDSTILL_DELAY_TIME	0.4 s	cf
36042	$MA_FOC_STANDSTILL_DELAY_TIME	0.4 s	cf
36050	$MA_CLAMP_POS_TOL	0.5 °	cf
36060	$MA_STANDSTILL_VELO_TOL	0.0138888888888889 rpm	cf
36100	$MA_POS_LIMIT_MINUS	-5.5 °	cf
36110	$MA_POS_LIMIT_PLUS	110.5 °	cf
36120	$MA_POS_LIMIT_MINUS2	-5.5	cf
36130	$MA_POS_LIMIT_PLUS2	110.5 °	cf
36200[0]	$MA_AX_VELO_LIMIT	23 rpm	cf

图 4-4　机床旋转轴角度范围

表 4-8　左侧面加工方式

理想加工效果，但实际摆角达到 120°，已超出机床实际最大设定数据，故不能采用此编程方式

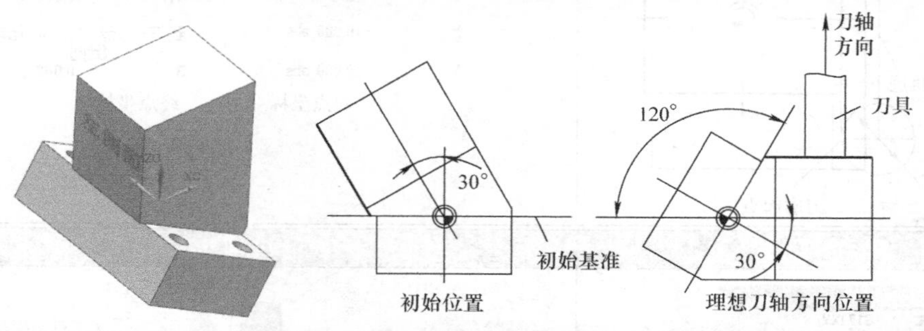

通过侧铣加工方式实现左侧面的编程加工

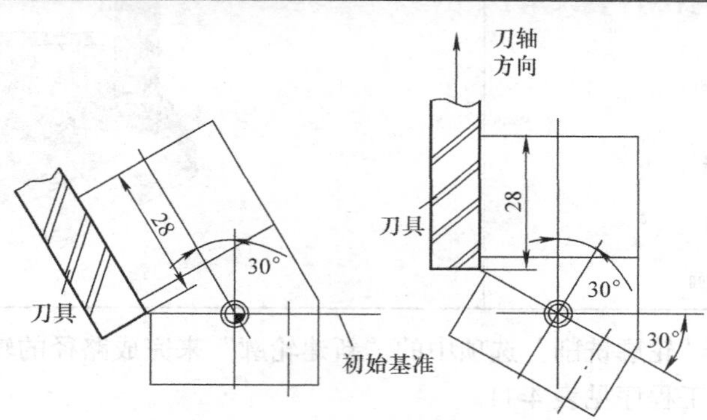

利用 CYCLE800 回转平面定位，将基准工件坐标系围绕 Y 轴旋转 −30°，完成顶面、左侧面及顶面孔的编程加工。顶面编程加工参数见表 4-9。

表 4-9　顶面编程加工参数

步骤：顶面加工效果	回转平面参数定义	顶面平面铣削参数
	回转平面 PL G17 (XY) TC TC1 回退 最大刀具方向 回转平面 新建 X0 0.000 Y0 0.000 Z0 0.000 回转模式 沿轴 轴序列 X Y Z X 0.000 ° Y −30.000 ° Z 0.000 ° X1 0.000 Y1 0.000 Z1 0.000 方向 + 刀具 不跟踪	平面铣削 PL G17 (XY) RP 100.000 SC 12.000 F 2000.000 加工 ▽ 方向 X0 −30.000 Y0 −15.000 Z0 50.000 X1 30.000 abs Y1 15.000 abs Z1 37.000 abs DXY 6.000 inc DZ 4.000 UZ 0.200

左侧面铣削加工方式可通过轮廓编程方式实现，可将最左侧边界作为加工轮廓，通过利用“路径铣削”的方式完成加工，步骤见表 4-10。

表 4-10　左侧面铣削加工

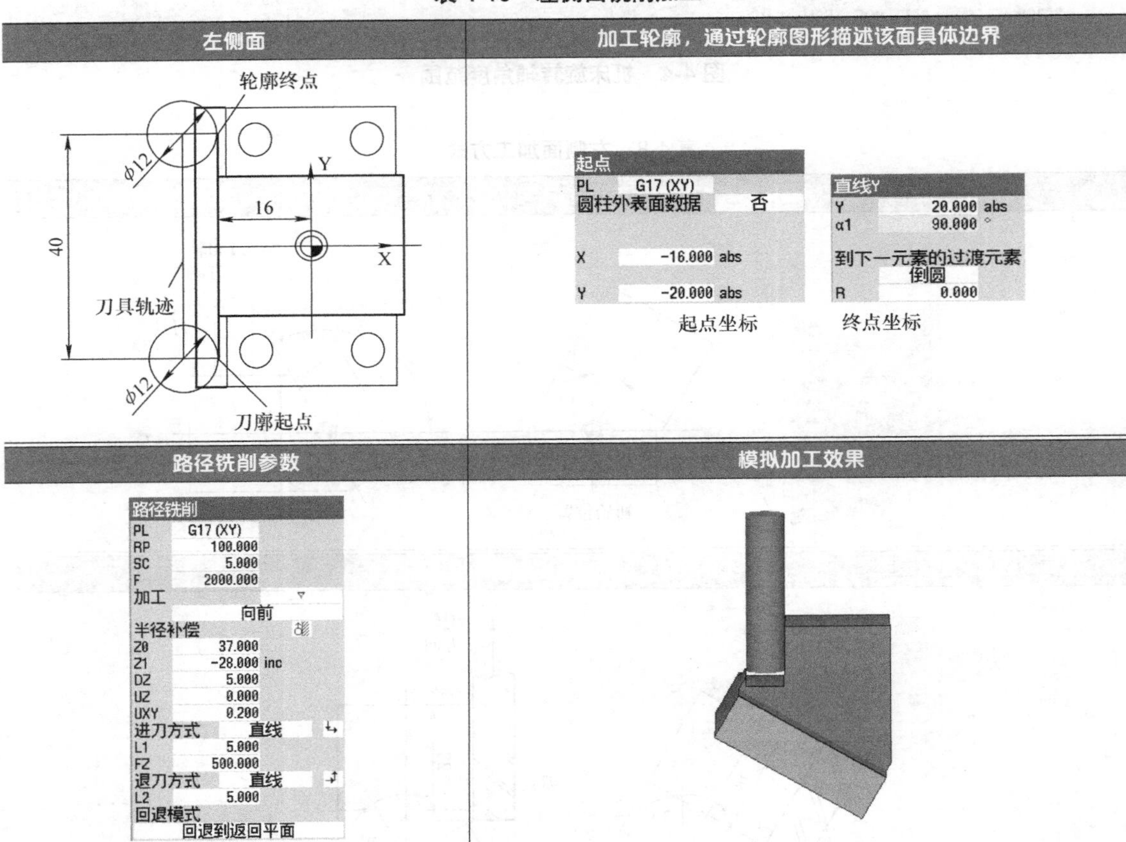

左侧面	加工轮廓，通过轮廓图形描述该面具体边界
轮廓终点 φ12 Y 16 40 X 刀具轨迹 φ12 刀廓起点	起点 PL G17 (XY) 圆柱外表面数据 否 X −16.000 abs Y −20.000 abs 起点坐标 直线Y Y 20.000 abs α1 90.000 ° 到下一元素的过渡元素 倒圆 R 0.000 终点坐标
路径铣削参数	**模拟加工效果**
路径铣削 PL G17 (XY) RP 100.000 SC 5.000 F 2000.000 加工 ▽ 向前 半径补偿 Z0 37.000 Z1 −28.000 inc DZ 5.000 UZ 0.000 UXY 0.200 进刀方式 直线 L1 5.000 FZ 500.000 退刀方式 直线 L2 5.000 回退模式 回退到返回平面	

左侧加工路径通过“轮廓铣削”选项中的“新建轮廓”来完成路径的轨迹描述。

顶面及侧向面粗加工程序见表 4-11。

表 4-11　顶面及左侧面粗加工程序

段号	程序	注释
N10	CYCLE800（4，“TC1”，200000，57，0，0，0，0，0，0，0，0，0，1，100，1）	将摆台恢复到初始设置状态
N20	WORKPIECE（，“”，，“BOX”，0，42，-57，-80，-35，-26，52，52）	建立毛坯
N30	T=“MILL 12”	调用 ϕ12mm 立铣刀
N40	M6	
N50	G54	设置工艺参数
N60	S5000M03	
N70	CYCLE800（4，“TC1”，200000，57，0，0，0，0，-30，0，0，0，0，1，100，1）	回转平面定位，工件坐标系围绕 Y 轴旋转 -30°
N80	MSG（“TOP”）	信息提示：TOP- 顶面
N90	CYCLE61（100，50，12，37，-30，-15，30，15，4，6，0.2，2000，31，0，1，11000）	平面铣削上顶面
N100	MSG（“LEFT”）	信息提示：LEFT- 左侧
N110	CYCLE62（“LEFT”，1，，）	加工轮廓程序块“LEFT”调用
N120	CYCLE72（“”，100，37，5，-28，5，0.2，0，2000，500，1，41，1，5，0.1，1，5，0，1，2，101，1011，101）	根据调用轮廓轨迹进行路径铣削
N130	M5	
N140	M30	程序结束
N150	E_LAB_A_LEFT:;#SM Z:2	加工轮廓程序块，名称为 LEFT
	G17 G90 DIAMOF;*GP*	
	G0 X-10Y-20;*GP*	
	G1 Y20;*GP*	
	E_LAB_E_LEFT:	

上述加工部分是通过 CYCLE800 回转平面定位，采用常用加工方式实现的粗加工。精加工是在粗加工程序基础上进行加工余量调整及通过改变刀具直径的方式来实现尺寸的控制。

3. *R*10mm半圆型腔及 ϕ 12mm通孔加工编程

含有 ϕ 12mm 通孔、*R*10mm 半圆型腔面的矩形台编程坐标位置确定过程与上一步完全相同，也是在原工件坐标系基础上利用 CYCLE800 回转平面参数设定工件围绕 *Y* 轴旋转 -30°。ϕ 12mm 孔用深孔固定循序加工，在调用深孔钻削前先进行中心孔定位钻削加工。钻孔参考深度及参考平面位置如表 4-12 中视图所示，参考程序见表 4-13。

表 4-12 ϕ12mm 孔加工参数

ϕ12mm 孔钻削参考平面位置	钻中心孔加工参数	深孔钻削加工参数
ϕ12 57.78 37 30°	钻中心孔 PL G17 (XY) RP 100.000 SC 1.000 单独位置 Z0 37.000 刀尖 Z1 -1.000 inc DT 0.000 s	深孔钻削 PL G17 (XY) RP 100.000 SC 1.000 单独位置 排屑 Z0 37.000 刀杆 Z1 -62.000 inc D 10.000 inc FD1 90.000 % DF 90.000 % V1 3.000 提前距离 手动 V3 1.600 DTB 0.000 s DT 0.000 s DTS 0.500 s

表 4-13 加工顶面孔程序

段号	程序	注释
N10	CYCLE800（4，“TC1”，200000，57，0，0，0，0，0，0，0，0，0，1，100，1）	将摆台恢复到初始设置状态
N20	T= “DRILL6”	调用 ϕ6mm 中心钻
N30	M6	
N40	G54	设置工艺参数
N50	S5000M03	
N60	CYCLE800（4，“TC1”，200000，57，0，0，0，0，-30，0，0，0，0，1，100，1）	回转平面定位，工件坐标系围绕 Y 轴旋转 -30°
N70	G0X0Y0	快速定位至钻孔平面位置
N80	CYCLE81（100，37，1，，-1，0，0，1，11）	钻削中心定位孔深度为 1mm
N90	T= “DRILL 12”	调用 ϕ12mm 钻头
N100	M6	
N110	S2000M3	
N120	G0X0Y0	快速定位至钻孔平面位置
N130	CYCLE83（100，37，1，，-62，，10，90，0，0.5，90，1，0，3，1.4，0，1.6，10，1，12211111）	钻削 ϕ12mm 通孔
N140	CYCLE800（4，“TC1”，200000，57，0，0，0，0，0，0，0，0，0，1，100，1）	摆台恢复初始设置状态
N150	M5	
N160	M30	程序结束

*R*10mm 半圆型腔面由于采用 ϕ12mm 立铣刀直接沿轮廓进行加工会有材料残留，故采用型腔铣削加工方式可较为便捷地完成该位置的加工，型腔形状完全包围整体台阶边界范围，如图 4-5 所示。加工方式采用逐步向型腔外围扩展，进刀点设定在 ϕ12mm 中心位置。加工路径采用调用型腔轮廓进行加工，加工轮廓通过“新建轮廓”步骤创建“轮廓程序块”来完成加工形状轮廓描述，参考绘制图形参数如图 4-6 所示，参考加工程序见表 4-14。

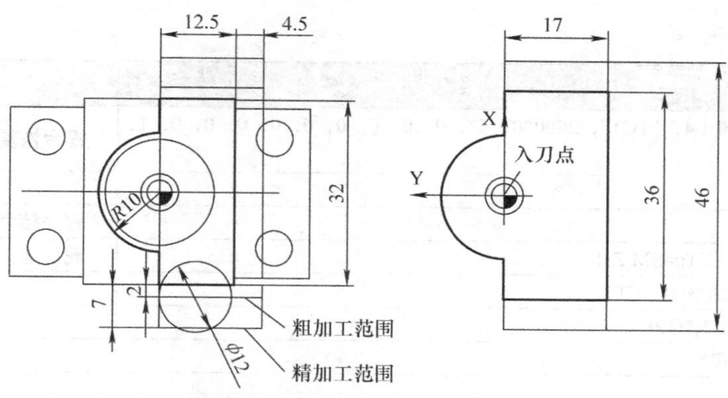

图 4-5　轮廓铣削外轮廓形状

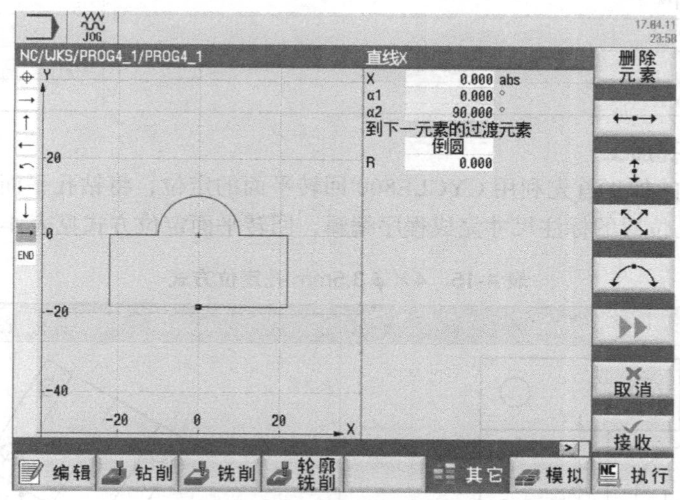

图 4-6　轮廓图形描述

表 4-14　*R*10mm 半圆型腔面加工程序

段号	程序	注释
N10	CYCLE800（4，“TC1”，200000，57，0，0，0，0，0，0，0，0，0，1，100，1）	将摆台恢复到初始设置状态
N20	T= “MILL12”	调用 ϕ12mm 立铣刀
N30	M6	
N40	G54	设置工艺参数
N50	S5000M03	
N60	CYCLE800（4，“TC1”，200000，57，0，0，0，0，−30，0，0，0，0，1，100，1）	工件坐标系围绕 Y 轴旋转 −30°
N70	CYCLE62（“YT”，1,,）	轮廓调用，调用轮廓名称为：YT
N80	CYCLE63（“YT”，10001，100，37，5，−25，1500，500，2，5，0.1，0.1，0，0，0，8，1，15，1，2,,,，0，101，101）	根据调用轮廓进行型腔铣削

（续）

段号	程序	注释
N90	CYCLE800（4，“TC1”，200000，57，0，0，0，0，0，0，0，0，0，1，100，1）	摆台恢复初始设置状态
N100	M5	
N110	M30	程序结束
N120	E_LAB_A_YT:;#SM Z:4	轮廓加工程序块“YT”
	G17G90DIAMOF;*GP*	
	G0X0Y-18.5;*GP*	
	G1X22;*GP*	
	Y0;*GP*	
	X10;*GP*	
	G3X-10I=AC（0）J=AC（0）;*GP*	
	G1X-22;*GP*	
	Y-18.5;*GP*	
	X0;*GP*	
	E_LAB_E_YT:	

4. 4×ϕ3.5mm孔加工

4×ϕ3.5mm 孔的加工首先利用 CYCLE800 回转平面的定位，将钻孔平面定义为 X、Y 加工平面，再结合零件孔位置的标注尺寸完成程序编辑，回转平面定位方式见表 4-15。

表 4-15　4×ϕ3.5mm 孔定位方式

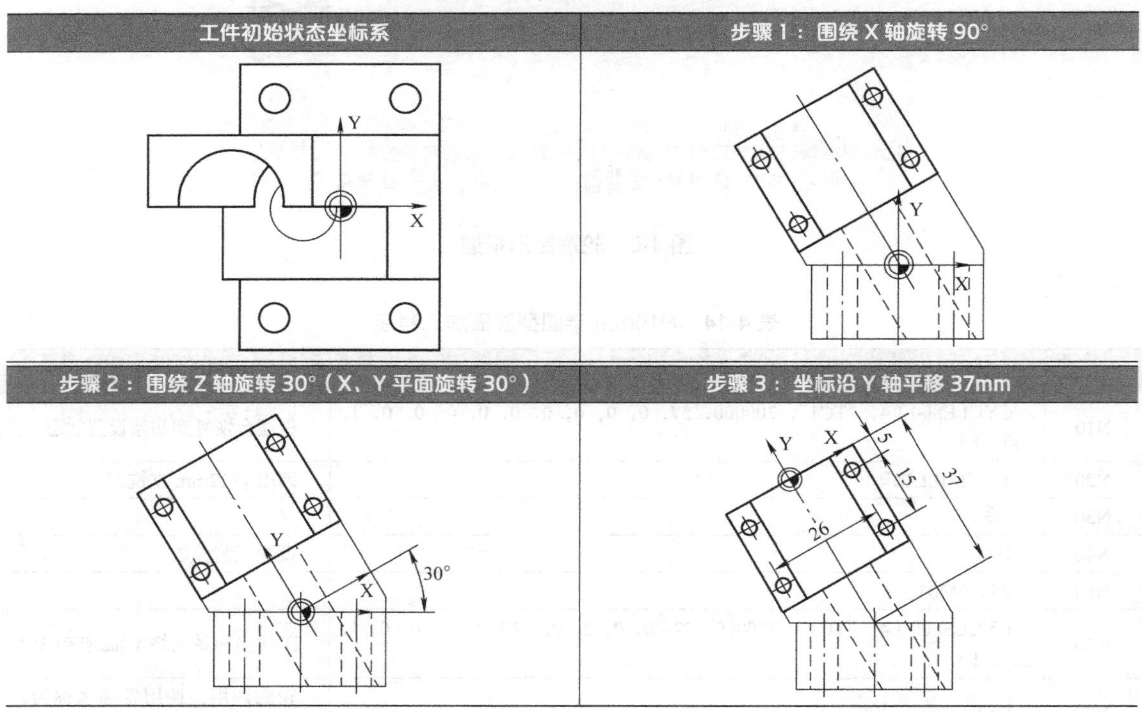

三个回转平面分别依次进行，坐标系首先围绕 X 轴旋转 90°，旋转 90° 后建立全新坐标系，再以当前坐标系为全新基准坐标系，围绕 Z 轴旋转 30°，最后沿旋转定位后的 Y 坐标轴平移 37mm，最终建立加工坐标系。

具体回转平面定义参数如图 4-7 所示。参考加工程序见表 4-16。

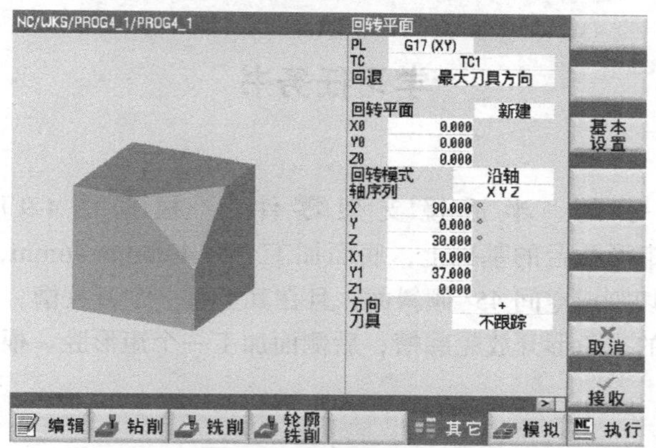

图 4-7　钻孔平面回转参数定义

表 4-16　斜置机座零件参考加工程序

段号	程序	注释
N10	CYCLE800（4，“TC1”，200000，57，0，0，0，0，0，0，0，0，0，1，100，1）	将摆台恢复到初始设置状态
N20	T= “DRILL6”	调用 ϕ6mm 中心钻
N30	M6	
N40	G54	设置工艺参数
N50	S2000M03	
N60	CYCLE800（4，“TC1”，200000，57，0，0，0，90，0，30，0，37，0，1，100，1）	回转平面定位
N70	MCALL CYCLE81（100，0，1，，–1，0，0，1，11）	模态调用钻中心孔循环
N80	AA:	语句标记
N90	X–13Y–5	钻孔坐标位置
N100	X–13	
N110	Y–20	
N120	X–13	
N130	BB:	语句标记
N140	MCALL	取消模态调用
N150	M5	
N160	T= “DRILL3.5”	调用 ϕ3.5mm 钻头
N170	M6	
N180	S1500M3	
N190	MCALL CYCLE83（100，0，1，，–15，，3，90，0，0.5，90，1，0，3，1.4，0，1.6，10，1，12211111）	模态调用深孔钻削循环
N200	REPEAT AA BB	在标记 AA：和 BB：间重复调用
N210	MCALL	取消模态调用
N220	CYCLE800（4，“TC1”，200000，57，0，0，0，0，0，0，0，0，0，1，100，1）	摆台恢复初始设置状态
N230	M5	
N240	M30	程序结束

注：REPEAT 指令的定义与使用方法，可参考相关技术资料。

任务 4.2　半透镜支架零件编程与加工

学习任务书

1. 学习任务描述

加工如图 4-8 所示的“半透镜支架零件”。根据图 4-9 所示，该零件是在 55mm × 55mm × 65mm 矩形凸台的基础上，底面加工 1 个 40mm × 46mm，转角半径为 *R*5mm 的矩形腔；上面一个角被切割成空间 45° 倾斜面，且在其上有一个开放槽；带凸耳台的一个侧面和对面侧面均有一个相同的三角形开放轮廓槽；后侧面加工一个矩形腔。根据图样要求，完成该零件的编程及加工。

2. 识读图样

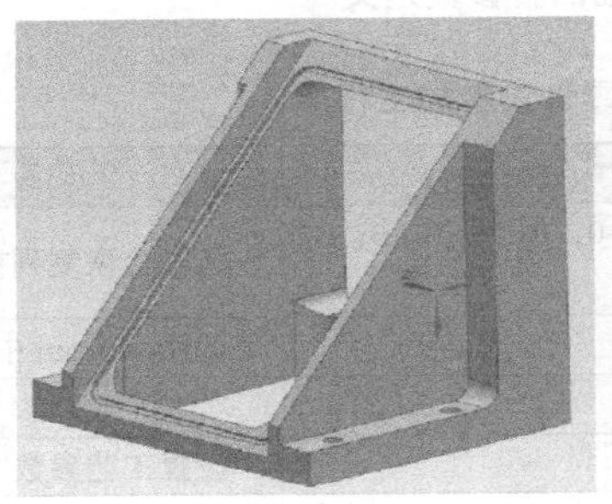
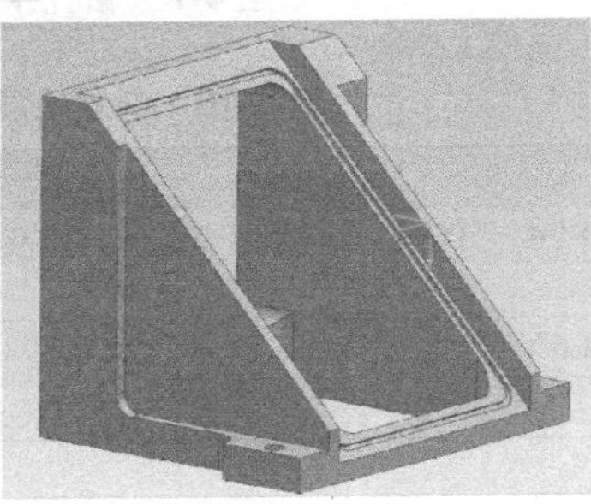

图 4-8　半透镜支架零件

3. 学习准备

序号	工作准备	内容	备注
1	机床（数控系统）	五轴数控机床	SINUMERIK 840D sl 数控系统
2	毛坯	55mm × 60mm × 65mm 毛坯	
3	刀具	ϕ50mm 面铣刀、ϕ12mm 立铣刀、ϕ10mm 立铣刀、ϕ6mm 立铣刀、ϕ6mm × 90°NC 中心钻、ϕ3.2mm 钻头	或根据小组讨论决定
4	夹具	平口虎钳	注意加工干涉
5	量具	游标卡尺	测量范围为 0~150mm，精度为 0.02mm
6	其他		

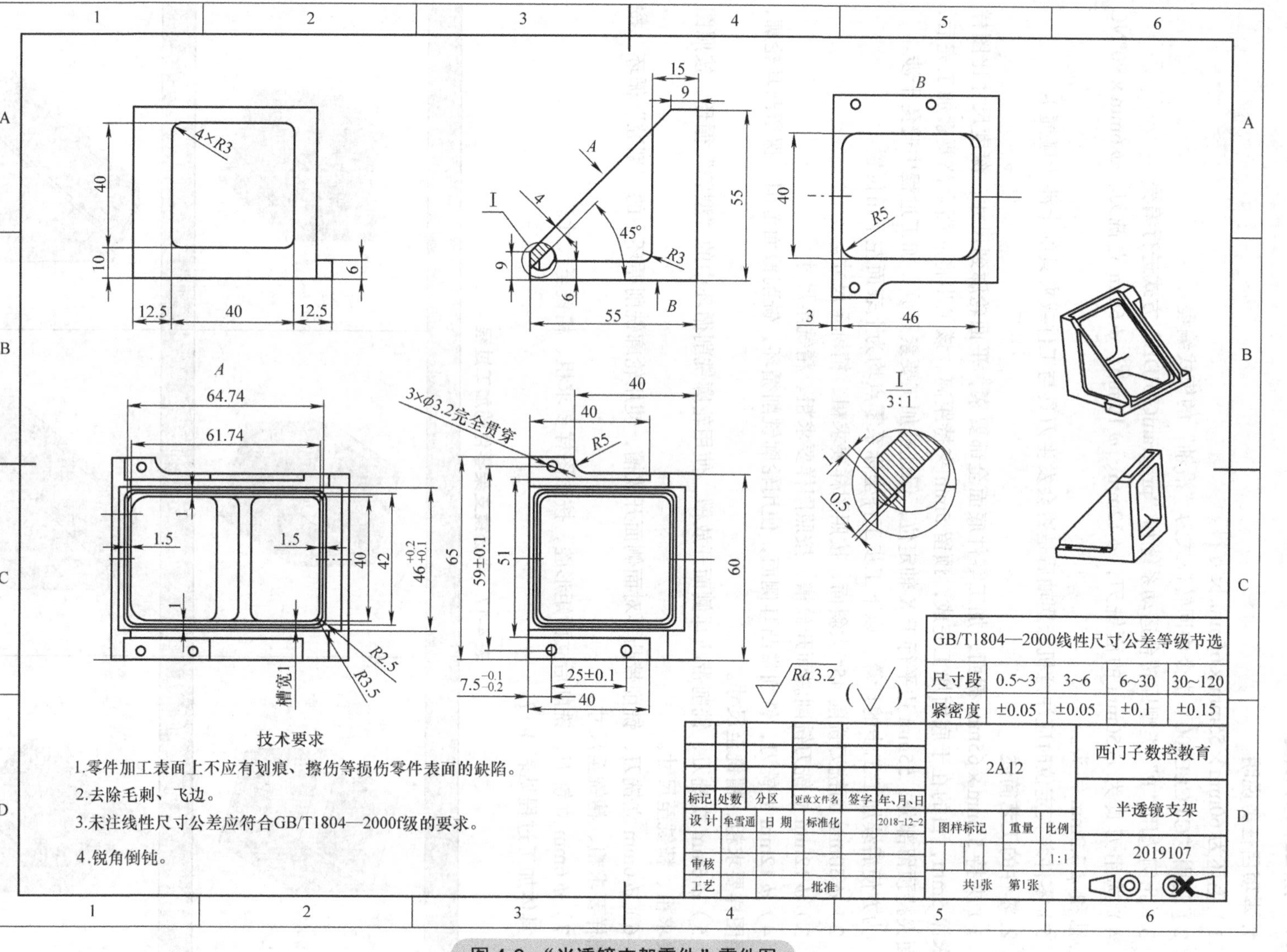

图 4-9 “半透镜支架零件”零件图

4.2.1 加工任务描述

1. 本项目任务说明

1）毛坯为 60mm × 55mm × 65mm 长方料。

2）利用“CYCLE800”指令中回转模式为“沿轴”的模式编程。

3）此例选用“P”类型回转台运动系统和“programGUIDE”方式进行编程。

4）选用刀具为 ϕ50mm 的面铣刀，ϕ12mm、ϕ10mm、ϕ6mm 立铣刀，ϕ6mm × 90°NC 中心钻和 ϕ3.2mm 钻头。

5）零件装夹定位时应注意机床摆轴后是否会发生刀具与工件或夹具的干涉（碰撞）。

2. 零件的工艺简述

1）夹持 55mm × 65mm 截面，加工零件底面全部要素，平面轮廓到尺寸，深度尺寸比图样要求深 5mm，目的在于底面加工完成，预留 5mm 夹持距离。该工步将底面全部要素加工完后，翻面夹持预留部分，55mm 边平行于 X 轴定位，保证被加工要素开放，加工过程中避免干涉。

为方便后续加工工步的计算，以下工步工件坐标系零点均为上表面左下角位置。

2）ϕ50mm 面铣刀铣削 45° 大斜面，按照图样要求粗、精铣至尺寸。

3）ϕ12mm 立铣刀铣削斜面开放槽，按照图样要求粗、精铣至尺寸。

4）ϕ12mm 立铣刀，铣削带凸耳侧面，使用轮廓铣削循环，铣削截面范围，保留凸耳轮廓，按照图样要求粗、精铣至尺寸。

5）ϕ6mm 立铣刀，铣削带凸耳侧面开放槽，使用轮廓铣削循环中的“型腔”循环，按照图样要求粗、精铣至尺寸。

6）ϕ6mm 立铣刀，铣削带凸耳对面侧面开放槽，使用轮廓铣削循环中的“型腔”循环，按照图样要求粗、精铣至尺寸。

7）ϕ6mm 立铣刀，铣削后立面矩形腔，按照图样要求粗、精铣至尺寸。

具体加工过程见表 4-17。

表 4-17 半透镜支架零件的加工过程

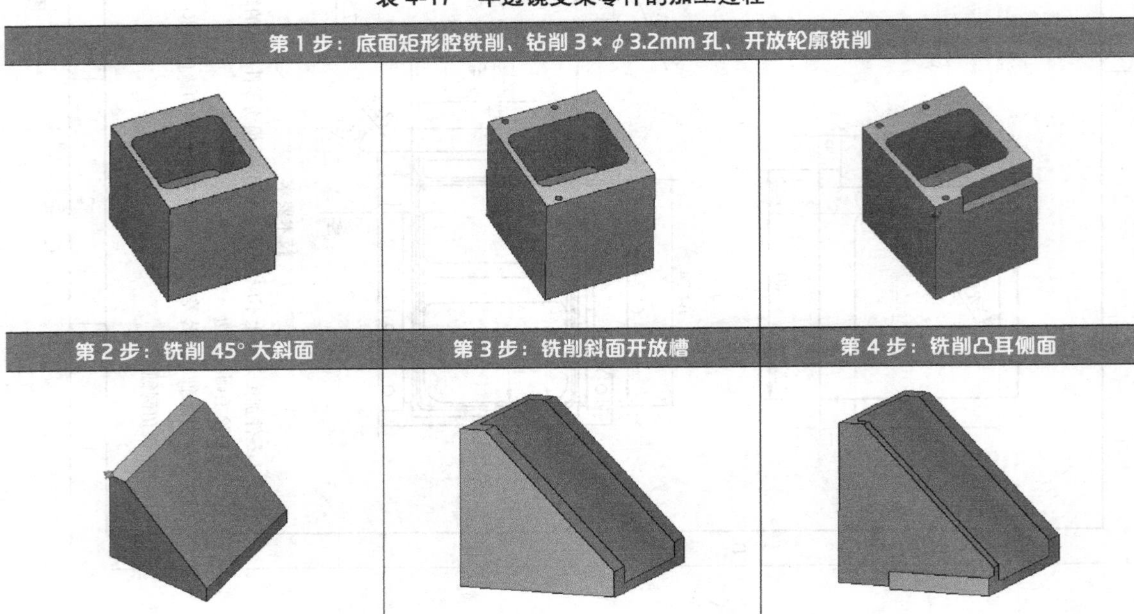

（续）

第 5 步：铣削凸耳侧面开放槽	第 6 步：铣削另一侧面开放槽	第 7 部：铣削后侧面矩形腔
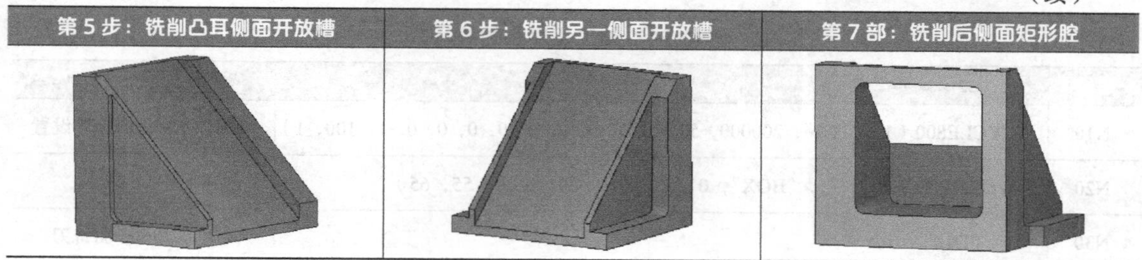		

4.2.2 半透镜支架零件编程方式及过程

1. 底面加工

（1）编程方式　采用 CYCLE800 沿轴回转模式和“programGUIDE”形式编程。

（2）编程过程

1）摆动循环 CYCLE800 初始设置。为了实现零件的安全、正确加工，首先要完成摆动循环 CYCLE800 初始设置的设定工作，使工作台处在“零位”。其操作步骤及参数设定见表 4-18。

表 4-18　摆动循环 CYCLE800 初始设置

设置方法	操作步骤	参数设置
在程序编辑界面中进行 CYCLE800 的基本设置，先按〖其它〗软键，按〖回转平面〗软键出现回转平面界面，按〖基本设置〗软键，实现回转平面参数所有设定数据的全部清零（基本设置），按〖接收〗软键	其它 → 回转平面 → 基本设置 → 接收	回转平面 PL　G17 (XY) TC　TC1 回退　否 回转平面　新建 X0　0.000 Y0　0.000 Z0　0.000 回转模式　沿轴 轴序列　X Y Z X　0.000 ° Y　0.000 ° Z　0.000 ° X1　0.000 Y1　0.000 Z1　0.000 方向　+ 刀具　跟踪

2）设置毛坯，其操作步骤及参数设定见表 4-19。

表 4-19　新建程序与设置毛坯操作

设置方法	操作步骤	基本设置参数
建立毛坯：先按〖其它〗软键，再按〖毛坯〗软键，在“毛坯输入”对话框中设置 55mm × 65mm × 60mm 的毛坯，按〖确认〗软键	其它 → 毛坯 → 确认	工位　工作台 毛坯　六面体 X0　0.000 Y0　0.000 X1　55.000 inc Y1　65.000 inc Z0　5.000 Z1　-60.000 inc

3）调用 ϕ10mm 立铣刀，见表 4-20。

表 4-20　调用 ϕ10mm 立铣刀的操作

设置方法	操作步骤	基本设置参数
按【INPUT】键，使光标换行，按〖编辑〗软键，再按〖选择刀具〗软键，出现“刀具选择”表单。操作光标停留在“刀具名称”中“D10”一行，按〖确认〗软键，完成立铣刀 ϕ10mm 的调用	INPUT → 编辑 → 选择刀具 → FACEMILL 63 → 确认	1 2　D50　1　1　100.000　25.000 3　D12　1　1　100.000　6.000 4　D8　1　1　100.000　4.000 5　D6　1　1　100.000　3.000 6　ZXZ　1　1　90.000　3.000 7　ZT3.2　1　1　100.000　1.600 8　D10　1　1　100.000　5.000

4）加工程序头的编写，见表 4-21。

表 4-21　加工程序头的编写

段号	程序	注释
N10	CYCLE800（1，“TC1”，200000，57，0，0，0，0，0，0，0，0，0，1，100，1）	CYCLE800 初始化设置
N20	WORKPIECE（，“”,，“BOX”，0，5，-60，-80，0，0，55，65）	创建毛坯
N30	T= “D10”	调用 ϕ 10mm 面铣刀
N40	M6	换刀到主轴
N50	S5000 M3	启动主轴
N60	G54 G0 X0 Y0 Z100 M8	定位初始位置

5）使用平面铣削循环 POCKET3 型腔铣削底面矩形腔，见表 4-22。

表 4-22　型腔铣削参数设置

设置方法	操作步骤	基本设置参数
先按〖铣削〗软键，再按〖型腔〗软键，按〖矩形腔〗软键出现“矩形腔铣削循环”参数设置对话框，最后按〖接收〗软键	铣削 → 型腔 → 矩形腔 → 接收	输入 完全 PL G17 (XY) 顺铣 RP 100.000 SC 1.000 F 1200.000 参考点 加工 单独位置 X0 3.000 Y0 12.500 Z0 5.000 W 40.000 L 46.000 R 5.000 α0 0.000 ° Z1 35.000 inc DXY 50.000 % DZ 2.000 UXY 0.200 UZ 0.100

用同样方法，复制一个“矩形腔铣削循环”，进行精加工。

6）调用 ϕ 6mm × 90°NC 中心钻，使用循环 CYCLE81 指令加工 3 × ϕ 3.2mm 中心孔，调用 ϕ 3.2mm 钻头，使用 CYCLE83 指令加工 3 × ϕ 3.2mm 孔，孔位使用 CYCLE802 计算循环给出，见表 4-23。

表 4-23　孔加工参数的设置

设置方法	操作步骤	基本设置参数
调用 ϕ 6mm × 90°NC 中心钻，先按〖钻削〗软键，再按〖钻中心孔〗软键，出现“钻中心孔”参数设置对话框，最后按〖接收〗软键	钻削 → 钻中心孔 → 接收	PL G17 (XY) RP 100.000 SC 1.000 位置模式(MCALL) Z0 5.000 刀尖 Z1 1.500 inc DT 0.000 s

（续）

设置方法	操作步骤	基本设置参数
先按〖钻削〗软键，再按〖位置〗软键，接着按〖不规则孔位〗软键，出现“孔位设置”参数设置对话框，最后按〖接收〗软键	钻削 → 位置 → [不规则孔位] → 接收	LAB POS1 PL G17 (XY) X0 7.500 abs Y0 3.000 abs X1 7.500 abs Y1 62.000 abs X2 32.500 abs Y2 62.000 abs
调用 ϕ3.2mm 钻头，先按〖钻削〗软键，再按〖深孔钻削〗软键，出现“深孔钻削”参数设置对话框，最后按〖接收〗软键	钻削 → 深孔钻削 → 接收	输入 完全 PL G17 (XY) RP 100.000 SC 1.000 位置模式(MCALL) 排屑 Z0 5.000 刀尖 Z1 25.000 inc 其他参数默认设置
先按〖钻削〗软键，再按〖位置〗软键，再按〖不规则孔位〗软键，出现“孔位设置”参数设置对话框，最后按〖接收〗软键	钻削 → 位置 → [不规则孔位] → 接收	LAB POS1 PL G17 (XY) X0 7.500 abs Y0 3.000 abs X1 7.500 abs Y1 62.000 abs X2 32.500 abs Y2 62.000 abs

7）调用 ϕ 8mm 立铣刀，使用轮廓铣削循环 CYCLE62、CYCLE63 指令进行凸耳台的铣削，见表 4-24。

表 4-24 凸耳台铣削参数的设置

设置方法	操作步骤	基本设置参数
先按〖轮廓铣削〗软键，再按〖轮廓〗软键，再按〖轮廓调用〗软键，出现“轮廓调用”参数设置对话框，选择好“L1”，然后返回继续按〖轮廓铣削〗软键，再按〖型腔〗软键	轮廓铣削 → 轮廓 → 轮廓调用 →〖轮廓铣削〗→ 型腔	输入 完全 PRG 111 PL G17 (XY) 顺铣 RP 100.000 SC 1.000 F 600.000 加工 ▽ Z0 5.000 Z1 11.000 inc DXY 50.000 % DZ 2.000 UXY 0.000 UZ 0.000 起点 自动 下刀方式 往复 EW 5.000 °

底面参考程序见表 4-25。

表 4-25 “开放轮廓凹槽”部位的参考加工程序（1.MPF）

段号	程序	注释
N10	WORKPIECE（，“”，，“BOX”，0，5，-60，-80，0，0，55，65）	创建毛坯
N20	T=“D10”D1	选用 ϕ10mm 立铣刀
N30	M6	换刀到主轴
N40	S8488M3	启动主轴
N50	G54G0X0Y0Z100	激活工件坐标系并定位
N60	POCKET3（100，5，1，35，46，40，5，3，12.5，0，2，0.2，0.1，1200，0.1，0，21，50，8，3，15，1，1，0，1，2，12100，11，111）	调用矩形腔铣削循环粗加工
N70	POCKET3（100，5，1，35，46，40，5，3，12.5，0，15，0.2，0.1，800，0.1，0，22，50，8，3，15，1，1，0，1，2，12100，11，111）	调用矩形腔铣削循环精加工
N80	T=“ZXZ”D1	选用 ϕ6mm×90°NC 中心钻
N90	M6	换刀到主轴
N100	S5000M3	启动主轴
N110	MCALL CYCLE81（100，5，1，，1.5，0，0，1，11）	设定钻中心孔参数，模态调用
N120	POS1：CYCLE802（111111111，111111111，7.5，3，7.5，62，32.5，62，，，，，，，，，，，，，0，0，1）	孔位编辑
N130	MCALL	取消模态
N140	T=“ZT3.2”D1	选用 ϕ3.2mm 钻头
N150	M6	换刀到主轴
N160	S6750M3	启动主轴
N170	MCALL CYCLE83（100，5，1，，25，，5，90，0.6，0.6，90，1，0，1.2，1.4，0.6，1.6，0，1，11211111）	设定深孔钻削参数，模态调用
N180	POS1：CYCLE802（111111111，111111111，7.5，3，7.5，62，32.5，62，，，，，，，，，，，，，0，0，1）	孔位编辑
N190	MCALL	取消模态
N200	T=“D8”D1	选用 ϕ8mm 立铣刀
N210	M6	换刀
N220	S9200M3	启动主轴
N230	CYCLE62（“L1”，1，，）	调用轮廓“L1”
N240	CYCLE63（“111”，21，100，5，1，11，600，0.1，50，2，0，0，0，0，0，1，1，5，1，2，，，，0，101，111）	轮廓型腔铣削
N250	M30	程序结束
N260	E_LAB_A_L1: ;#SM Z:2 G17 G90 DIAMOF;*GP* G0 X55 Y5 ;*GP* G1 X20 ;*GP* G3 Y-5 I=AC（20）J=AC（0）;*GP* G1 X55 ;*GP* G3 Y5 I=AC（55）J=AC（0）;*GP* E_LAB_E_L1:	凸耳台轮廓 程序块“L1”

> **提示**：作为二次装夹预留高度使用，最终加工完成后需去除5mm高度，所以底面加工时，所有要素深度均比图样要求深5mm。

底面加工效果图如图4-10所示。

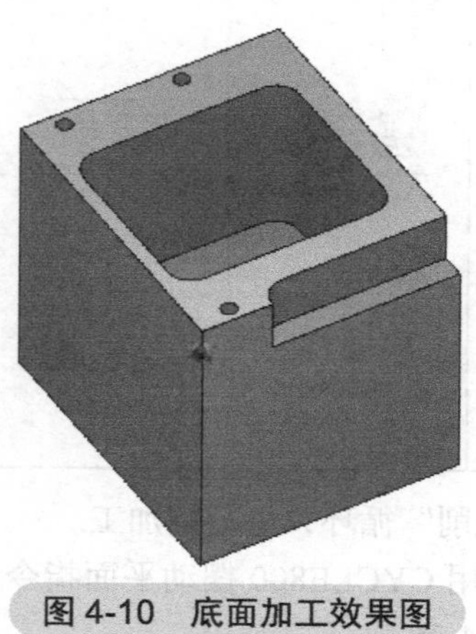

图4-10　底面加工效果图

2. 其他面加工

在底面要素加工完成后，翻面装夹预留工艺装夹台位置，55mm边平行于X轴定位，保证被加工要素开放，加工过程中避免干涉。为方便后续加工工步的计算，以下工步工件坐标系零点均为上表面左下角位置。

1）使用 ϕ50mm面铣刀，利用CYCLE800摆动平面指令、CYCLE61平面铣削循环，加工45°空间倾斜面。

定向加工45°空间倾斜面编程参数说明：工作台回退方向选择“最大刀具方向”，回转平面选择“新建”，回转模式选择“沿轴”，轴序列选择“XYZ”，方向选择“+”（逆时针转动），刀具选择“不跟踪”。工件坐标系首先沿X轴正方向平移9mm，然后绕Y轴旋转45°（顺时针转动）后完成定位（表4-26），定义CYCLE61平面铣削循环加工45°空间倾斜面的参数（表4-27）。

表4-26　铣削45°空间倾斜面回转参数设置

设置方法	操作步骤	基本设置参数
先按〖其它〗软键，再按〖回转平面〗软键，出现“摆动平面”参数设置对话框，最后按〖接收〗软键	其它 → 回转平面 → 接收	PL G17 (XY) TC TC1 回退 2 回转平面 新建 X0 9.000 Y0 0.000 Z0 0.000 回转模式 沿轴 轴序列 XYZ X 0.000 ° Y 45.000 ° Z 0.000 ° X1 0.000 Y1 0.000 Z1 0.000 选择 + 刀具

表 4-27 45° 空间倾斜面的 CYCLE61 参数设置

设置方法	操作步骤	基本设置参数
先按〖铣削〗软键，再按〖平面铣削〗软键，出现“平面铣削”参数设置对话框，最后按〖接收〗软键	铣削 → 平面铣削 → 接收	PL G17 (XY) RP 100.000 SC 2.000 F 1200.000 加工方向 X0 0.000 Y0 0.000 Z0 32.500 X1 66.000 abs Y1 55.000 abs Z1 0.000 abs DXY 50.000 % DZ 1.000 UZ 0.100

用同样方法复制一个“平面铣削”循环，进行精加工。

2）调用 ϕ12mm 立铣刀，利用 CYCLE800 摆动平面指令、POCKET3 矩形腔铣削循环，在 45° 空间倾斜面加工开放槽，见表 4-28。

表 4-28 45° 空间倾斜面开放槽铣削参数的设置

设置方法	操作步骤	基本设置参数
摆动好平面，先按〖铣削〗软键，再按〖型腔〗软键，然后按〖矩形腔〗软键，出现“矩形腔铣削”参数设置对话框，最后按〖接收〗软键	铣削 → 型腔 → 矩形腔 → 接收	输入 完全 PL G17 (XY) 顺铣 RP 100.000 SC 1.000 F 1200.000 参考点 加工 单独位置 X0 -10.000 Y0 9.500 Z0 0.000 W 46.000 L 90.000 R 0.000 α0 0.000 ° Z1 4.000 inc DXY 50.000 % DZ 2.000 UXY 0.200 UZ 0.100

用同样方法复制一个“矩形腔铣削”循环，进行精加工。

3）调用 ϕ12mm 立铣刀，利用 CYCLE800 摆动平面指令、CYCLE62 和 CYCLE63 铣削循环，加工带凸耳台侧面余量，见表 4-30。

定向加工带凸耳台面编程参数说明：工件坐标系首先沿 X 轴正方向平移 15mm，然后绕 X 轴旋转 90°（逆时针转动），完成定位（表 4-29）。

表 4-29 定向加工带凸耳台面回转参数

设置方法	操作步骤	基本设置参数
先按〖其它〗软键，再按〖回转平面〗软键，出现“摆动平面”参数设置对话框，最后按〖接收〗软键	其它 → 回转平面 → 接收	PL G17 (XY) TC TC1 回退 Z 回转平面 新建 X0 15.000 Y0 0.000 Z0 0.000 回转模式 沿轴 轴序列 XYZ X 90.000 ° Y 0.000 ° Z 0.000 ° X1 0.000 Y1 0.000 Z1 0.000 选择 刀具

表 4-30 定向加工带凸耳台侧面余量加工设置

设置方法	操作步骤	基本设置参数
先按〖轮廓铣削〗软键，再按〖轮廓〗软键，然后按〖轮廓调用〗软键，选择好“L1”，返回继续按〖轮廓调用〗软键，选择好“L11”，然后返回再按〖凸台〗软键 第一次调用“L1”为加工边界，第二次调用“L11”为预留凸台	轮廓铣削 → 轮廓 → 轮廓调用 → 轮廓调用 → 凸台	输入 完全 PRG CCC PL G17 (XY) 顺铣 RP 100.000 SC 1.000 F 1000.000 加工 ▽ Z0 0.000 Z1 5.000 inc DXY 50.000 % DZ 2.000 UXY 0.000 UZ 0.000

4）调用 ϕ 6mm 立铣刀，利用 CYCLE800 摆动平面指令、CYCLE62 和 CYCLE63 铣削循环，加工带凸耳台侧面开放槽，见表 4-31。

表 4-31 定向加工带凸耳台侧面开放槽加工设置

设置方法	操作步骤	基本设置参数
摆动参数数据见表 4-27 先按〖轮廓铣削〗软键，再按〖轮廓〗软键，然后按〖轮廓调用〗软键，选择好“L2”，返回，按〖型腔〗软键。 轮廓“L2”为包含开放轮廓部分的封闭轮廓	轮廓铣削 → 轮廓 → 轮廓调用 → 型腔	输入 完全 PRG AAA PL G17 (XY) 顺铣 RP 100.000 SC 1.000 F 600.000 加工 ▽ Z0 0.000 Z1 7.000 inc DXY 50.000 % DZ 1.000 UXY 0.000 UZ 0.000 起点 自动

5）调用 ϕ6mm 立铣刀，利用 CYCLE800 摆动平面指令、CYCLE62 和 CYCLE63 铣削循环，加工带凸耳台对面开放槽，摆动数据见表 4-32，加工参数设定见表 4-33。

定向加工带凸耳台对面开放槽编程参数说明：工件坐标系首先沿 X 轴正方向平移 15mm，然后沿 Y 轴正方向平移 65mm，最后绕 X 轴旋转 -90°（顺时针转动），完成定位（表 4-33）。

表 4-32　定向加工带凸耳台对面回转参数

设置方法	操作步骤	基本设置参数
先按〖其它〗软键，再按〖回转平面〗软键，出现“摆动平面”参数设置对话框，最后按〖接收〗软键	其它 → 回转平面 → 接收	PL G17 (XY) TC TC1 回退 Z 回转平面 新建 X0 15.000 Y0 65.000 Z0 0.000 回转模式 沿轴 轴序列 XYZ X -90.000 ° Y 0.000 ° Z 0.000 ° X1 0.000 Y1 0.000 Z1 0.000 选择 + 刀具

表 4-33　定向加工带凸耳台对面开放槽加工设置

设置方法	操作步骤	基本设置参数
先按〖轮廓铣削〗软键，再按〖轮廓〗软键，然后按〖调用轮廓〗软键，选择好“L3”，返回，按〖型腔〗软键。 轮廓“L3”为包含开放轮廓部分的封闭轮廓	轮廓铣削 → 轮廓 → 轮廓调用 → 型腔	输入 完全 PRG BBB PL G17 (XY) 顺铣 RP 100.000 SC 10.000 F 600.000 加工 ▽ Z0 0.000 Z1 7.000 inc DXY 50.000 % DZ 1.000 UXY 0.000 UZ 0.000 起点 自动

6）调用 ϕ6mm 立铣刀，利用 CYCLE800 摆动平面指令、POCKET3 矩形腔铣削循环，加工后面矩形腔，摆动数据见表 4-34，加工参数设定见表 4-35。

定向加工后面矩形腔编程参数说明：工件坐标系不进行平移，直接绕 Y 轴旋转 -90°（顺时针转动），完成定位（表 4-34）。

表 4-34　定向加工后面矩形腔回转参数

设置方法	操作步骤	基本设置参数
先按〖其它〗软键，再按〖回转平面〗软键，出现“摆动平面”参数设置对话框，最后按〖接收〗软键	其它 → 回转平面 → 接收	PL G17 (XY) TC TC1 回退 Z 回转平面 新建 X0 0.000 Y0 0.000 Z0 0.000 回转模式 沿轴 轴序列 X Y Z X 0.000 ° Y -90.000 ° Z 0.000 ° X1 0.000 Y1 0.000 Z1 0.000 选择刀具

表 4-35　后面矩形腔铣削参数的设置

设置方法	操作步骤	基本设置参数
摆动好平面，先按〖铣削〗软键，再按〖型腔〗软键，然后按〖矩形腔〗软键，出现“矩形腔铣削”参数设置对话框，最后按〖接收〗软键	铣削 → 型腔 → 矩形腔 → 接收	输入 完全 PL G17 (XY) 顺铣 RP 100.000 SC 1.000 F 1200.000 参考点 加工 单独位置 X0 5.000 Y0 12.500 Z0 0.000 W 40.000 L 40.000 R 3.000 α0 0.000 ° Z1 30.000 inc DXY 50.000 % DZ 2.000 UXY 0.200 UZ 0.100

用同样方法复制一个“矩形腔铣削”循环，进行精加工。

其他部位加工参考加工程序见表 4-36。

表 4-36　其他部位加工参考加工程序

段号	程序	注释
N10	WORKPIECE（,“”,,“BOX”, 0, 0, -55, -80, 0, 0, 55, 65）	创建毛坯
N20	G54	激活工件坐标系
N30	T=“D50” D1	选用 ϕ 50mm 面铣刀
N40	M6	换刀
N50	S3500M3	主轴启动
N60	CYCLE800（1,“TC1”, 200000, 57, 0, 0, 0, 0, 0, 0, 0, 0, 0, 1, 100, 1）	摆动平面复位
N70	CYCLE800（1,“TC1”, 200000, 57, 9, 0, 0, 0, 45, 0, 0, 0, 0, 1, 100, 1）	摆动平面定义
N80	G0X0Y0Z100	预定位

（续）

段号	程序	注释
N90	CYCLE61（100，32.5，2，0，0，0，66，55，1，50，0.1，1200，41，0，1，11010）	面铣削粗加工
N100	CYCLE61（100，32.5，1，0，0，0，66，55，33，50，0，1200，41，0，1，11010）	面铣削精加工
N110	CYCLE800（1，“TC1”，200000，57，0，0，0，0，0，0，0，0，0，1，100，1）	摆动平面复位
N120	T= “D12”	选用 ϕ12mm 立铣刀
N130	M6	换刀
N140	S5000M3	主轴启动
N150	CYCLE800（1，“TC1”，200000，57，9，0，0，0，45，0，0，0，0，1，100，1）	摆动平面定义
N160	G0X0Y0Z100	预定位
N170	POCKET3（100，0，1，4，90，46，0，10，9.5，0，2，0.2，0.1，1200，0.1，0，21，50，8，3，15，1，1，0，1，2，12100，11，111）	开放槽铣削，粗加工
N180	POCKET3（100，0，1，4，90，46，0，10，9.5，0，4，0.2，0.1，1200，0.1，0，22，50，8，3，15，1，1，0，1，2，12100，11，111）	开放槽铣削，精加工
N190	CYCLE800（1，“TC1”，200000，57，0，0，0，0，0，0，0，0，0，1，100，1）	摆动平面复位
N200	CYCLE800（1，“TC1”，200000，57，15，0，0，90，0，0，0，0，0，1，100，1）	摆动平面定义
N210	G0X0Y0Z100	预定位
N220	CYCLE62（“L1”，1，，）	调用“L1”轮廓
N230	CYCLE62（“L2”，1，，）	调用“L2”轮廓
N240	CYCLE63（“CCC”，1，100，0，1，5，1000，，50，2，0，0，0，，，，，1，2，，，，0，201，111）	凸台轮廓铣削循环
N250	CYCLE800（1，“TC1”，200000，57，0，0，0，0，0，0，0，0，0，1，100，1）	摆动平面复位
N260	T= “D6”	选用 ϕ6mm 立铣刀
N270	M6	换刀
N280	S6000M3	主轴启动
N290	CYCLE800（1，“TC1”，200000，57，15，0，0，90，0，0，0，0，0，1，100，1）	摆动平面定义
N300	G0X0Y0Z100	预定位
N310	CYCLE62（“L2”，1，，）	调用“L2”轮廓
N320	CYCLE63（“AAA”，11，100，0，1，7，600，0.1，50，1，0，0，0，0，0，1，1，5，1，2，，，，0，101，111）	轮廓型腔加工
N330	CYCLE800（1，“TC1”，200000，57，0，0，0，0，0，0，0，0，0，1，100，1）	摆动平面复位

（续）

段号	程序	注释
N340	CYCLE800（1，“TC1”，200000，57，15，65，0，-90，0，0，0，0，0，1，100，1）	摆动平面定义
N350	G0X0Y0Z100	预定位
N360	CYCLE62（“L3”，1，，）	调用“L3”轮廓
N370	CYCLE63（“BBB”，11，100，0，10，7，600，0.1，50，1，0，0，0，0，0，1，1，5，1，2，，1，，0，101，111）	轮廓型腔加工
N380	CYCLE800（1，“TC1”，200000，57，0，0，0，0，0，0，0，0，0，1，100，1）	摆动平面复位
N390	CYCLE800（1，“TC1”，200000，57，0，0，0，0，-90，0，0，0，0，1，100，1）	摆动平面定义
N400	G0X0Y0Z100	预定位
N410	POCKET3（100，0，1，30，40，40，3，5，12.5，0，2，0.2，0.1，1200，0.1，0，21，50，8，3，15，1，1，0，1，2，13100，11，111）	矩形腔粗加工
N420	POCKET3（100，0，1，30，40，40，3，5，12.5，0，10，0.2，0.1，1200，0.1，0，22，50，8，3，15，1，1，0，1，2，13100，11，111）	矩形腔精加工
N430	CYCLE800（1，“TC1”，200000，57，0，0，0，0，0，0，0，0，0，1，100，1）	摆动平面复位
N440	M30	程序结束
N450	E_LAB_A_L1: ;#SM Z:3 G17 G90 DIAMOF;*GP* G0 X0 Y0 ;*GP* G1 X-15 ;*GP* Y-55 ;*GP* X40 ;*GP* Y-49 ;*GP* X0 Y0 ;*GP* E_LAB_E_L1:	凸耳台侧面余量去除范围轮廓 L1
N460	E_LAB_A_L11: ;#SM Z:2 G17 G90 DIAMOF;*GP* G0 X40 Y-55 ;*GP* G1 X5 ;*GP* Y-49 ;*GP* X40 ;*GP* Y-55 ;*GP* E_LAB_E_L11:	保留凸耳台轮廓部分 L11

（续）

段号	程序	注释
N470	E_LAB_A_L2: ;#SM Z:4	凸耳台侧面开放槽去除轮廓 L2
	G17 G90 DIAMOF;*GP*	
	G0 X0 Y5 ;*GP*	
	G1 Y−49 RND=3 ;*GP*	
	X50 ;*GP*	
	X0 Y5 ;*GP*	
	E_LAB_E_L2:	
N480	E_LAB_A_L3: ;#SM Z:5	凸耳台对面开放槽去除轮廓 L3
	G17 G90 DIAMOF;*GP*	
	G0 X0 Y−5 ;*GP*	
	G1 Y49 RND=3 ;*GP*	
	X50 ;*GP*	
	X0 Y−5 ;*GP*	
	E_LAB_E_L3:	

加工完的效果图如图 4-11 所示。

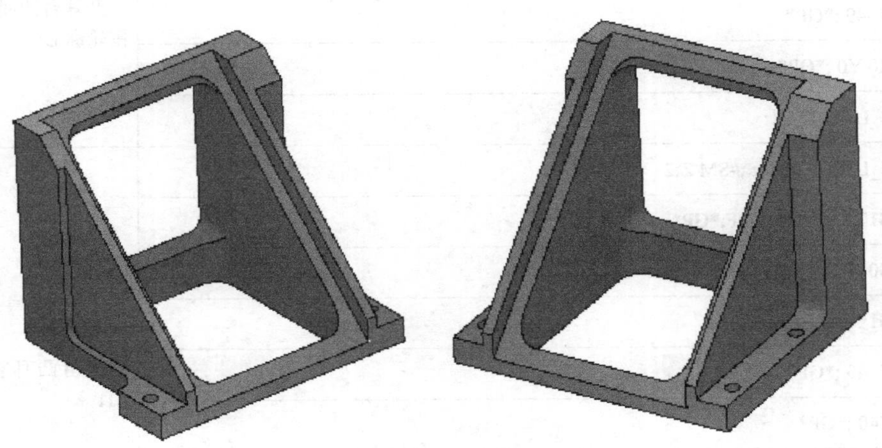

图 4-11　加工完的效果图

任务 4.3　通槽双斜面零件编程与加工

学习任务书

1. 学习任务描述

本练习要应用 CYCLE800 回转平面进行“3+2”五轴定向加工，主要学习回转平面的使用，涉及凸台铣削、钻孔、轮廓铣削、平面铣削，并且使用“Shop Mill”方式编程。图 4-12 所示的通槽双斜面零件是在 ϕ90mm 圆柱上，加工出尺寸为 60mm × 60mm × 50mm 的四方凸台，在四方凸台上铣削出一个斜面通槽，两个内侧面中一个为斜面，一个为 8mm 厚的直立面，再在两个侧面上钻一个 ϕ12mm 同轴通孔（图 4-13）。本零件使用 CYCLE800 定向循环指令，利用钻孔、轮廓铣削、平面铣削循环完成侧面孔和斜面的加工。为了简化学习的过程，根据案例的特点与拓展学习，本练习使用两把刀具，分别为 ϕ12mm 立铣刀、ϕ12mm 麻花钻头。

2. 识读图样

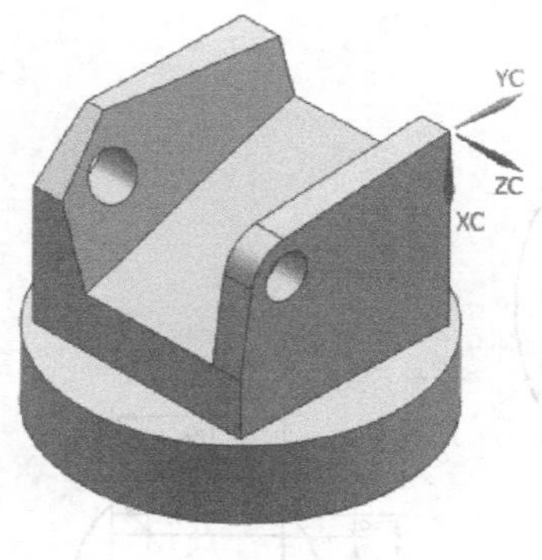

图 4-12　通槽双斜面零件

3. 学习准备

序号	工作准备	内容	备注
1	机床（数控系统）	五轴数控机床	SINUMERIK 840D sl 数控系统
2	毛坯	ϕ90mm × 80mm 棒料	2A12
3	刀具	ϕ12mm 立铣刀、ϕ12mm 钻头	或根据小组讨论决定
4	夹具	自定心卡盘	注意加工干涉
5	量具	游标卡尺	测量范围为 0~150mm，精度为 0.02mm
		游标万能角度尺	测量范围为 0°~320°，精度为 2′

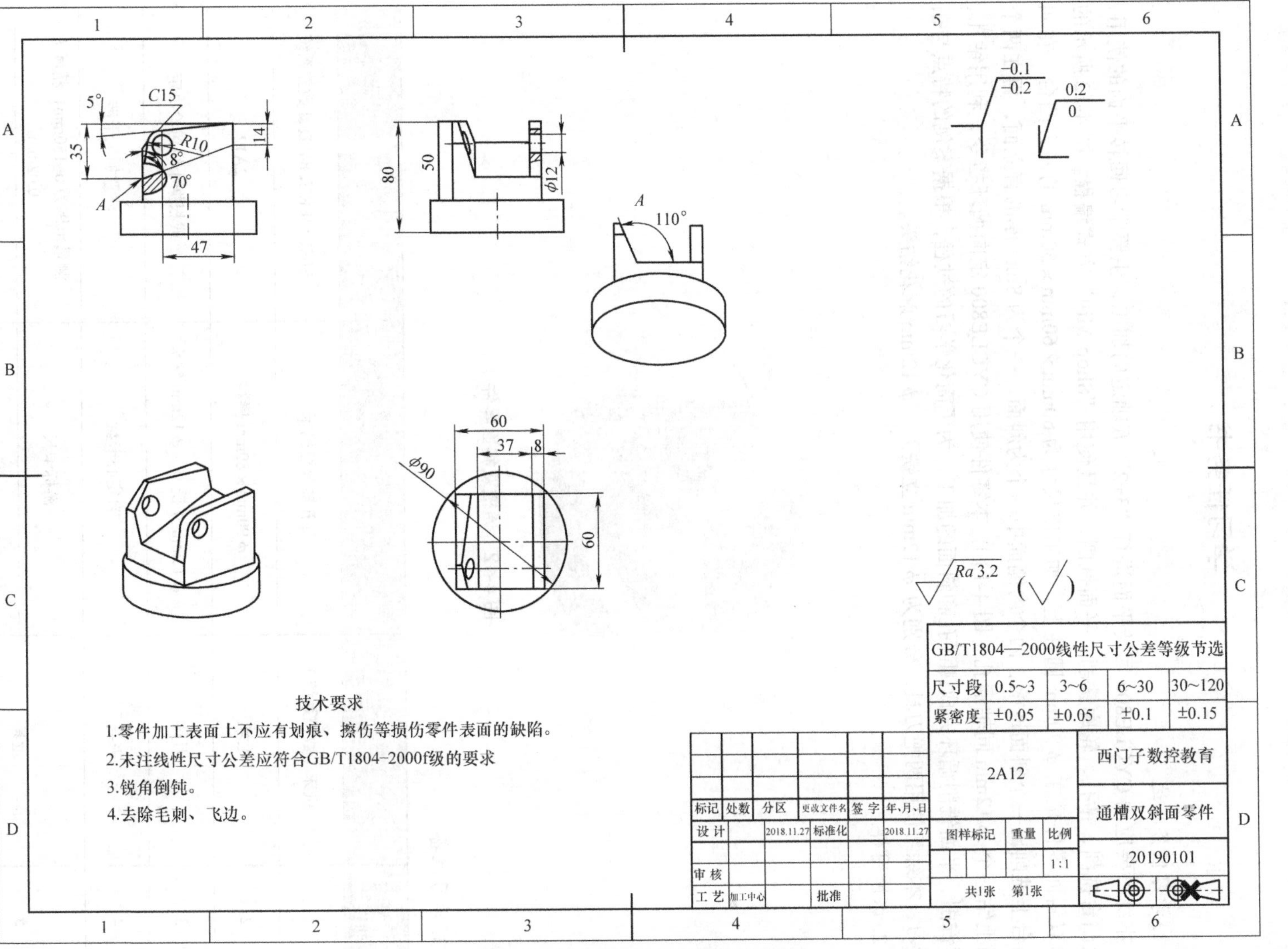

图 4-13 “通槽双斜面零件”零件图

4.3.1　加工任务描述

通槽双斜面零件铣削的具体步骤见表 4-37。

表 4-37　通槽双斜面零件的铣削过程

铣削四方凸台	铣削 60mm × 37mm 斜底通槽	铣削斜底通槽的侧壁
ϕ 12mm 立铣刀 T=CUTTER 12	ϕ 12mm 立铣刀 T=CUTTER 12	ϕ 12mm 立铣刀 T=CUTTER 12
铣削 15mm 的倒斜角	**铣削 *R*10mm 的圆弧**	**钻 ϕ 12mm 通孔**
ϕ 12mm 立铣刀 T=CUTTER 12	ϕ 12mm 立铣刀 T=CUTTER 12	ϕ 12mm 麻花钻 T=DRILL 12

4.3.2　编程方式及过程

1. 铣削四方凸台

1）新建程序，设置毛坯，其操作过程见表 4-38。

表 4-38　新建程序，设置毛坯

设置方法	按键操作步骤	基本设置参数
在程序编辑界面按〖新建〗软键，再按〖ShopMill〗软键，输入名称“PROG4”，按〖确认〗软键	新建 → ShopMill → 确认	新建工步程序 类型 ShopMill 名称 PROG4
跳转到程序开头界面，设置 ϕ 90mm × 80mm 的毛坯		程序开头 计量单位 mm 零点偏移 G54 毛坯 圆柱体 ∅A 90.000 HA 0.000 HI -78.000 inc PL G17 (XY) 返回平面 RP 100.000 安全距离 SC 5.000 加工方向 顺铣 回退模式 退到返回平面

2）先进行一次摆动循环 CYCLE800 的初始化设置，取消以前所有的回转，见表 4-39。

表 4-39　摆动循环 CYCLE800 的初始化设置

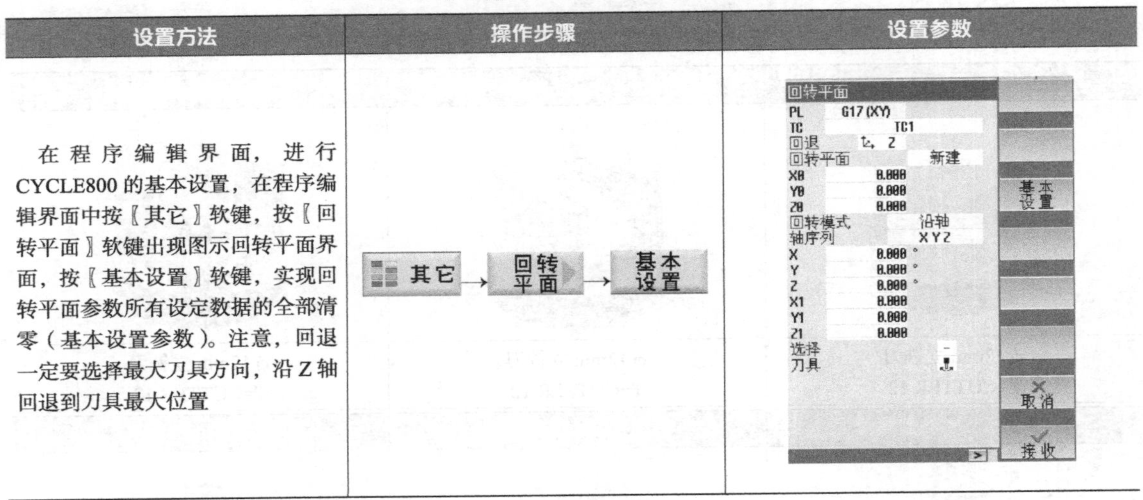

设置方法	操作步骤	设置参数
在程序编辑界面，进行 CYCLE800 的基本设置，在程序编辑界面中按〖其它〗软键，按〖回转平面〗软键出现图示回转平面界面，按〖基本设置〗软键，实现回转平面参数所有设定数据的全部清零（基本设置参数）。注意，回退一定要选择最大刀具方向，沿 Z 轴回退到刀具最大位置	其它→回转平面→基本设置	回转平面 PL G17 (XY) TC TC1 回退 Z 回转平面 新建 X0 0.000 Y0 0.000 Z0 0.000 回转模式 沿轴 轴序列 XYZ X 0.000 ° Y 0.000 ° Z 0.000 ° X1 0.000 Y1 0.000 Z1 0.000 选择刀具 基本设置 取消 接收

回转平面的设定在通常情况下，采取平移→旋转→平移的步骤。首先，旋转前平移 WCS（工件坐标系），然后围绕新参考点旋转 WCS，回转后在新回转平面上平移 WCS。但在程序开始时要先进行基本设置，把所有平移→旋转→平移的数据全清零。

3）建立和调用 ϕ12mm 立铣刀，请参考任务 3.1。

4）创建四方和 ϕ90mm 圆的加工轮廓程序块，见表 4-40。

表 4-40　创建加工轮廓程序块

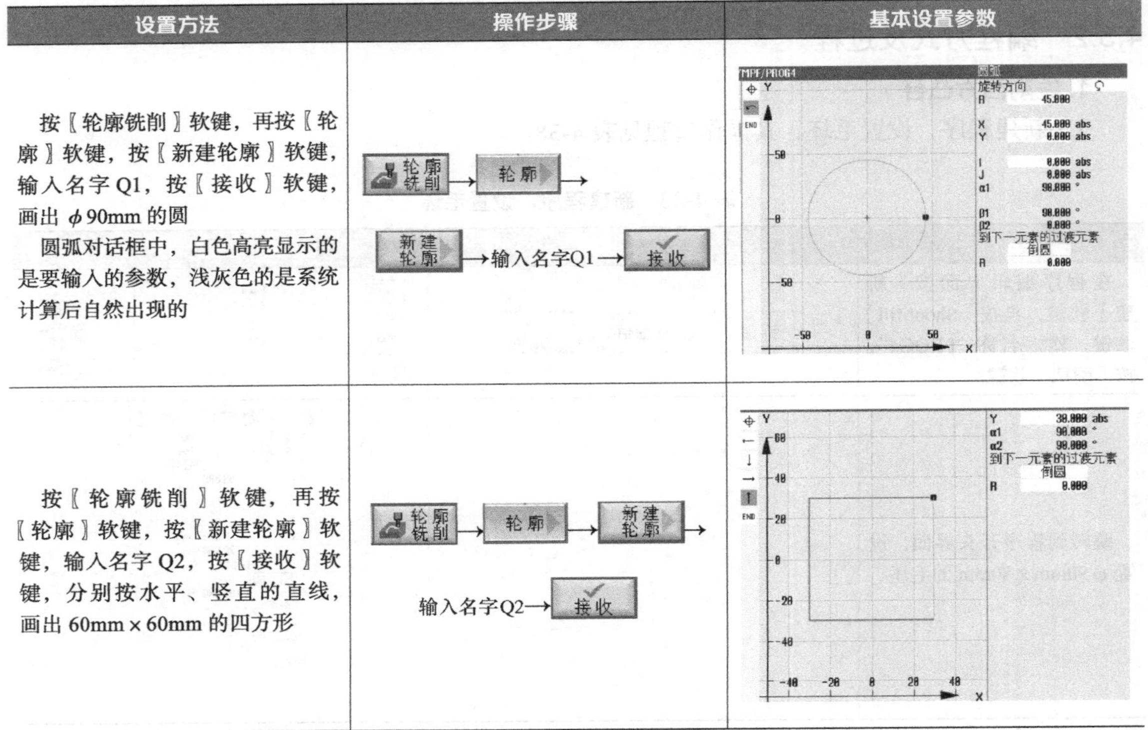

设置方法	操作步骤	基本设置参数
按〖轮廓铣削〗软键，再按〖轮廓〗软键，按〖新建轮廓〗软键，输入名字 Q1，按〖接收〗软键，画出 ϕ90mm 的圆 圆弧对话框中，白色高亮显示的是要输入的参数，浅灰色的是系统计算后自然出现的	轮廓铣削→轮廓→ 新建轮廓→输入名字Q1→接收	MPF/PROG4 圆弧 旋转方向 R 45.000 X 45.000 abs Y 0.000 abs I 0.000 abs J 0.000 abs α1 90.000 ° β1 90.000 ° β2 0.000 ° 到下一元素的过渡元素 倒圆 R 0.000
按〖轮廓铣削〗软键，再按〖轮廓〗软键，按〖新建轮廓〗软键，输入名字 Q2，按〖接收〗软键，分别按水平、竖直的直线，画出 60mm×60mm 的四方形	轮廓铣削→轮廓→新建轮廓→ 输入名字Q2→接收	Y 30.000 abs α1 90.000 ° α2 90.000 ° 到下一元素的过渡元素 倒圆 R 0.000

5）调用轮廓铣削，进行凸台的铣削，见表 4-41。

表 4-41　凸台铣削参数的设置

设置方法	操作步骤	基本设置参数
按〖轮廓铣削〗软键，再按〖凸台〗软键，设置参数，最后按〖接收〗软键	轮廓铣削 → 凸台 → 接收	铣削凸台 输入　完全 T　CUTTER 12　D 1 F　1000.000 mm/min S　3000 rpm 加工　▽ Z0　0.000 Z1　50.000 inc DXY　50.000 % DZ　5.000 UXY　0.000 UZ　0.000 回退模式 回退到返回平面

2. 铣削60mm×37mm斜底通槽

分析通槽结构，把坐标系放在斜底通槽上表面，这时 X 向平移 3.5mm，绕 X 轴旋转 20°，此时用 CAD 软件测量旋转后的原点到底平面的距离为 22.629mm，底平面到工件最高点位距离为 27.759mm，如图 4-14 所示。*W* 是宽度，要大于 60mm，因为坐标系不在斜面的正中心，所以要大些。

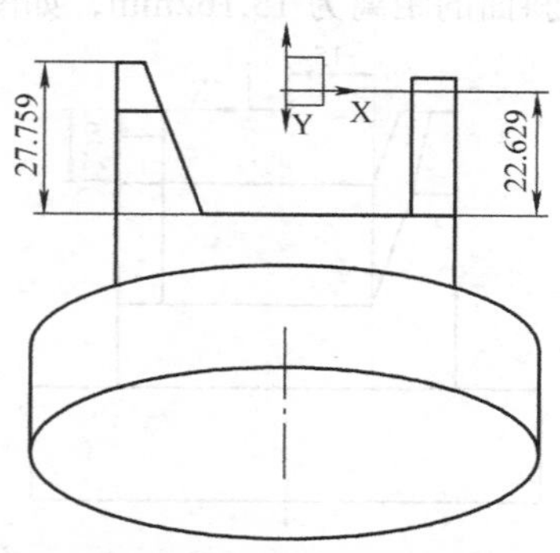

图 4-14　原点到底平面的尺寸

斜底通槽铣削参数的设置见表 4-42。

表 4-42　斜底通槽铣削参数的设置

设置方法	图示	设置参数
调用 CYCLE800 指令，在程序编辑界面按〖其它〗软键，再按〖回转平面〗软键出现图示回转平面界面。输入参数：X 轴旋转 20°，旋转后坐标 X 平移 3.5mm	其它 → 回转平面	回转平面 TC　TC1 T　D 1 回退　Z 回转平面　新建 X0　0.000 Y0　0.000 Z0　0.000 回转模式　沿轴 轴序列　XYZ X　20.000 ° Y　0.000 ° Z　0.000 ° X1　3.500 Y1　0.000 Z1　0.000 选择 刀具

（续）

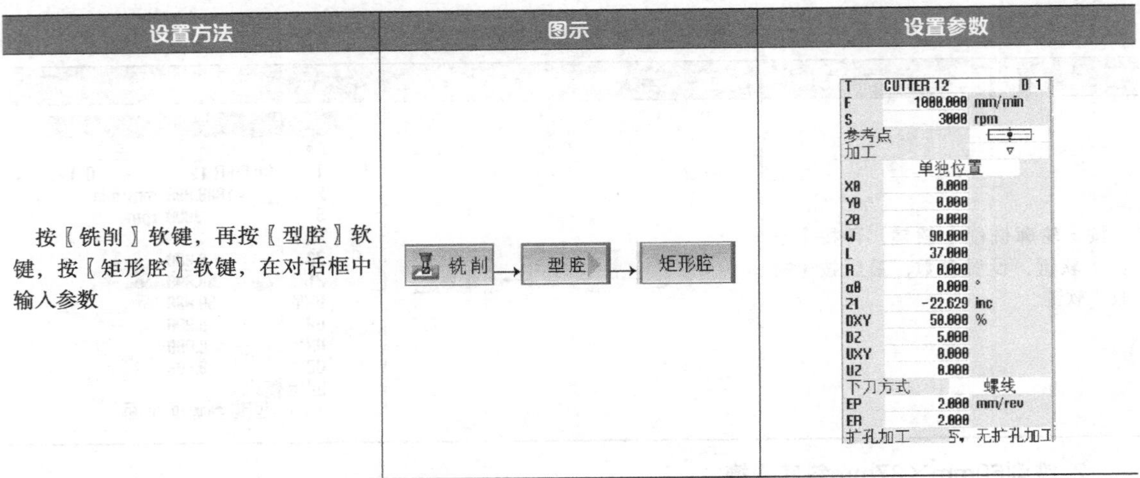

设置方法	图示	设置参数
按〖铣削〗软键，再按〖型腔〗软键，按〖矩形腔〗软键，在对话框中输入参数	铣削 → 型腔 → 矩形腔	T CUTTER 12 D 1 F 1000.000 mm/min S 3000 rpm 参考点 加工 ▽ 单独位置 X0 0.000 Y0 0.000 Z0 0.000 W 90.000 L 37.000 R 0.000 α0 0.000 ° Z1 -22.629 inc DXY 50.000 % DZ 5.000 UXY 0.000 UZ 0.000 下刀方式 螺线 EP 2.000 mm/rev ER 2.000 扩孔加工 无扩孔加工

3. 铣削通槽侧斜面

这个侧斜面不能用刀具底端加工，因为会干涉，所以只能用刀具侧刃进行铣削。用 CAD 软件测量新的工作坐标系与最初的原点之间，需要 X 平移 –15mm，Y 平移 30mm，绕 X 轴旋转 20°，绕 Y 轴旋转 –20°，并且与斜面的距离为 13.162mm，如图 4-15 所示。

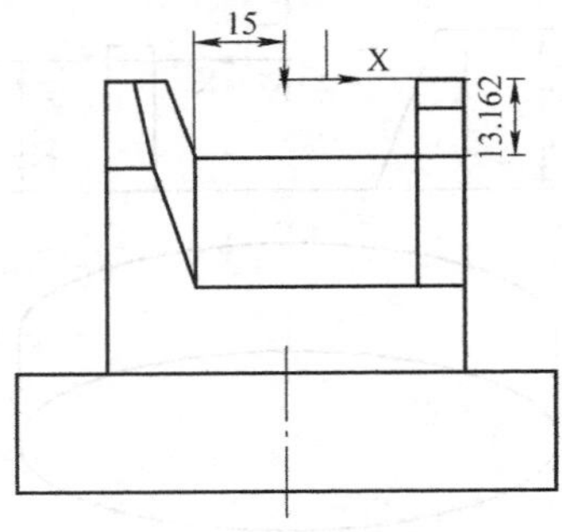

图 4-15　原点到斜面的尺寸

侧斜面加工参数的设置见表 4-43。

表 4-43　侧斜面加工参数的设置

设置方法	图示	设置参数
在程序编辑界面中按〖其它〗软键，再按〖回转平面〗软键出现图示回转平面界面，输入参数：X 平移 –15mm，Y 平移 30mm，Z 平移 –13.162mm，绕 X 轴旋转 20°，绕 Y 轴旋转 –20°	其它 → 回转平面	回转平面 TC TC1 T D 1 回退 Z 回转平面 新建 X0 -15.000 Y0 30.000 Z0 -13.162 回转模式 沿轴 轴序列 XYZ X 20.000 ° Y -20.000 ° Z 0.000 ° X1 0.000 Y1 0.000 Z1 0.000 选择 刀具

（续）

设置方法	图示	设置参数
按〖轮廓铣削〗软键，再按〖轮廓〗软键，按〖新建轮廓〗软键，输入名字 Q3，按〖接收〗软键，画出一条长 65mm 的直线段：坐标点（0，0）直线（0，-65）	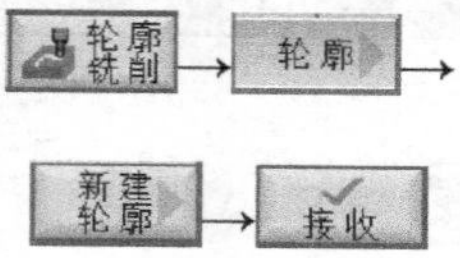 轮廓铣削→轮廓→ 新建轮廓→接收	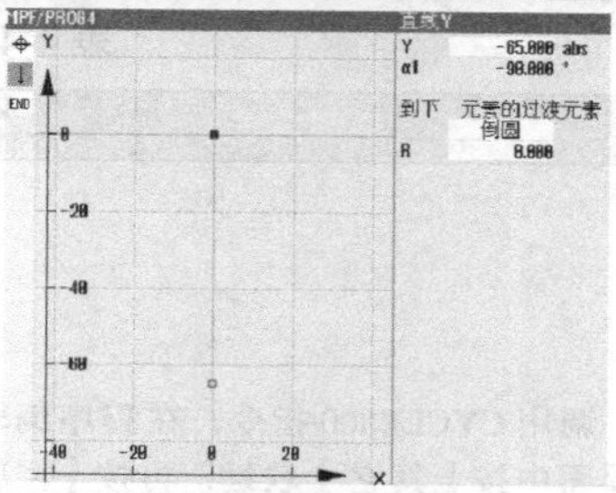 Y -65.000 abs; α1 -90.000 °; 到下一元素的过渡元素 倒圆; R 0.000
按〖轮廓铣削〗软键，再按〖路径铣削〗软键，输入参数，最后按〖接收〗软键	 轮廓铣削→路径铣削→接收	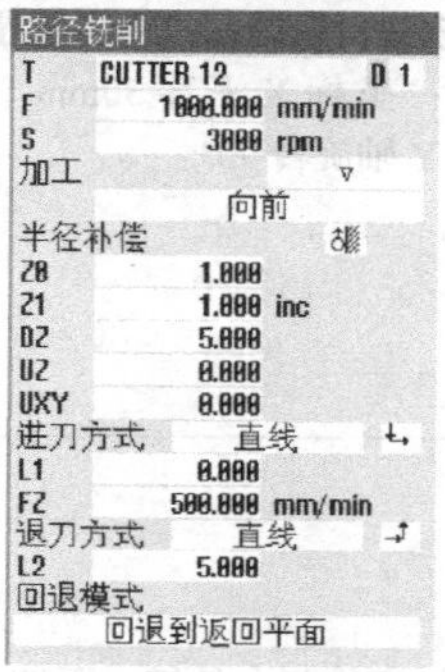 路径铣削 T CUTTER 12 D 1 F 1000.000 mm/min S 3000 rpm 加工 ▽ 向前 半径补偿 Z0 1.000 Z1 1.000 inc DZ 5.000 UZ 0.000 UXY 0.000 进刀方式 直线 L1 0.000 FZ 500.000 mm/min 退刀方式 直线 L2 5.000 回退模式 回退到返回平面

4. 铣削15mm的斜角

工作坐标系定于（X-30 Y-30 Z0）这一点，再绕 X 轴旋转 45°，作为新的坐标系。铣削 15mm 斜角的参数设置见表 4-44。

表 4-44　铣削 15mm 斜角的参数设置

设置方法	图示	设置参数
调用 CYCLE800 指令，在程序编辑界面中按〖其它〗软键，再按〖回转平面〗软键出现图示回转平面界面 输入参数：坐标 X 平移 -30mm，Y 平移 -30mm，绕 X 轴旋转 45°	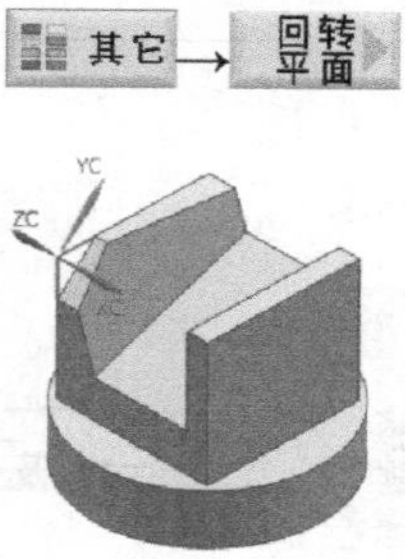 其它→回转平面	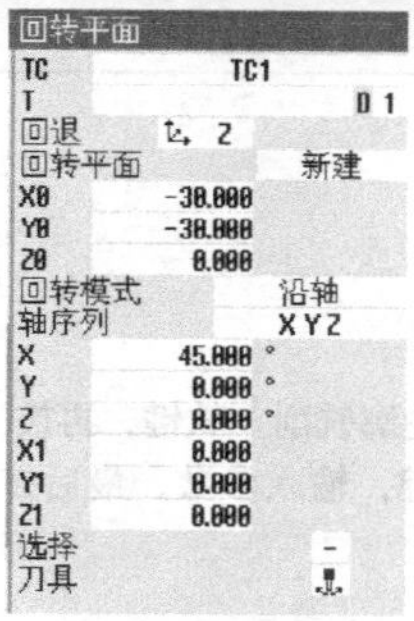 回转平面 TC TC1 T D 1 回退 2 回转平面 新建 X0 -30.000 Y0 -30.000 Z0 0.000 回转模式 沿轴 轴序列 X Y Z X 45.000 ° Y 0.000 ° Z 0.000 ° X1 0.000 Y1 0.000 Z1 0.000 选择 - 刀具
先按〖铣削〗软键，再按〖平面铣削〗软键	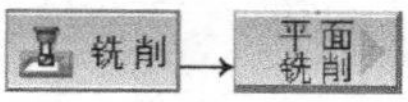 铣削→平面铣削	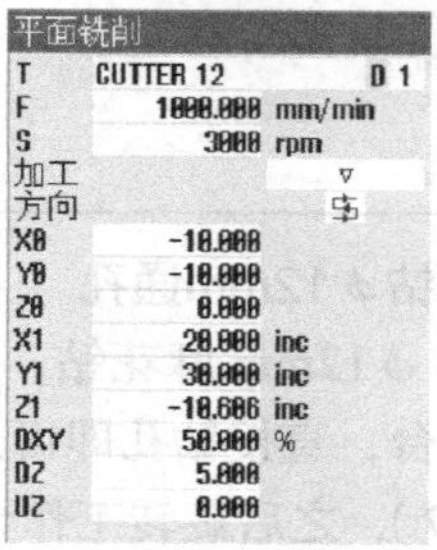 平面铣削 T CUTTER 12 D 1 F 1000.000 mm/min S 3000 rpm 加工 ▽ 方向 X0 -10.000 Y0 -10.000 Z0 0.000 X1 20.000 inc Y1 30.000 inc Z1 -10.606 inc DXY 50.000 % DZ 5.000 UZ 0.000

5. 铣削*R*10mm圆弧面及连接平面

铣削 *R*10mm 圆弧面及连接平面的操作过程见表 4-45。

表 4-45　铣削 *R*10mm 圆弧及连接平面的参数设置

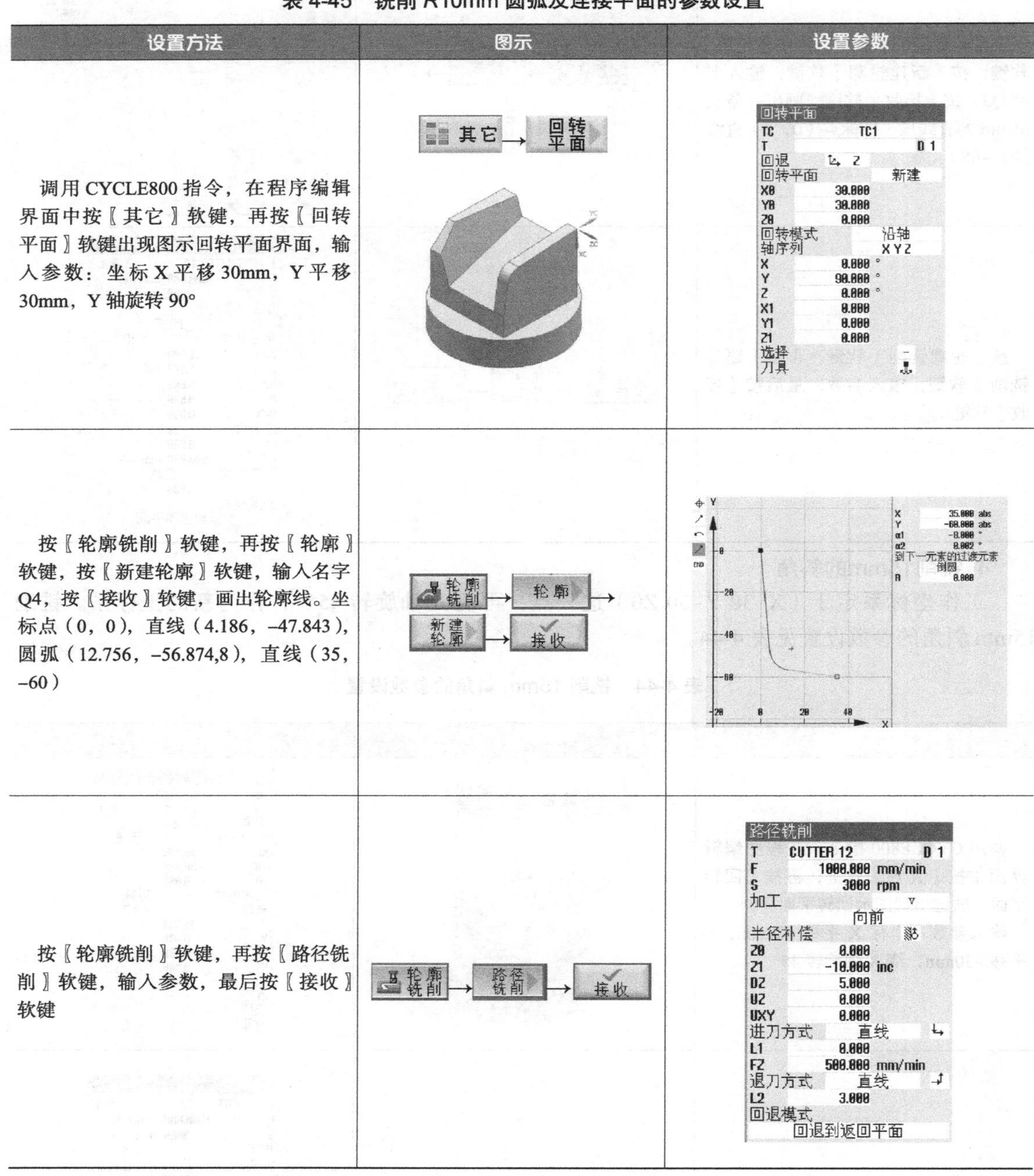

设置方法	图示	设置参数
调用 CYCLE800 指令，在程序编辑界面中按〖其它〗软键，再按〖回转平面〗软键出现图示回转平面界面，输入参数：坐标 X 平移 30mm，Y 平移 30mm，Y 轴旋转 90°	其它 → 回转平面	回转平面 TC TC1 T D 1 回退 Z 回转平面 新建 X0 30.000 Y0 30.000 Z0 0.000 回转模式 沿轴 轴序列 XYZ X 0.000 ° Y 90.000 ° Z 0.000 ° X1 0.000 Y1 0.000 Z1 0.000 选择 刀具
按〖轮廓铣削〗软键，再按〖轮廓〗软键，按〖新建轮廓〗软键，输入名字 Q4，按〖接收〗软键，画出轮廓线。坐标点（0，0），直线（4.186，−47.843），圆弧（12.756，−56.874,8），直线（35，−60）	轮廓铣削 → 轮廓 → 新建轮廓 → 接收	X 35.000 abs Y −60.000 abs α1 −0.000 ° α2 0.002 ° 到下一元素的过渡元素 倒圆 R 0.000
按〖轮廓铣削〗软键，再按〖路径铣削〗软键，输入参数，最后按〖接收〗软键	轮廓铣削 → 路径铣削 → 接收	路径铣削 T CUTTER 12 D 1 F 1000.000 mm/min S 3000 rpm 加工 ▽ 向前 半径补偿 Z0 0.000 Z1 −10.000 inc DZ 5.000 UZ 0.000 UXY 0.000 进刀方式 直线 L1 0.000 FZ 500.000 mm/min 退刀方式 直线 L2 3.000 回退模式 回退到返回平面

6. 钻 *ϕ* 12mm通孔

换 *ϕ* 12mm 麻花钻，进行 *ϕ* 12mm 通孔加工。在步骤 5 的基础上钻直立面上的孔，不需旋转工作台，直接钻孔即可。“Shop Mill”方式钻孔要先选择钻孔命令，再指定钻孔位置（X0=14，Y0=−47），之后旋转工作台进行新的定位，加工左侧斜壁上的孔，参数见表 4-46。

表 4-46　钻 ϕ12mm 通孔的参数设置

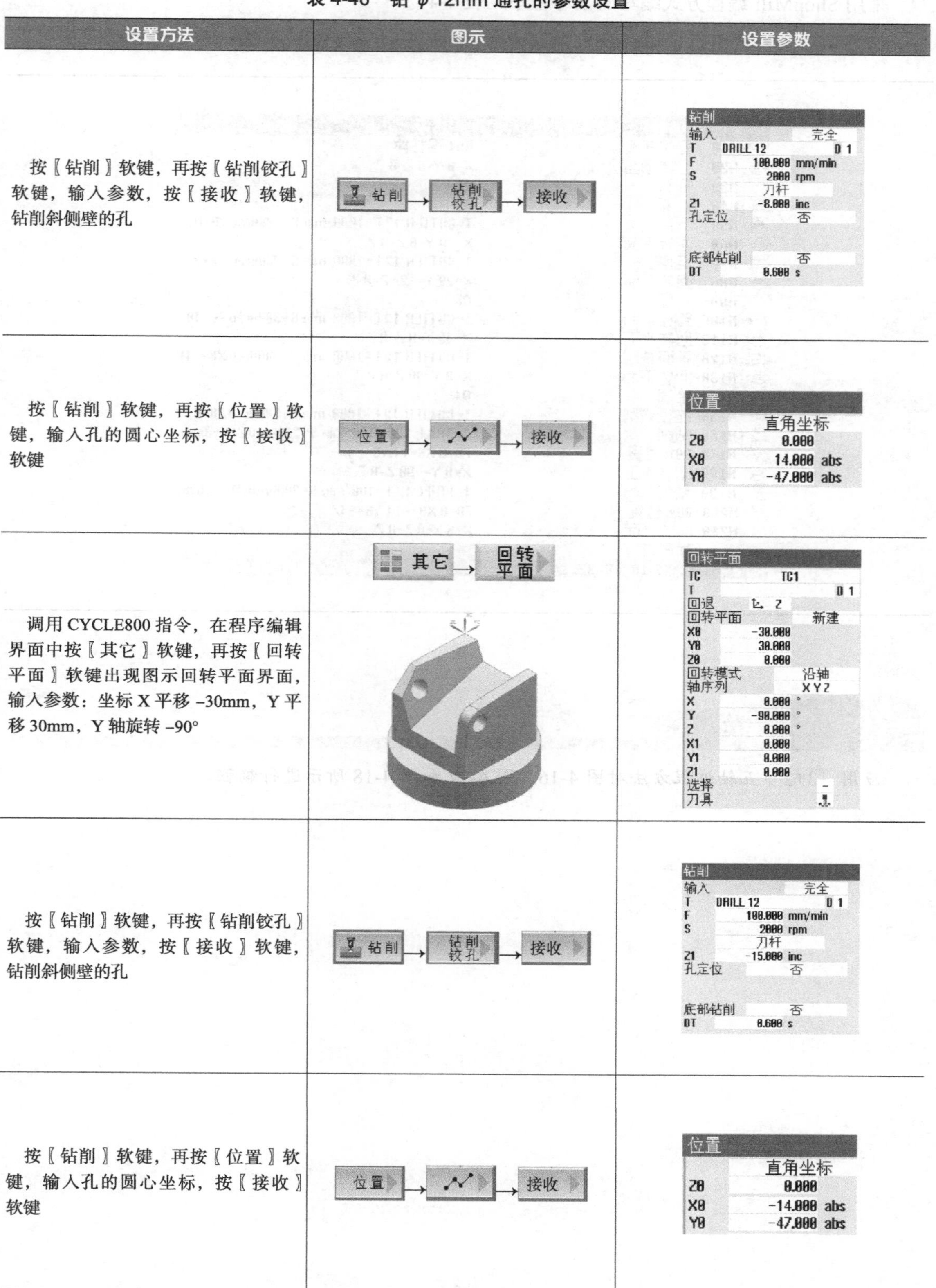

设置方法	图示	设置参数
按〖钻削〗软键，再按〖钻削铰孔〗软键，输入参数，按〖接收〗软键，钻削斜侧壁的孔	钻削 → 钻削铰孔 → 接收	钻削 输入　完全 T　DRILL 12　D 1 F　100.000 mm/min S　2000 rpm 刀杆 Z1　-8.000 inc 孔定位　否 底部钻削　否 DT　0.600 s
按〖钻削〗软键，再按〖位置〗软键，输入孔的圆心坐标，按〖接收〗软键	位置 → 〜 → 接收	位置 直角坐标 Z0　0.000 X0　14.000 abs Y0　-47.000 abs
调用 CYCLE800 指令，在程序编辑界面中按〖其它〗软键，再按〖回转平面〗软键出现图示回转平面界面，输入参数：坐标 X 平移 -30mm，Y 平移 30mm，Y 轴旋转 -90°	其它 → 回转平面	回转平面 TC　TC1 T　D 1 回退　Z 回转平面　新建 X0　-30.000 Y0　30.000 Z0　0.000 回转模式　沿轴 轴序列　X Y Z X　0.000 ° Y　-90.000 ° Z　0.000 ° X1　0.000 Y1　0.000 Z1　0.000 选择 刀具
按〖钻削〗软键，再按〖钻削铰孔〗软键，输入参数，按〖接收〗软键，钻削斜侧壁的孔	钻削 → 钻削铰孔 → 接收	钻削 输入　完全 T　DRILL 12　D 1 F　100.000 mm/min S　2000 rpm 刀杆 Z1　-15.000 inc 孔定位　否 底部钻削　否 DT　0.600 s
按〖钻削〗软键，再按〖位置〗软键，输入孔的圆心坐标，按〖接收〗软键	位置 → 〜 → 接收	位置 直角坐标 Z0　0.000 X0　-14.000 abs Y0　-47.000 abs

采用 ShopMill 编程方式编写的参考程序见表 4-47。

表 4-47　通槽双斜面零件的加工参考程序

NC/MPF/PROG4

	程序段	名称		参数
P	N10	程序开头		G54 圆柱体
	N20	回转平面		X=0 Y=0 Z=0 Z
	N30	轮廓		Q1
	N40	轮廓		Q2
	N50	凸台铣削	▽	T=CUTTER 12 F=1000/min S=3000rev Z0=0
	N60	回转平面		X=20 Y=0 Z=0 Z
	N70	矩形腔	▽	T=CUTTER 12 F=1000/min S=3000rev X0=0
	N80	回转平面		X=20 Y=-20 Z=0 Z
	N90	轮廓		Q3
	N100	路径铣削	▽	T=CUTTER 12 F=1000/min S=3000rev Z0=40
	N110	回转平面		X=45 Y=0 Z=0 Z
	N120	平面铣削	▽	T=CUTTER 12 F=1000/min S=3000rev X0=-10
	N130	回转平面		X=0 Y=90 Z=0 Z
	N140	轮廓		Q4
	N150	路径铣削	▽	T=CUTTER 12 F=1000/min S=3000rev Z0=0
	N160	钻削		T=DRILL 12 F=100/min S=2000rev Z1=-8inc
	N170	001: 位置		Z0=0 X0=14 Y0=-47
	N180	回转平面		X=0 Y=-90 Z=0 Z
	N190	钻削		T=DRILL 12 F=100/min S=2000rev Z1=-15inc
	N200	002: 位置		Z0=0 X0=-14 Y0=-47
	N210	回转平面		X=0 Y=0 Z=0 Z
END		程序结束		

总时间：19:40.82

习　题

应用“3+2”五轴编程方法对图 4-16、图 4-17 和图 4-18 所示进行编程。

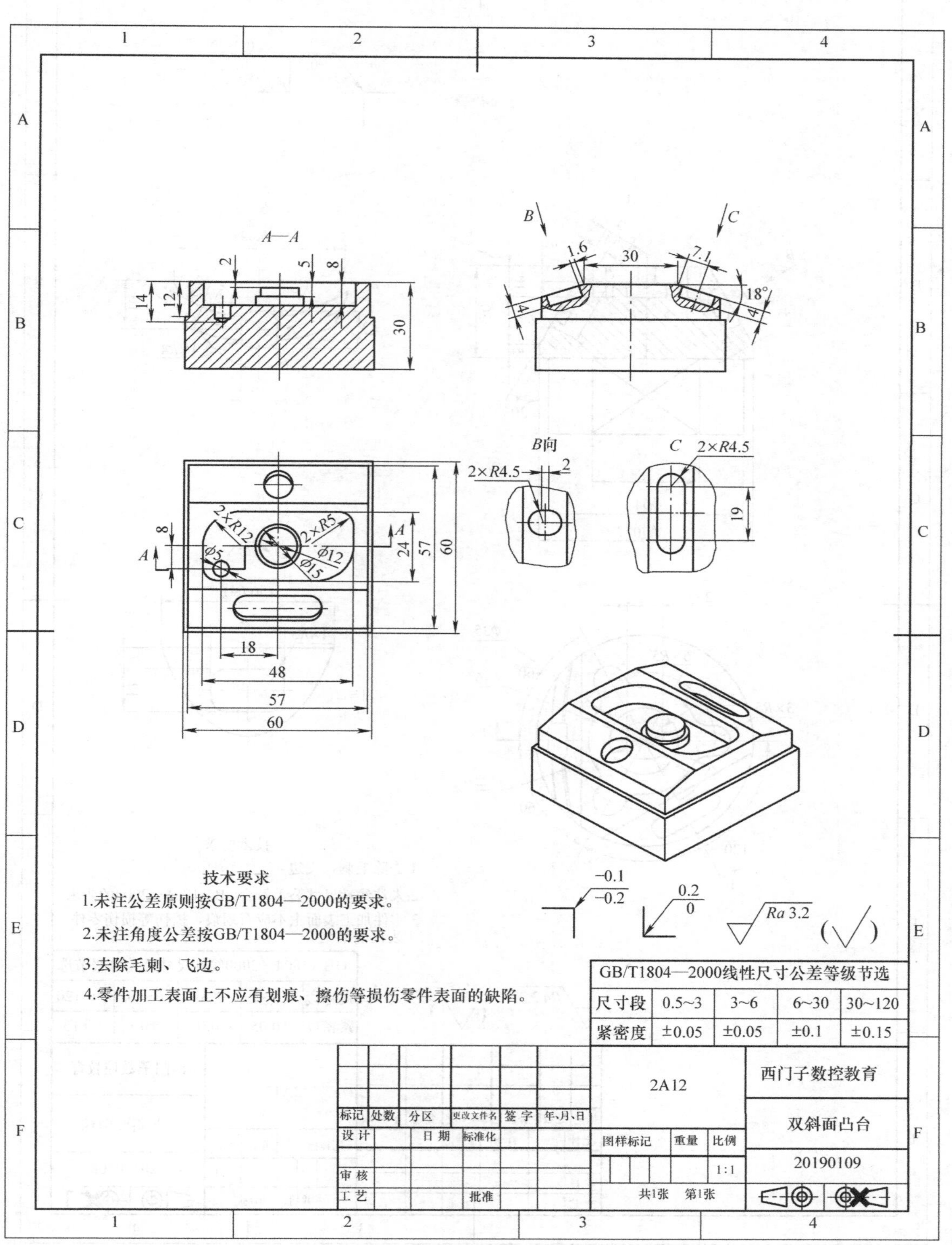

图 4-16 “3 + 2”五轴加工练习图样四

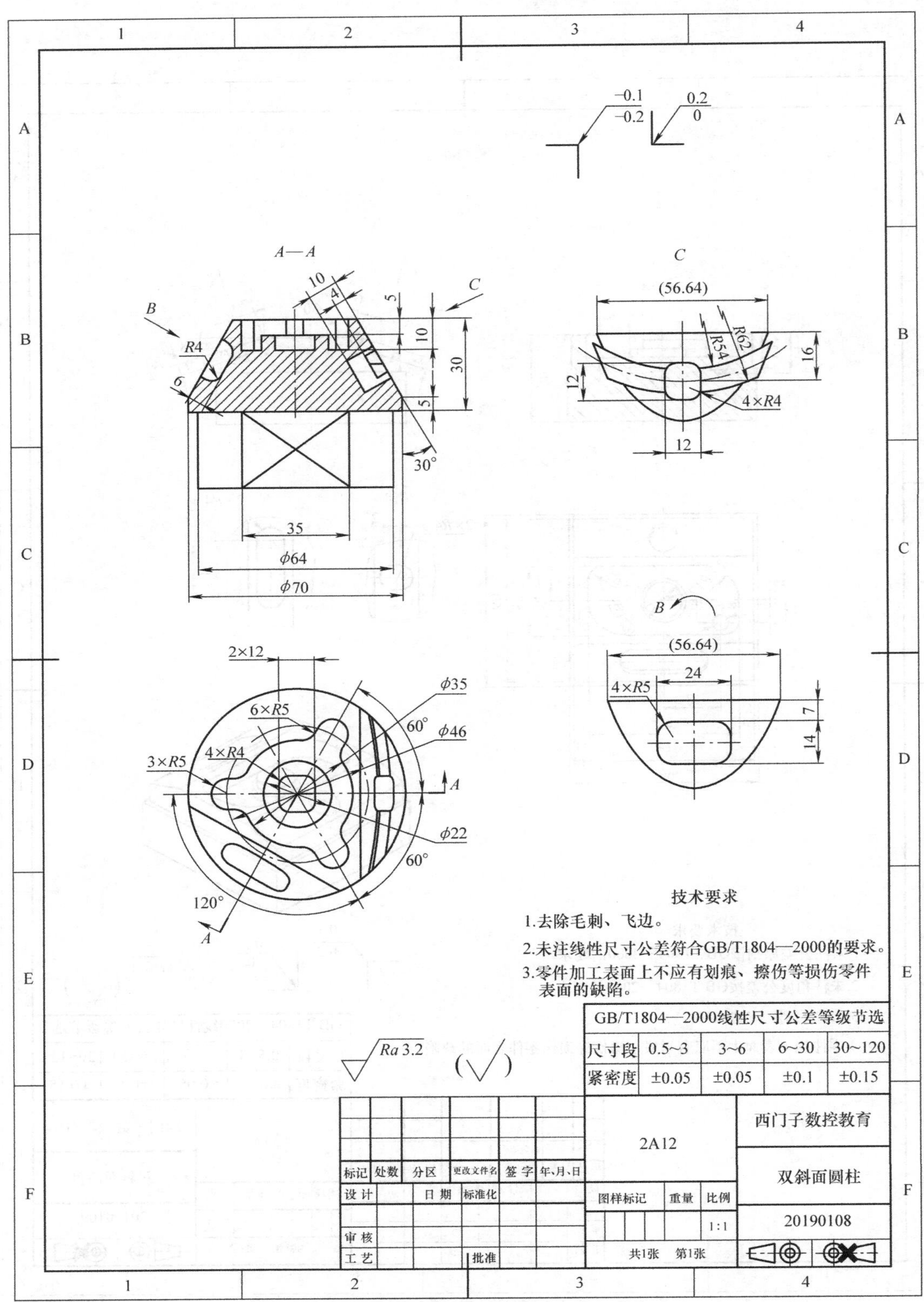

GB/T1804—2000线性尺寸公差等级节选				
尺寸段	0.5~3	3~6	6~30	30~120
紧密度	±0.05	±0.05	±0.1	±0.15

图 4-17 “3+2”五轴加工练习图样五

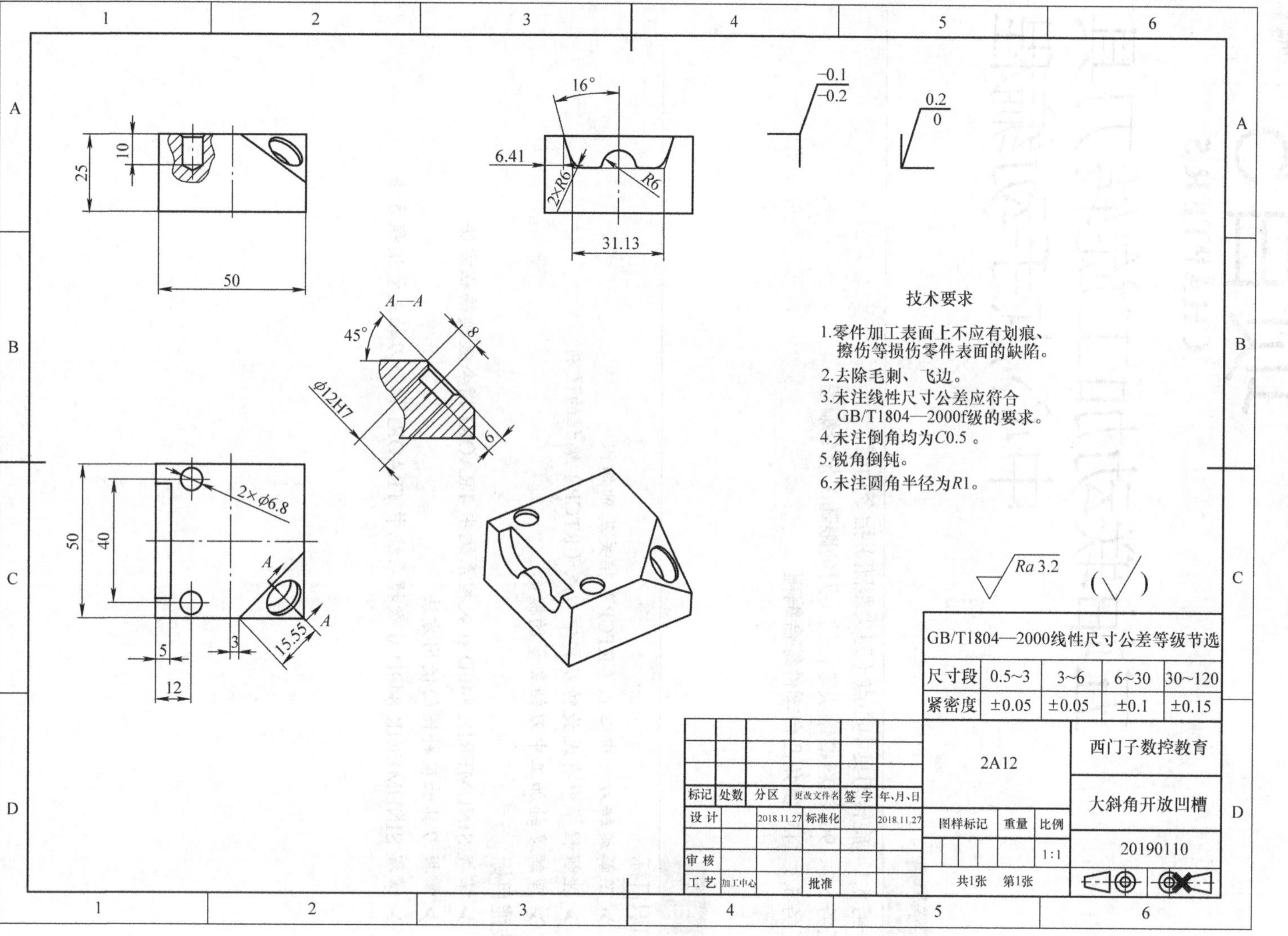

图 4-18 “3+2”五轴加工练习图样六

项目5
CHAPTER 5

五轴联动加工旋转刀具中心点手动编程

学习任务

任务 5.1　旋转刀具中心点（刀尖跟随）指令功能
任务 5.2　90° 溢料槽镶块零件的（刀尖跟随）指令编程
任务 5.3　45° 倒角凸台零件综合编程

学习目标

知识目标

- 了解旋转刀具中心点（RTCP）相关基础知识
- 理解程序中有无旋转刀具中心点（RTCP）编程的区别
- 理解多轴加工中刀轴矢量的概念

技能目标

- 掌握 SINUMERIK 840D sl 数控系统中 TRAORI 指令直接编程方法
- 掌握刀具长度补偿的使用方法
- 掌握 SINUMERIK 840D sl 数控系统中 TRAORI 指令刀轴矢量编程方法

本项目学习任务思维导图如下：

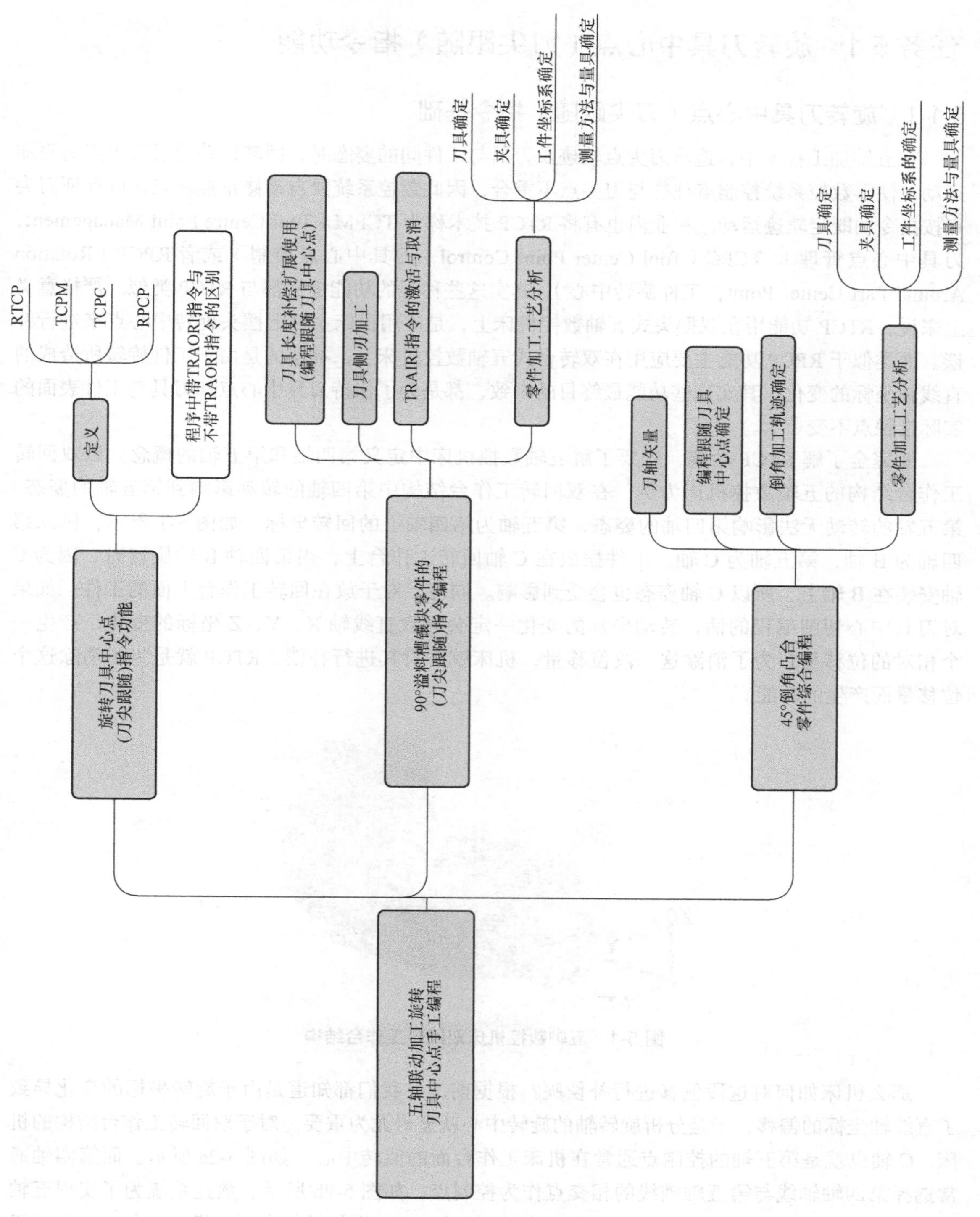

现在很多高端的数控系统中开发有 RTCP（Rotated Tool Center Point，旋转刀具中心点），也就是常说的刀尖点跟随功能（部分业内人士把它作为判断“真五轴”和“假五轴”的依据）。本项目就以 SINUMERIK 840D sl 数控系统自带的 TRAORI 功能为例对刀尖点跟随功能进行讲解。

任务 5.1　旋转刀具中心点（刀尖跟随）指令功能

5.1.1　旋转刀具中心点（刀尖跟随）指令基础

在五轴加工技术中，追求刀尖点轨迹及刀具与工件间的姿态时，回转运动造成刀尖点的附加运动，使得数控系统控制点往往与刀尖点不重合，因此数控系统要自动修正控制点，以保证刀尖点按指令的既定轨迹运动。在业内也有将 RTCP 技术称为 TCPM（Tool Centre Point Management，刀具中心点管理）、TCPC（Tool Center Point Control，刀具中心点控制）或者 RPCP（Rotation Around Part Center Point，工件旋转中心）。其实这些称呼的功能定义都与 RTCP 类似。严格意义上来说，RTCP 功能用在双摆头式五轴数控机床上，是应用机床主轴上摆头旋转中心点来进行补偿。而类似于 RPCP 功能主要应用在双转台式五轴数控机床上，补偿的是由于工件旋转所造成的直线轴坐标的变化。其实这些功能最终目的一致，都是为了保持刀具中心点和刀具与工件表面的实际接触点不变。

要完全了解 RTCP 功能，先要了解五轴数控机床中定义第四轴和第五轴的概念。以双回转工作台结构的五轴数控机床为例，在双回转工作台结构中第四轴的转动影响到第五轴的姿态，第五轴的转动无法影响第四轴的姿态，第五轴为第四轴上的回转坐标。如图 5-1 所示，机床第四轴为 B 轴，第五轴为 C 轴。工件摆放在 C 轴回转工作台上，当第四轴 B 轴旋转时，因为 C 轴安装在 B 轴上，所以 C 轴姿态也会受到影响。同理，对于放在回转工作台上面的工件，如果对刀具中心切削编程的话，转动坐标的变化一定会导致直线轴 X、Y、Z 坐标的变化，产生一个相对的位移量。为了消除这一段位移量，机床就要对其进行补偿，RTCP 就是为了消除这个位移量而产生的功能。

图 5-1　五轴数控机床双回转工作台结构

那么机床如何对这段偏移进行补偿呢？根据前文，我们都知道是由于旋转坐标的变化导致了直线轴坐标的偏移，于是分析旋转轴的旋转中心就显得尤为重要。对于双回转工作台结构的机床，C 轴也就是第五轴的控制点通常在机床工作台面的回转中心，如图 5-2a 所示。而第四轴通常选择第四轴轴线与第五轴轴线的相交点作为控制点，如图 5-2b 所示。数控系统为了实现五轴控制，需要知道第五轴控制点与第四轴控制点之间的关系，即初始状态下（机床 B 轴、C 轴位于

0° 位置）第四轴控制点在第四轴旋转坐标系下，同时还需要知道 B 轴轴线与 C 轴之间的距离和第五轴控制点的位置矢量 [i，j，k]。对于双回转工作台式五轴数控机床，其两旋转轴轴线的距离如图 5-3 所示。由图 5-3 可以看出，对于具有 RTCP 功能的机床，机床数控系统能够保持刀尖点始终在被编程的位置上。在这种情况下，编程是独立的，与机床运动无关。在编程时，不用担心机床运动和刀具长度，编程者所需要考虑的只是刀具和工件之间的相对运动，余下的工作由数控系统完成计算。

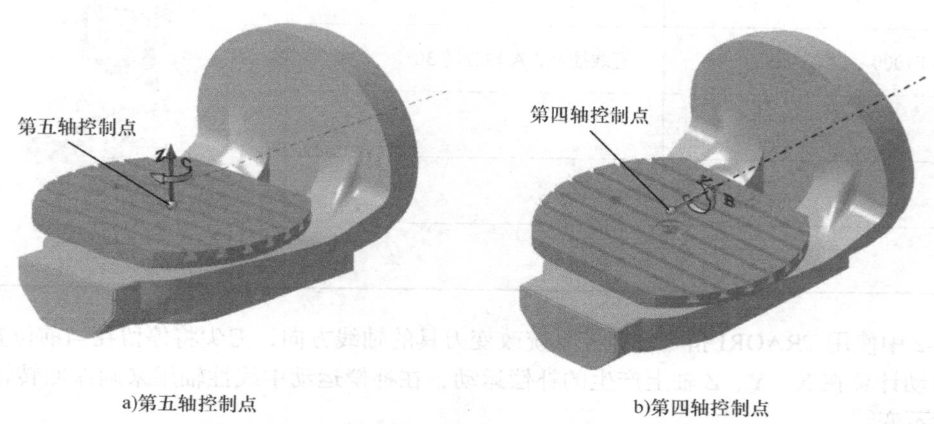

图 5-2　双回转工作台各转轴控制点

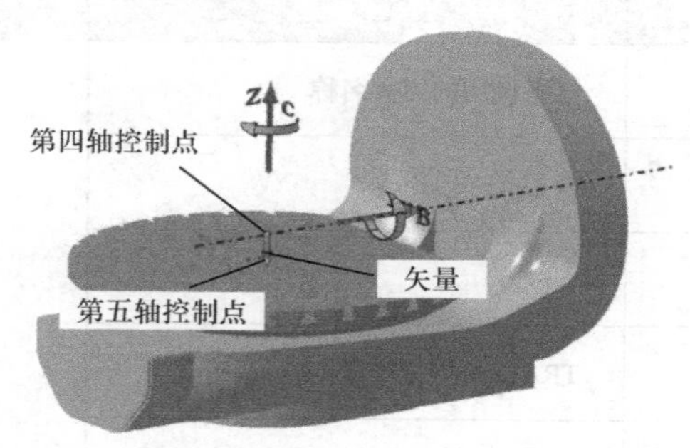

图 5-3　双回转工作台式五轴机床两旋转轴轴线距离

5.1.2　五轴数控机床旋转刀具中心点（刀尖跟随）指令使用

在 SINUMERIK 840D 中实现 RTCP 功能的指令是 TRAORI。TRAORI 指令根据机床的运动方向，用 CNC 程序编辑相关的位置和方向数据来进行刀具运动计算，数控系统在计算时考虑刀具的长度。

为了更直观地理解 TRAORI 指令，下面使用一个双摆头结构的五轴机床（两个摆轴分别是 A 轴和 C 轴）的实例来进行说明。第一个实例只摆动 A 轴，程序又分为不使用 TRAORI 指令和使用 TRAORI 指令两种情况。从表 5-1 中可以看出不使用 TRAORI 指令，数控系统不考虑刀尖点的位置，刀具围绕 A 轴的中心旋转，刀尖被移出了当前位置，A 轴的运动改变的不仅仅是相对于工件的刀具定向，与此同时，空间中的刀尖也会运动，在 ZX 平面内形成了一个圆弧轨迹，这个轨迹导致刀尖偏离了其所在坐标系的当前位置。

表 5-1　不使用 TRAORI 指令时摆动 A 轴

程序	注释	机床运行结果
T= “CUTTER 12”;	准备调用的刀具名称	
M06；	换刀	
…		
G01 A30 F1000；	直线插补，A 轴旋转 30°	
…		
M05；		
M30；	程序结束	

表 5-2 中使用 TRAORI 指令，数控系统改变刀具的轴线方向，刀尖将停留在当前位置，数控系统会自动计算在 X、Y、Z 轴上产生的补偿运动，在补偿运动中线性轴用来确保回转轴运动时刀尖位置不变。

表 5-2　使用 TRAORI 指令时摆动 A 轴

程序	注释	机床运行结果
T= “CUTTER 12”;	准备调用的刀具名称	
M06；	换刀	
…		
TRAORI；	TRAORI 指令激活	
G01 A30 F1000；	直线插补，A 轴旋转 30°	
…		
M30；	程序结束	

对第二个实例我们加大一点难度，要求机床沿着 X 轴做直线运动的同时摆动 A 轴，程序也分为不使用 TRAORI 指令和使用 TRAORI 指令两种情况。从表 5-3 中可以看出，不使用 TRAORI 指令，A 轴和 X 轴同时运动，分别进行线性插补。对机床 X 轴和 A 轴进行直线轨迹编程，导致刀尖形成弯曲的轨迹，如图 5-4 中的轨迹①。从表 5-4 中可以看出，使用 TRAORI 指令，在进行 G1 编程时机床 X 轴和 A 轴会同时运动一条与刀尖相关的直线。在该情况下由 Z 轴进行补偿运动，A 轴控制点的运动形成曲线轨迹，以便保持刀尖沿着直线运动。图 5-4 中的轨迹②，是带有刀尖跟随的刀具运动轨迹。

表 5-3　不使用 TRAORI 指令时 X 轴和 A 轴联动

程序	注释
T=“BALL_MILL_D8”;	
M06；	
S1000 M03 F1000;	工艺数据（速度和进给等）
G54 D1；	零点偏移和刀刃编号
G00 X0 Y0 A2=0 B2=0 C2=0；	逼近 X、Y 轴起点，刀具方向平行于 Z 轴
Z5；	快速到达安全距离
G01 Z0；	逼近 Z 轴起点
X100 Y0 B2=45 F1000；	ZX 平面内方向变更为 45° 时的线性运动
G00 Z100；	Z 轴方向回退
M05；	
M30；	程序结束

表 5-4　使用 TRAORI 指令时 X 轴和 A 轴联动

程序	注释
T=“BALL_MILL_D8”;	
M06；	
S1000 M03 F1000；	工艺数据（速度和进给等）
TRAORI；	TRAORI 指令激活
ORIVECT；	大圆弧插补
G54 D1；	零点偏移和刀刃编号
G00 X0 Y0 A2=0 B2=0 C2=0；	逼近 X、Y 轴起点，刀具方向平行于 Z 轴
Z5；	快速到达安全距离
G01 Z0；	逼近 Z 轴起点
X100 Y0 B2=45 F1000；	ZX 平面内方向变更为 45° 时的线性运动
G00 Z100；	Z 轴方向回退
TRAFOOF；	TRAORI 指令取消
M30；	程序结束

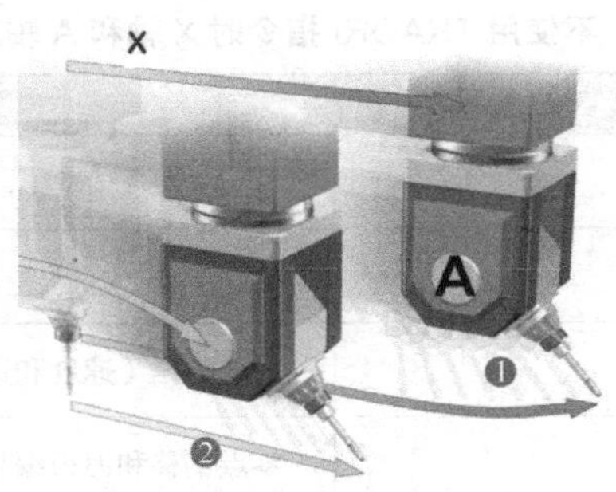

❶为不使用TRAORI指令时的刀具运动轨迹 ❷为使用TRAORI指令时的刀具运动轨迹

图 5-4 X 轴和 A 轴联动时刀具运动轨迹

任务 5.2 90° 溢料槽镶块零件的（刀尖跟随）指令编程

学习任务书

1. 学习任务描述

本任务主要应用 SINUMERIK 840D sl 数控系统中的 TRAORI 指令进行 RTCP 方式加工，不同于前两个项目编程练习件采用“3+2”五轴定向加工，使用立铣刀的端刃进行切削。图 5-5 所示零件采用立铣刀的侧刃和端刃加工，在五轴数控机床加工过程中，刀具中心点位置变化更加复杂。通过这次任务将了解 TRAORI 指令的定义，掌握 TRAORI 指令的使用及刀具长度补偿延伸使用方法。

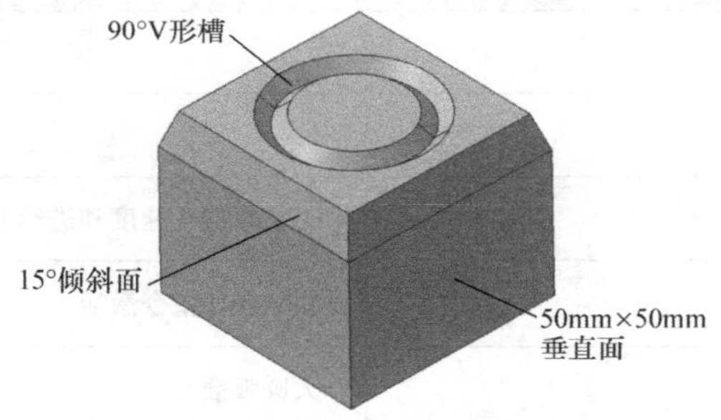

图 5-5 90° 溢料槽镶块零件三维立体图

2. 识读图样（图 5-6）

3. 学习准备

序号	工作准备	内容	备注
1	机床及数控系统	五轴数控机床	SINUMERIK 840D sl 数控系统
2	毛坯	60mm × 60mm × 80mm 方料	45 钢
3	刀具	ϕ 12mm 立铣刀（1 把）	或根据小组讨论决定
4	量具	游标卡尺	测量范围为 0~150mm，精度为 0.02mm
		游标万能角度尺	测量范围为 0° ~320° ，精度为 2′
5	夹具	平口虎钳	注意加工干涉

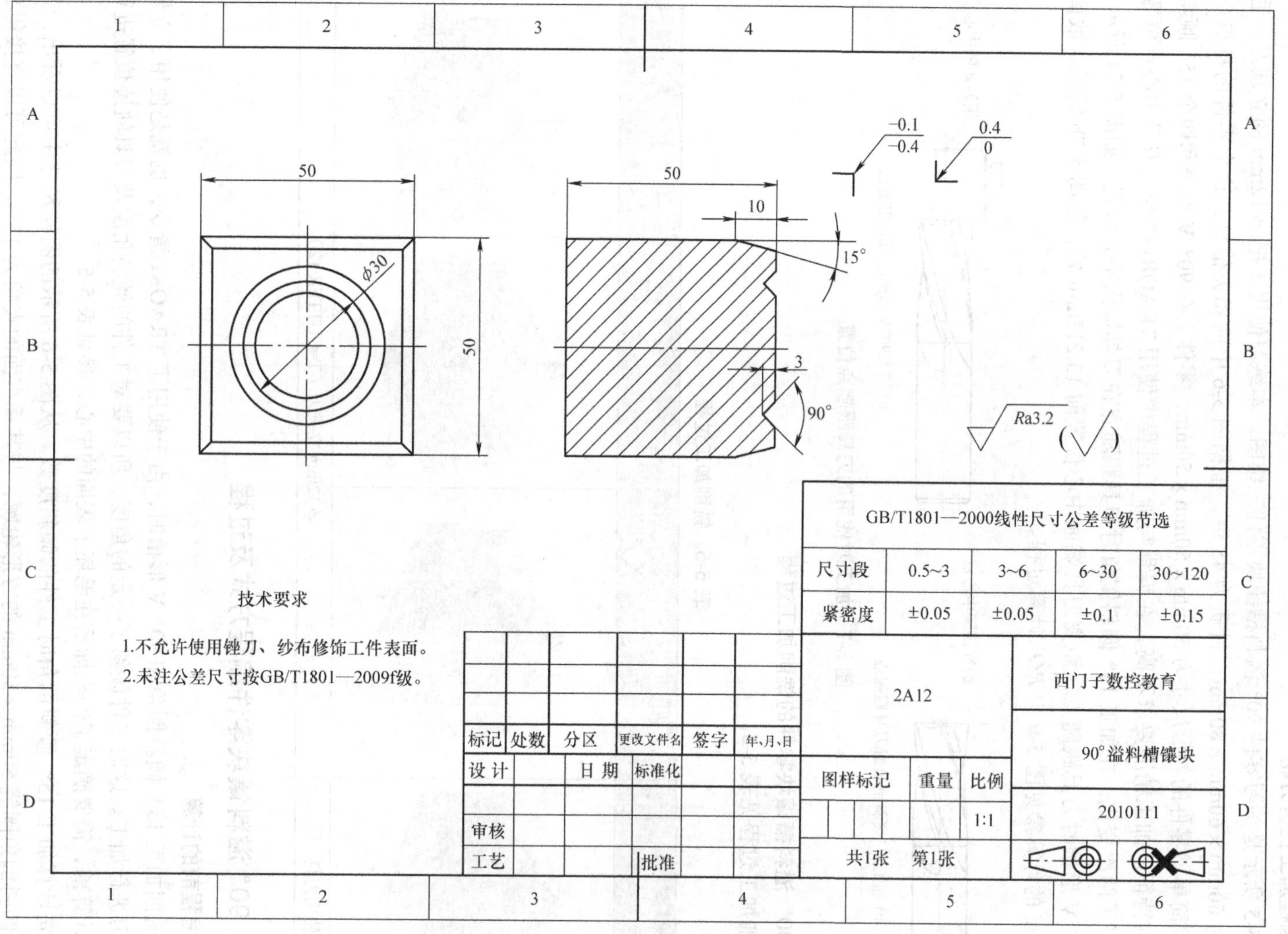

图 5-6 "90°溢料槽镶块零件"零件工程图

5.2.1　90° 溢料槽镶块零件加工任务描述

1. 编程加工任务分析

图 5-5 所示是练习零件 90° 溢料槽镶块零件三维图。本练习使用 1 把 ϕ12mm 的立铣刀，毛坯尺寸为 60mm × 60mm × 80mm，材质为 45 钢。根据图 5-6 中的相关信息，这个零件的特点是结构比较简单，零件的外形尺寸为 50mm × 50mm × 50mm，零件上有 90° V 形槽和四个 15° 倾斜倒角结构特征。加工精度要求不高，在编程与加工过程中使用 TRAORI 指令。刀具中心点位置跟随进行了两次变化，在加工 15° 倾斜倒角时刀具跟随点在刀具端面中心位置，如图 5-7a 所示。加工 90° V 形槽时刀具跟随点在距离刀具端面中心位置前 15.213mm 处，如图 5-7b 所示。数值 15.213mm 的计算参见图 5-9 中 *RO′* 计算过程。

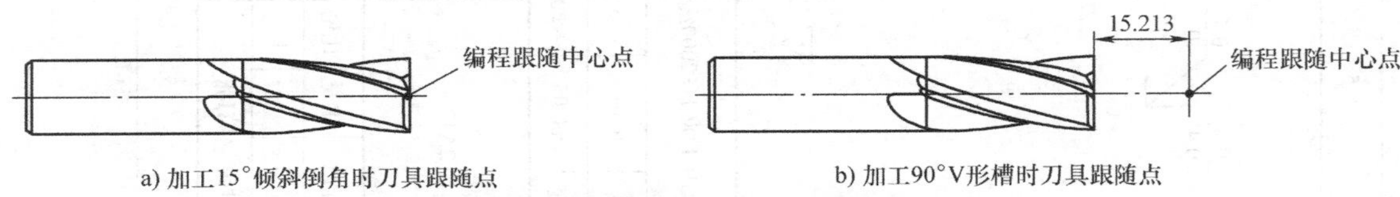

a) 加工15°倾斜倒角时刀具跟随点　　b) 加工90°V形槽时刀具跟随点

图 5-7　加工时使用的刀具跟随点位置

2. 90° 溢料槽镶块零件的铣削加工过程

铣削加工过程见表 5-5。

表 5-5　铣削加工过程

毛坯的建立	铣削 50mm × 50mm × 50mm 轮廓	铣削 15° 边沿倾斜倒角	铣削 90° V 形槽
使用刀具	ϕ12mm 立铣刀（T=CUTTER 12）		

5.2.2　90° 溢料镶块零件编程方式及过程

1. 编程前的计算

在铣削加工 15° 倾斜倒角和 90° V 形槽时，由于使用了 TRAORI 指令，也就是使用了立铣刀的侧刃进行加工。这时工件倾斜了一定的角度，所以要对工件的倾斜角度及刀具轨迹位置进行计算。计算前，需要确定工件坐标系在毛坯上表面的中心，参见表 5-5。

首先计算加工 15° 倾斜倒角时工件的倾斜度数。从图 5-6 所示的图样尺寸中可以看出，工件 15° 倾斜倒角围绕 50mm × 50mm 的方形轮廓，与其垂直面的夹角为 15°，因此可以直接得到加工时工件需旋转的角度。具体加工部位和加工时工件旋转的角度见表 5-6。

表 5-6　15° 倾斜倒角编程加工角度

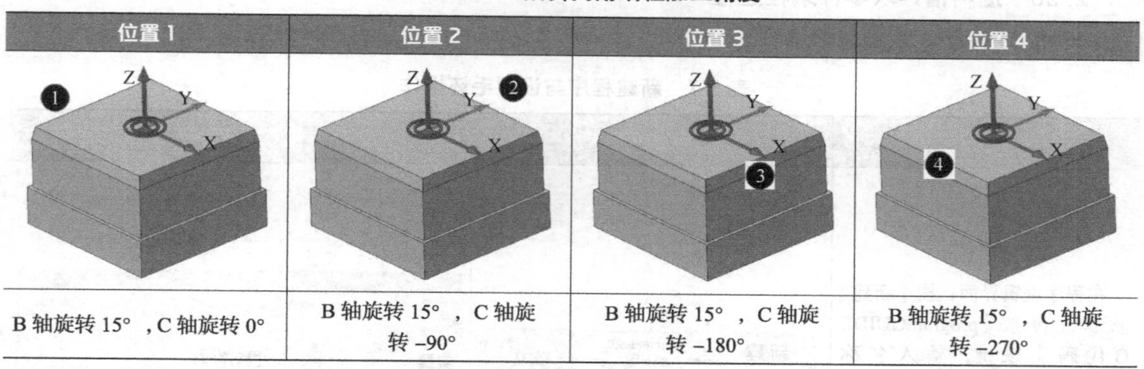

位置 1	位置 2	位置 3	位置 4
❶	❷	❸	❹
B 轴旋转 15°，C 轴旋转 0°	B 轴旋转 15°，C 轴旋转 –90°	B 轴旋转 15°，C 轴旋转 –180°	B 轴旋转 15°，C 轴旋转 –270°

加工 15° 倾斜倒角时还要注意材料去除量是否过大。在图 5-8 中，*AK* 是倒角标注尺寸 10mm，∠ *AKD*=15°。由图 5-8 可以看出 *AH* 为加工 15° 倾斜倒角时的最大去除材料厚度。

$$AH=AK\times \sin15^\circ=10\text{mm}\times \sin15^\circ=2.589\text{mm}$$

从计算的结果可以得知，使用直径 ϕ12mm 的刀具可以直接切削，不用分层加工。

最后计算 90° V 形槽相关数据。为了加工 90° V 形槽，刀具需要摆动 45°，如图 5-9 所示。为了编程方便，工作坐标系 ZOX 将沿着 Z 轴向下平移一段距离至 Z′ O′ X′，距离为线段 *OO′*，*O′* 点是刀具侧刃和端刃刚好在 90° V 形槽位置时刀具轴线与工件中心轴线的交点位置。这时刀具中心点 *R* 相对 Z′ O′ X′ 坐标系的坐标值分别是 X′ 轴方向的距离 *MO′* 和 Z′ 轴方向的距离 *RM*。由于刀具直径为 ϕ12mm，*KG*=3mm（V 形槽深度），则有 *DR*=*GR*=6mm，∠ *EGR*=45°，所以有

因为 *DG*=*DR*/sin45°=6/sin45°=8.485mm，所以 *DE*=*DG*/2=4.243mm。

因为 *PO′*=*DP*=15mm，所以 *RM*=*MO′*=*EP*=*DP*–*DE*=15mm–4.243mm=10.757mm。*OO′*=*EP*–*EK*=*EP*–（*DE*–*KG*）=10.757mm–（4.243–3）mm=9.514mm。

$RO'=RM\times\sqrt{2}=15.213\text{mm}$。（刀具端面中心点到跟随点的距离）

实际是把直径 ϕ12mm 的刀具长度补偿值增加了 15.213 mm。

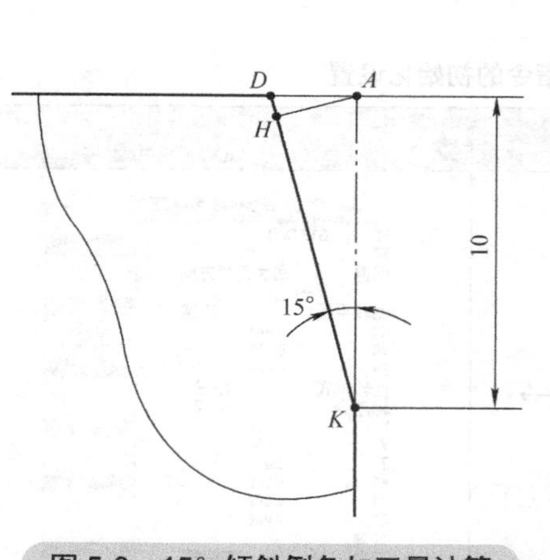

图 5-8　15° 倾斜倒角加工量计算

图 5-9　90° V 形槽计算图

2. 90° 溢料槽镶块零件编程过程

1）新建程序，设置毛坯，见表 5-7。

表 5-7 新建程序与设置毛坯操作

设置方法	操作步骤	基本设置参数
在程序编辑界面，按〖新建〗软键，再按〖programGUIDE G代码〗软键，输入名称“TRAORI_1”，按〖确认〗软键	 新建 → programGUIDE G代码 → 确认	 新建G代码程序 类型 主程序MPF 名称 TRAORI_1
按〖其它〗软键，再按〖毛坯〗软键，在“毛坯输入”对话框中选择毛坯类型为“中心六面体”，并且设置 60mm×60mm×80mm 的毛坯，按〖确认〗软键	 其它 → 毛坯 → 确认	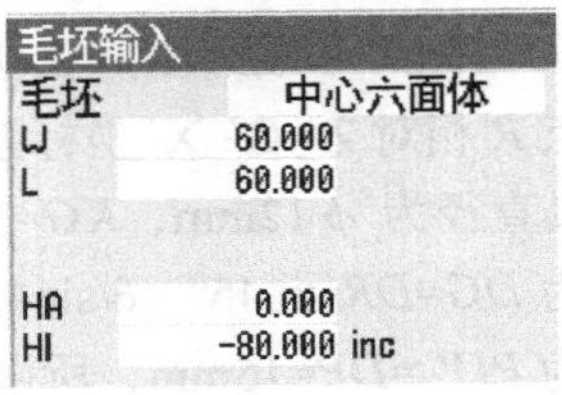 毛坯输入 毛坯 中心六面体 W 60.000 L 60.000 HA 0.000 HI -80.000 inc

2）先进行一次回转平面 CYCLE800 循环指令的初始化设置，取消旋转工作台以前设置的所有回转信息，见表 5-8。

表 5-8 回转平面 CYCLE800 循环指令的初始化设置

设置方法	操作步骤	设置参数
在程序编辑界面中，进行回转平面 CYCLE800 循环指令的初始化设置，按〖其它〗软键，再按〖回转平面〗软键，按〖基本设置〗软键，出现“回转平面”对话框界面，将其中所有数值参数项全部清零，其他选择项目内容如右图所示。最后，按〖接收〗软键	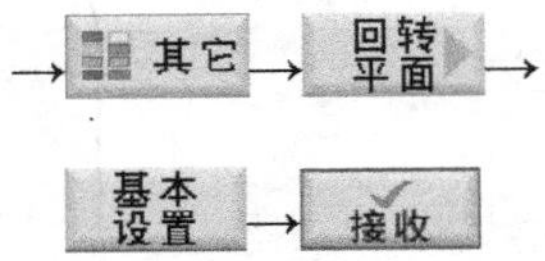 → 其它 → 回转平面 → 基本设置 → 接收	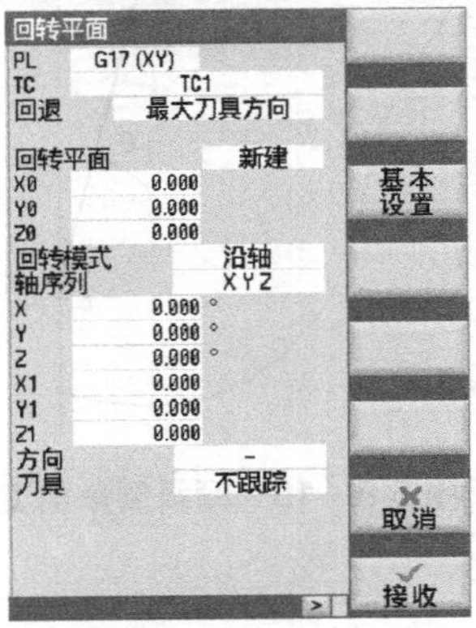 回转平面 PL G17 (XY) TC TC1 回退 最大刀具方向 回转平面 新建 X0 0.000 Y0 0.000 Z0 0.000 回转模式 沿轴 轴序列 XYZ X 0.000 ° Y 0.000 ° Z 0.000 ° X1 0.000 Y1 0.000 Z1 0.000 方向 – 刀具 不跟踪 基本设置 取消 接收

3）调用 ϕ12mm 立铣刀。

按【INPUT】键，使光标换行，按〖编辑〗软键，再按〖选择刀具〗软键，出现“刀具选择”表单（参见表3-2）。操作光标停留在“刀具名称”中“CUTTER 12”一行，按〖确认〗软键，完成 ϕ12mm 立铣刀的调用。

4）在编辑界面中继续输入如下程序段：

```
M6;
S4000M3;
D1;
G54G90G0X0Y0;
M8;
Z100;
```

5）使用凸台铣削循环 CYCLE76 指令进行矩形凸台的铣削，见表5-9。

表5-9　矩形凸台铣削参数的设置

设置方法	操作步骤	基本设置参数
按〖铣削〗软键，再按〖多边形凸台〗软键，然后按〖矩形凸台〗软键，出现“矩形凸台”参数设置对话框，最后按〖接收〗软键	铣削 → 多边形凸台 → 矩形凸台 → 接收	矩形凸台 输入　完全 PL　G17 (XY)　顺铣 RP　100.000 SC　5.000 F　1000.000 FZ　2000.000 参考点 加工　单独位置 X0　0.000 Y0　0.000 Z0　0.000 W1　60.000 L1　60.000 W　50.000 L　50.000 R　0.000 α0　0.000 ° Z1　-50.000 inc DZ　5.000 UXY　0.000 UZ　0.000

6）在编辑界面中继续输入如下程序段：

```
M09;
M05;
M30;
```

7）使用 TRAORI 指令编写15°倾斜倒角，光标移动到 M09 上方，输入表5-10中的内容。

表5-10　15°倾斜倒角加工程序编写

程序内容	注释
TRAORI	TRAORI 指令激活
ORIVECT	大圆弧插补
CUT3DC	刀具3D半径补偿
G54G00X-50Y-50B0C0	刀具到达3D半径补偿点

（续）

程序内容	注释
Z10	刀具快速运行至补偿点上方
G01Z–10F1000	工进至指定深度
G41X–25Y–35B15C0	刀具到达切入点并进行刀具 3D 半径补偿
Y25	加工❶号位置 15° 倾斜倒角（该位置参见表 5-6）
C–90	工作台回转至 –90° 位置
X25	加工❷号位置 15° 倾斜倒角（该位置参见表 5-6）
C–180	工作台回转至 –180° 位置
Y–25	加工❸号位置 15° 倾斜倒角（该位置参见表 5-6）
C–270	工作台回转至 –270° 位置
X–35	加工❹号位置 15° 倾斜倒角（该位置参见表 5-6）
G40X–50Y–50B0C0	刀具取消 3D 半径补偿
G00Z100	刀具回到安全位置高度
TRAFOOF	TRAORI 指令取消
G90G54G00B0C0	B 轴和 C 轴回到机床初始位置

8）使用 TRAORI 指令编写 90° V 形槽加工程序，光标移动到 M09 上方，输入表 5-11 中的相关内容。在输入前将刀具“CUTTER 12”中新增加〖刀沿〗“D2”，并将长度值增加 15.213 mm，目的是要将刀具跟随点位置移动到距离刀具端面中心位置 15.213mm 处。

表 5-11　90° V 形槽程序编写

程序内容	注释
G90G54G00X0Y0	刀具回到 G54 原点
D02	
CYCLE800（1，“TC1”，100010，30，0，0，–9.514，45，0，0，0，0，0，–1，100，1）	Z 轴负向平移 9.514mm，刀轴定向（B 轴转 45°）
G01X0Y0D2F2000	调用刀沿 D2，人为增加刀具补偿值
Z10F2000	
Z0F100	刀具端面工进至 V 形槽位置
CYCLE800（）	取消刀轴定向，B 轴和 C 轴保持摆角位置。注意：B 轴和 C 轴没有回到机床初始状态位置
TRAORI	TRAORI 功能激活
G91C360F200	C 轴相对旋转 360° 加工出 V 形槽
TRAFOOF；	TRAORI 功能取消
TOFRAME	沿刀轴方向退刀指令
G0Z100	沿刀轴方向退到安全距离

9）光标移动到 M09 上方，再进行一次回转平面 CYCLE800 循环指令的初始化设置，取消旋转工作台以前设置的所有回转信息，旋转工作台回到初始位置，参见表 5-8。

为了检验编程指令的实际加工情况，操作者可以在上述加工程序编写过程中按〖模拟〗软键，还可以调整其中的运行参数，三维状态下模拟已经编写出程序的加工情况。

3. 90° 溢料槽零件的加工参考程序

90° 溢料槽零件的加工参考程序见表 5-12。

表 5-12　90° 溢料槽零件的加工参考程序

段号	程序内容	程序段注释
N10	WORKPIECE（，“”，，“RECTANGLE”，0，0，-80，-80，60，60）	定义毛坯
N11	CYCLE800（1，“TC1”，100000，57，0，0，0，0，0，0，0，0，0，-1，100，1）	CYCLE800 循环初始化，B 轴和 C 轴回到机床初始位置
N12	T=“CUTTER 12”M06	调用刀具
N13	D1	调用刀沿
N14	G90G54G00X0Y0	工艺参数
N15	S4000M03	
N16	M08	
N17	Z100	
N18	CYCLE76（100，0，5，，-50，50，50，0，0，0，0，5，0，0，1000，2000，0，1，60，60，1，2，1100，1，101）	矩形凸台铣削
N19	TRAORI	TRAORI 指令激活
N20	ORIVECT	大圆弧插补
N21	CUT3DC	刀具 3D 半径补偿
N22	G54G00X-50Y-50B0C0	刀具到达 3D 半径补偿点
N23	Z10	快速进刀
N24	G01Z-10F1000	切入
N25	G41X-25Y-25B15C0	到达切入点并进行刀具 3D 半径补偿
N26	Y25	加工❶号位置 10° 倾斜倒角
N27	C-90	圆工作台顺时针回转
N28	X25	加工❷号位置 10° 倾斜倒角
N29	C-180	圆工作台顺时针回转

（续）

段号	程序内容	程序段注释
N30	Y–25	加工❸号位置 10° 倾斜倒角
N31	C–270	圆工作台顺时针回转
N32	X–35	加工❹号位置 10° 倾斜倒角
N33	G40X–50Y–50B0C0	取消 3D 半径补偿
N34	G00Z100	回到安全位置高度
N35	TRAFOOF	TRAORI 指令取消
N36	G90G54G00B0C0	B 轴和 C 轴回到机床初始位置
N37	G90G54G00X0Y0	回到 G54 原点
N38	D2	D2 刀沿调用。D2 刀沿中的长度补偿值在 D1 刀沿长度补偿值中增加 15.213mm
N39	CYCLE800（1，“TC1”，100000，30，0，0，–9.514，45，0，0，0，0，0，–1，100，1）	Z 轴负向平移 9.514mm，刀轴定向（B 轴转 45°）
N40	G01X0Y0D2F2000	
N41	Z10F2000	
N42	Z0F20	刀具端面工进至 V 形槽位置
N43	CYCLE800（）	取消刀轴定向，B 轴和 C 轴保持摆角位置
N44	TRAORI	TRAORI 功能激活
N45	G91C360F200	C 轴相对旋转 360°
N46	TRAFOOF	TRAORI 功能取消
N47	TOFRAME	沿刀轴方向退刀指令
N48	G0Z100	沿刀轴方向退到安全距离
N49	CYCLE800（1，“TC1”，100000，57，0，0，0，0，0，0，0，0，0，–1，100，1）	CYCLE800 循环初始化，B 轴和 C 轴回到机床初始位置
N50	M05	主轴停转
N51	M09	关闭切削液
N52	M30	程序结束

注：程序段 N43 中 CYCLE800 循环指令运行后，B 轴和 C 轴没有回到机床初始状态位置。

任务 5.3　45° 倒角凸台零件综合编程

学习任务书

1. 学习任务描述

如图 5-10 所示，此练习是 TRAORI 指令进行 RTCP 加工的一个综合性加工编程训练，主要使用 TRAORI 指令中刀轴矢量编程方式和圆锥插补功能，同时使用了前两个项目介绍的“3+2”五轴定向加工。理解什么是刀轴矢量，了解刀轴矢量的作用，为今后使用计算机辅助制造（Computer Aided Manufacturing，CAM）进行五轴编程打下基础。掌握刀轴矢量编程方法，掌握圆锥插补指令格式要求和使用方法。

2. 识读图样（图 5-11）

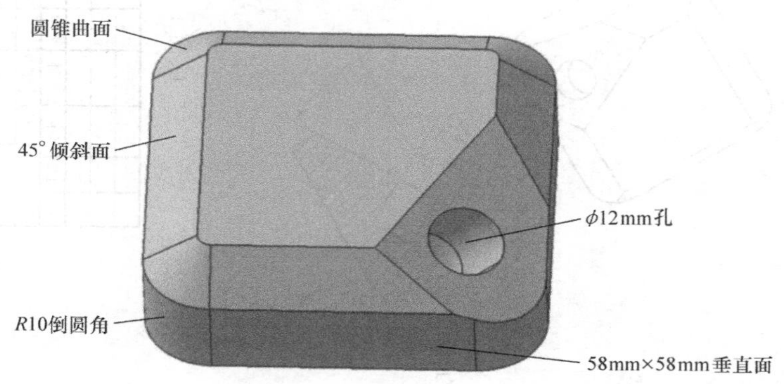

图 5-10　45° 倒角凸台三维零件图

3. 学习准备

序号	工作准备	内容	备注
1	机床（数控系统）	五轴数控机床	SINUMERIK 840D sl 数控系统
2	毛坯	60mm × 60mm × 80mm 方料	2A12
3	刀具	ϕ 12mm 立铣刀（1 把）和 ϕ 12mm 钻头（1 把）	或根据小组讨论决定
4	量具	游标卡尺	测量范围为 0~150mm，精度为 0.02mm
		游标万能角度尺	测量范围 为 0° ~320°，精度为 2′
5	夹具	平口虎钳	注意加工干涉
6	其他		

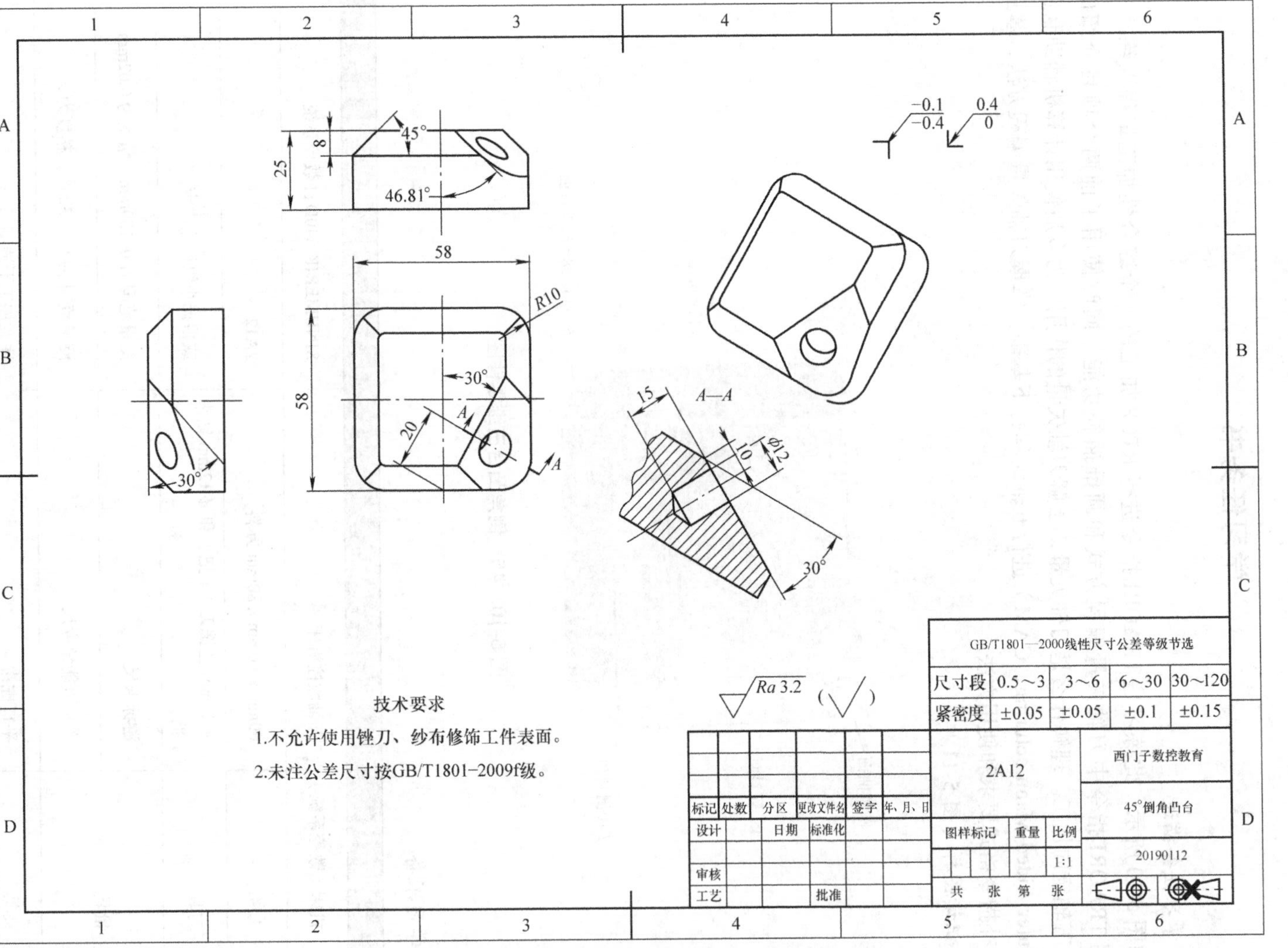

图 5-11 “45° 倒角凸台零件”零件图

5.3.1　刀轴矢量编程

1. TRAORI指令刀轴矢量编程

在 5.2 节例子中使用 TRAORI 指令的刀具刀轴定向方式是直接旋转轴位置编程方式。这种方式的优点是使用时比较直观，直接在程序中填写刀具（或者工件）需要摆动的角度即可，具体摆动哪个轴的角度与机床的结构（即机床坐标系 MCS）有关；其缺点就是跟机床的结构有关；当换另外一种结构时，此程序就不可以使用了。为了使带有 TRAORI 指令的程序在任何一种五轴数控机床结构上都可使用，可以将 TRAORI 指令中的刀轴定向方式作为矢量编程方式。

在数学中，矢量也常称为向量，即有方向的量，是指一个同时具有大小和方向的几何对象，因常以箭头符号标示以区别于其他量而得名。它可以用有向线段来表示。有向线段的长度表示矢量的大小，也就是矢量的长度。长度为 0 的向量称为零矢量；长度等于 1 个单位的矢量称为单位矢量；箭头所指的方向表示矢量的方向，如图 5-12 所示。

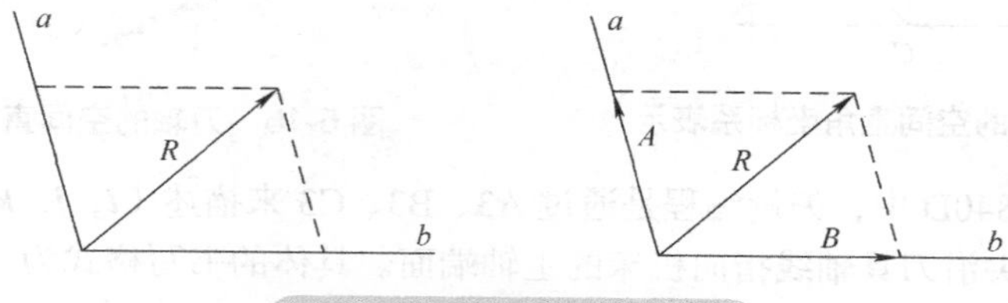

图 5-12　矢量的几何表示

矢量在平面直角坐标系中的坐标表示，分别取与 X 轴、Y 轴方向相同的两个单位矢量 ***i***、***j*** 作为一组基底。图 5-13 中 ***a*** 为平面直角坐标系内的任意矢量，以坐标原点 O 为起点作矢量 $\overrightarrow{OP}=\boldsymbol{a}$。由平面矢量基本定理可知，有且只有一对实数（$x,y$），使得 $\boldsymbol{a}=\overrightarrow{OP}=x\boldsymbol{i}+y\boldsymbol{j}$，因此把实数对（$x,y$）称为矢量 ***a*** 的坐标，记作 $\boldsymbol{a}=(x,\ y)$，这就是矢量 ***a*** 的坐标表示，其中（x，y）就是点 P 的坐标，矢量 $\overrightarrow{OP}$ 称为点 P 的位置矢量。

对于在平面内的矢量，数控编程人员早就遇见过。在圆弧插补指令中，以 XY 平面内顺时针方向圆弧插补为例（图 5-14），图中圆弧中心点 E 点，圆弧起点 A 点，结束点 B 点，圆弧起点指向圆心的矢量为 $\boldsymbol{a}=\overrightarrow{AE}$。矢量 ***a*** 在 X 轴和 Y 轴上的投影分别为矢量 $\overrightarrow{DC}$ 和 $\overrightarrow{HG}$，注意，矢量 $\overrightarrow{DC}$ 和 $\overrightarrow{HG}$ 是有大小和方向的。因此，此段圆弧的书写格式为

$$\text{G17G02X}_{(\text{B点X轴坐标值})}\ \text{Y}_{(\text{B点Y轴坐标值})}\ \text{I}_{(|DC|)}\ \text{J}_{(-|HG|)}\ \text{F}\ldots;$$

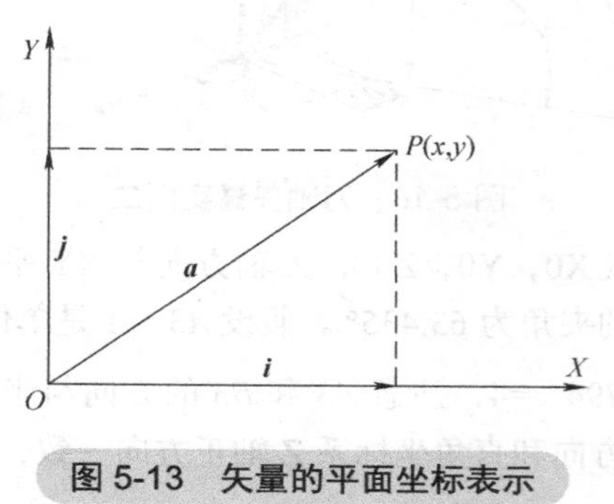

图 5-13　矢量的平面坐标表示

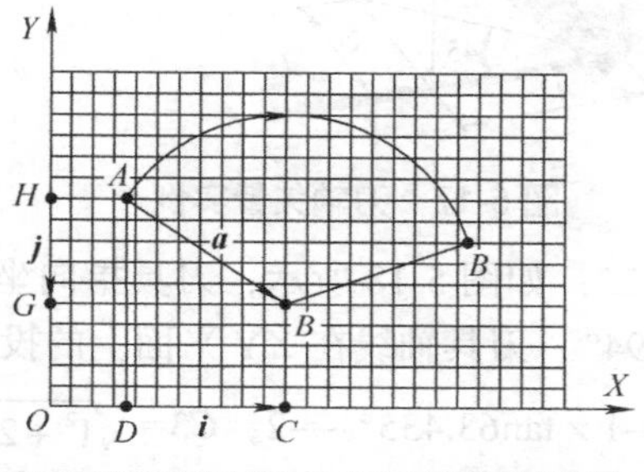

图 5-14　矢量在圆弧插补中的应用

矢量在空间直角坐标系中的坐标表示，分别取与X轴、Y轴、Z轴方向相同的3个单位矢量 ***i***、***j***、

$\boldsymbol{k}$ 作为一组基底。图 5-15 中若 $\boldsymbol{a}$ 为该坐标系内的任意矢量，以坐标原点 O 为起点作矢量 $\overrightarrow{OP}=\boldsymbol{a}$。由空间基本定理可知，有且只有一组实数（$x$，$y$，$z$），使得 $\boldsymbol{a}=\overrightarrow{OP}=x\boldsymbol{i}+y\boldsymbol{j}+z\boldsymbol{k}$，因此把实数对（$x$，$y$，$z$）称为矢量 $\boldsymbol{a}$ 的坐标，记作 $\boldsymbol{a}=(x, y, z)$，这就是矢量 $\boldsymbol{a}$ 的坐标表示。其中（x，y，z）也就是点 P 的坐标，矢量 $\overrightarrow{OP}$ 称为点 P 的位置矢量。如图 5-16 所示，可以假设矢量 $\overrightarrow{OP}$ 为刀具的旋转中心，即为刀具的轴线，此时就可以使用（$\boldsymbol{i}$，$\boldsymbol{j}$，$\boldsymbol{k}$）形式来描述刀轴在坐标系中的姿态。

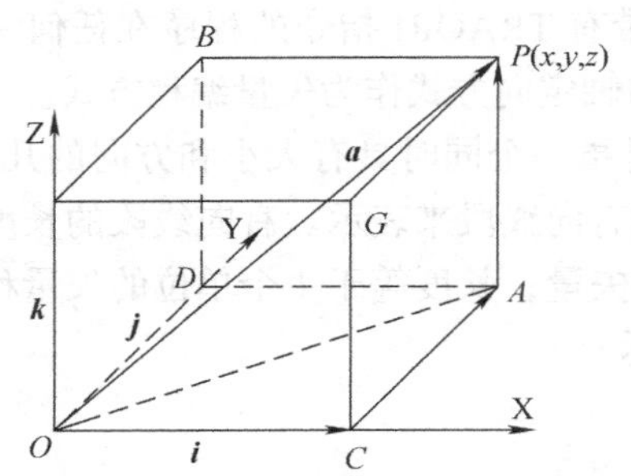

图 5-15　矢量的空间直角坐标系表示

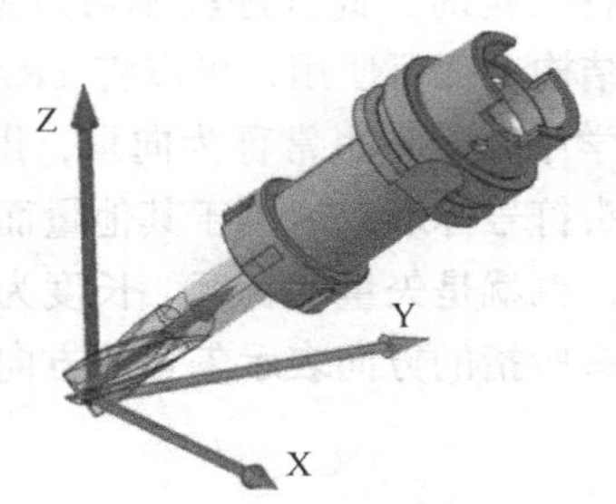

图 5-16　刀轴的空间直角坐标姿态

在 SINUMERIK 840D 中，矢量编程是通过 A3、B3、C3 来描述（$\boldsymbol{i}$，$\boldsymbol{j}$，$\boldsymbol{k}$）矢量的分量形式，矢量方向为从当前刀尖沿刀具轴线指向机床的主轴端面。具体的书写格式为

G01 X...Y...Z...A3=...B3=...C3=...F.. ;

下面列举两个实例：

实例一：如图 5-17 所示，刀具指向坐标系原点（X0，Y0，Z0），刀轴方向与 XY 平面的夹角为 33.269°，刀具轴线在 XY 平面上的投影与 X 轴的夹角为 45°。因此 $A3=B3=1$，$C3=\sqrt{2}\times\tan33.269°=0.928576$。注意 $A3$、$B3$、$C3$ 方向和直角坐标系各轴方向是一致的，所以都是正值。为了保证加工精度，建议保留小数点后 6 位。

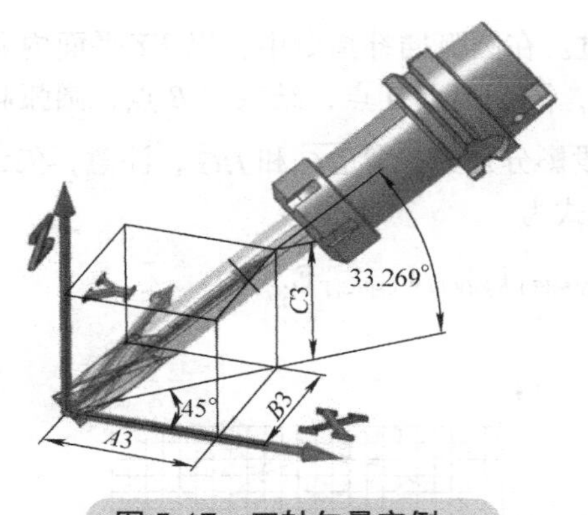

图 5-17　刀轴矢量实例一

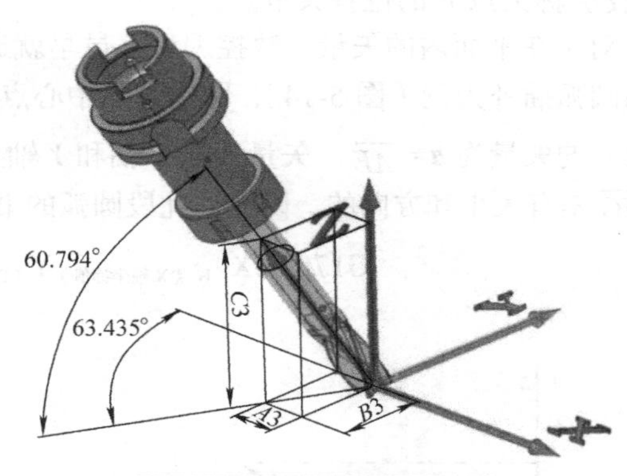

图 5-18　刀轴矢量实例二

实例二：如图 5-18 所示，刀具指向坐标系原点（X0，Y0，Z0），刀轴方向与 XY 平面的夹角为 60.794°，刀具轴线在 XY 平面上的投影与 X 轴的夹角为 63.435°。假设 $A3=-1$ 是单位矢量，则有 $B3=-1\times\tan63.435°=-2$，$C3=\sqrt{1^2+2^2}\times\tan60.794°=4$，注意 $A3$ 和 $B3$ 的方向与坐标系的 X 轴和 Y 轴的方向相反，所以 $A3$ 和 $B3$ 为负值。$C3$ 方向和直角坐标系 Z 轴正方向一致，所以为正值。

当然也有些特殊情况，比如当刀具轴线与直角坐标系的 Z 轴平行，且与 Z 轴方向一致，则

有 $A3$=0、$B3$=0、$C3$=1。思考一下以下问题：当刀轴矢量分量分别为 $A3$=0、$B3$=1、$C3$=1 和 $A3$=1、$B3$=0、$C3$=−1 时，描述刀轴在直角坐标系中的姿态。

2. 圆锥插补指令

圆锥插补指令在前面的内容中没有提及，之所以在这里介绍的原因主要有两个方面，一方面是这节实例的零件图中有 3 个圆锥曲面，参见图 5-11；另一方面是在圆锥插补指令中使用到了刀轴矢量编程。这里以 G17 平面为例，书写格式为

$$\begin{Bmatrix}\text{ORICONCW}\\ \text{ORICONCCW}\end{Bmatrix}$$

$$\text{G17}\begin{Bmatrix}\text{G02}\\ \text{G03}\end{Bmatrix}\text{X... Y... CR = ... } A3 = \text{... } B3 = \text{... } C3 = \text{... NUT = ... F...;}$$

其中："ORICONCW"为顺时针圆弧插补，"ORICONCCW"为逆时针圆弧插补，"G02"为圆锥底部圆弧顺时针插补，"G03"为圆锥底部圆弧逆时针插补，"X"和"Y"分别为圆锥底部圆弧终点坐标值，"$A3$""$B3$""$C3$"分别为圆锥底部圆弧终点位置时刀轴矢量的分量，"NUT"为圆锥曲面的包角角度值。

图 5-19 所示为要加工的圆锥曲面外轮廓，圆锥曲面底部圆弧半径为 50mm，起点为 E 点，终点为 M 点，圆心点为 O 点，圆锥角度为 75°，要加工的圆锥包角为 90°。刀具加工圆锥曲面后刀轴刚好处在 YZ 平面内，则刀轴矢量分量 $A3$=0，由于刀轴矢量分量 $B3$ 与坐标系 Y 轴方向相反，假设 $B3$=−1，所以 $C3$=1 × tan75° =3.732051，如图 5-20 所示。

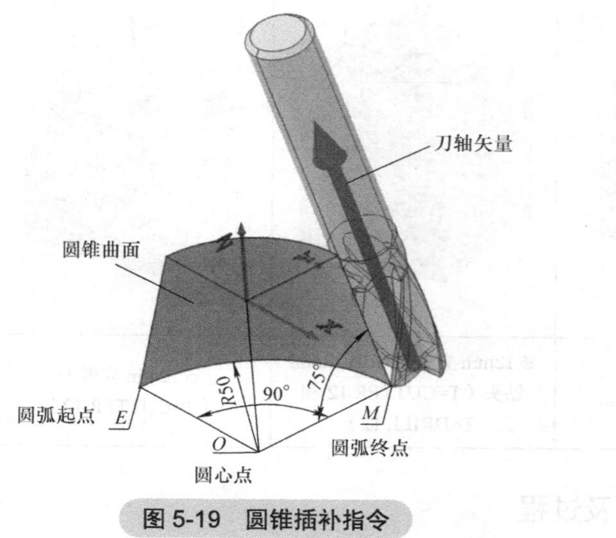

图 5-19　圆锥插补指令

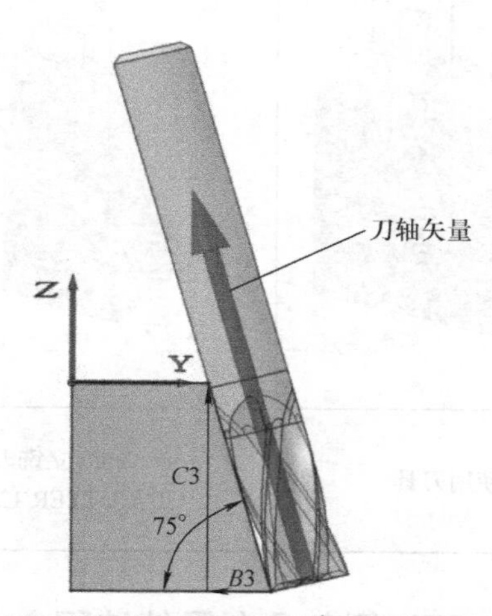

图 5-20　圆锥插补指令中 $C3$ 计算

编写此圆锥插补格式为

ORICONCW

G17 G02 X0 Y50 CR=50 A3=0 B3=−1 C3=3.732051 NUT=90 F200;

5.3.2 编程加工任务描述

图 5-10 是综合练习零件 45° 倒角凸台的三维零件图。根据图 5-11 中的相关信息，这类零件的特点是有圆锥曲面加工，并且在右上角有削边角。零件的外形尺寸为 58mm × 58mm × 25mm，四个 45° 倾斜倒角和 *R*10 导圆角结构特征。在编程与加工过程中使用 TRAORI 指令和圆弧插补指令加工 45° 倒角，使用 CYCLE800 指令加工削边角平面。在加工 45° 倾斜倒角时刀具跟随点在刀具端面中心位置，如图 5-21 所示。本练习使用 1 把 ϕ12mm 立铣刀和 ϕ12mm 钻头，毛坯尺寸为 60mm × 60mm × 80mm，材质为 45 钢。

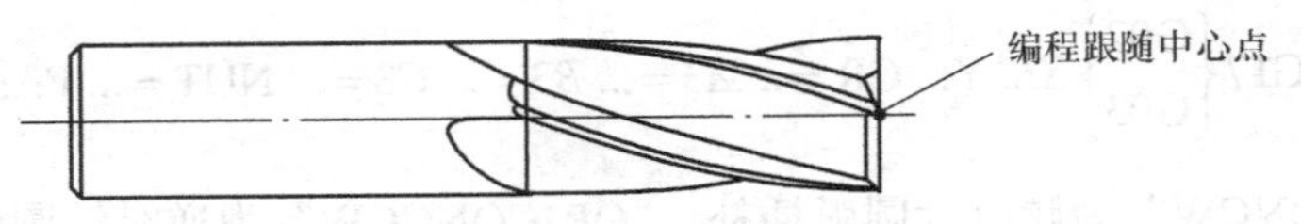

图 5-21 加工时使用的刀具跟随点位置

45° 倒角凸台零件的铣削加工步骤见表 5-13。

表 5-13 铣削加工步骤

毛坯的建立	铣削 58mm × 58mm × 25mm 轮廓	铣削削边角平面及钻孔	铣削 45° 倒角
使用刀具	ϕ12mm 立铣刀（T=CUTTER 12）	ϕ12mm 立铣刀和 ϕ12mm 钻头（T=CUTTER 12 和 T=DRILL 12）	ϕ12mm 立铣刀（T=CUTTER 12）

5.3.3 45° 倒角凸台零件编程方式及过程

1. 编程前的计算

（1）45° 倒角处加工计算　首先计算在铣削加工 45° 倒角时，由于使用 TRAORI 指令，同时使用了立铣刀的侧刃进行加工，这时刀具倾斜了一定的角度，所以要对刀具的刀轴矢量进行计算。计算前，需要确定工件坐标系在毛坯上表面的中心。根据前面刀轴矢量的介绍，参见表 5-14，在加工位置❶时刀轴刚好在 YZ 平面内，而根据图样可知倒角度数为 45°，则刀轴矢量分量 *A*3=0、*B*3=1、*C*3=1，剩余三个位置的刀轴矢量见表 5-14。

表 5-14　45° 倒角编程加工角度

位置 ❶	位置 ❷	位置 ❸	位置 ❹
A3=0，B3=1，C3=1	A3=1，B3=0，C3=1	A3=0，B3=−1，C3	A3=−1，B3=0，C3=1

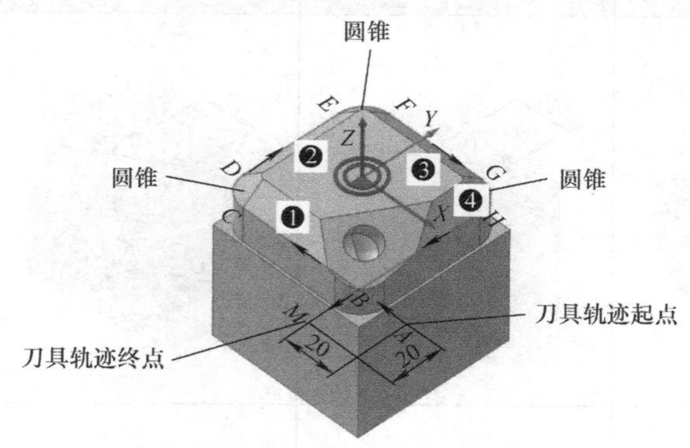

加工 45° 倒角时还要注意材料去除量是否过大。在图 5-22 中，AK 是倒角标注尺寸 8mm，∠AKD=45°。由图 5-22 可以看出 AH 为加工 45° 倒角时最大去除材料厚度。

$$AH=AK\times\sin15°=8\text{mm}\times\sin45°=5.657\text{mm}$$

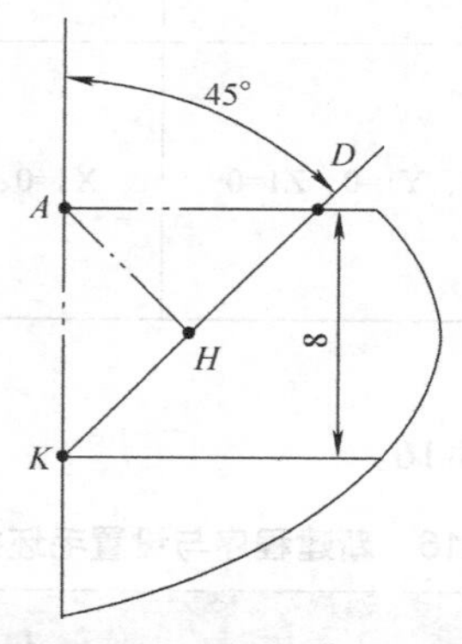

图 5-22　45° 倾斜倒角加工量计算

这样，计算的结果可以得知，为了保证加工质量，使用 ϕ12mm 刀具进行分层加工。刀具的背吃刀量 a_p 值的变化可以通过改变刀具长度补偿。在 SINUMERIK 840D 中，程序中直接改变刀具长度补偿值的指令为 TOFFL=±...（“+ ...”表示长度补偿值增加多少，“− ...”表示长度补偿值减少多少），铣削宽的 a_e 值的变化可以通过改变 3D 刀具半径补偿，刀具 3D 半径补偿值指令是 CUT3DCC，在程序中直接改变刀具半径补偿值的指令为 TOFFR=±...（“+ ...”表示半径补偿值增加多少，“− ...”表示半径补偿值减少多少）。

加工 45° 倒角的刀具轨迹路线参见表 5-14 中的图，轮廓加工的起点为 A 点，终止点为 M 点，轨迹过程是：A→B→C→D→E→F→G→H→B→M，AB 段开始给 3D 刀具半径补偿，BM 段为结束 3D 刀具半径补偿。

（2）削边角处加工计算　可以使用 CYCLE800 指令进行加工，由于工件坐标系在毛坯的中心，这时就要安排坐标系平移和旋转的过程及计算其尺寸和角度。平移和旋转的过程及计算数值见表 5-15。

表 5-15 削边角处加工时 CYCLE800 中坐标系平移及旋转过程

坐标位置描述	坐标系初始状态	坐标系沿 Y 轴平移 -29mm	坐标系在当前位置绕 Z 轴旋转 -30°	坐标系在当前位置绕 Y 轴旋转 30°
坐标简图				
旋转前 WCS 的平移	X0=0、Y0=0、Z0=0	X0=0、Y0= -29、Z0=0	X0=0、Y0= -29、Z0=0	X0=0、Y0= -29、Z0=0
WCS 绕新参考点旋转角度	Z=0°、Y=0°、X=0°	Z=0°、Y=0°、X=0°	Z= -30°、Y=0°、X=0°	Z=-30°、Y=30°、X=0°
旋转后在新平面中平移 WCS	X1=0、Y1=0、Z1=0	X1=0、Y1=0、Z1=0	X1=0、Y1=0、Z1=0	X1=0、Y1=0、Z1=0

2. 编程方式及过程

1）新建程序，设置毛坯，见表 5-16。

表 5-16 新建程序与设置毛坯操作

设置方法	操作步骤	基本设置参数
在程序编辑界面，按〖新建〗软键，再按〖programGUIDE G 代码〗软键，输入名称“TRAORI_2”，按〖确认〗软键	新建 → programGUIDE G代码 → 确认	新建G代码程序 类型 主程序MPF 名称 TRAORI_2
按〖其它〗软键，再按〖毛坯〗软键，在“毛坯输入”对话框中设置 60mm × 60mm × 80mm 的毛坯，按〖确认〗软键	其它 → 毛坯 → 确认	毛坯输入 毛坯 中心六面体 W 60.000 L 60.000 HA 0.000 HI -80.000 inc

2）先进行一次回转平面 CYCLE800 循环指令的初始化设置，取消旋转工作台以前设置的所有回转信息，见表 5-17。

表 5-17　回转平面 CYCLE800 循环指令的初始化设置

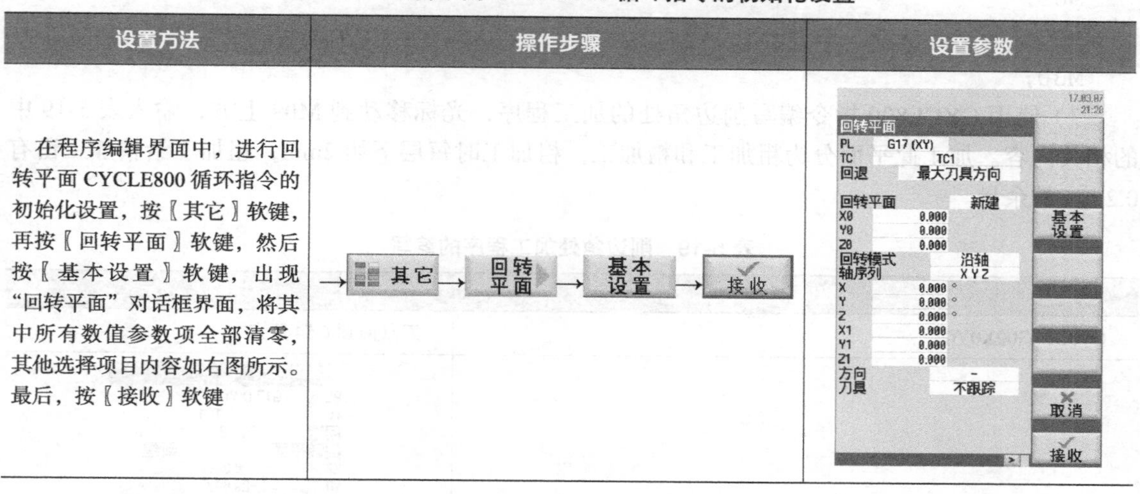

设置方法	操作步骤	设置参数
在程序编辑界面中，进行回转平面 CYCLE800 循环指令的初始化设置，按〖其它〗软键，再按〖回转平面〗软键，然后按〖基本设置〗软键，出现“回转平面”对话框界面，将其中所有数值参数项全部清零，其他选择项目内容如右图所示。最后，按〖接收〗软键	→其它→回转平面→基本设置→接收	回转平面 PL G17 (XY) TC TC1 回退 最大刀具方向 回转平面 新建 X0 0.000 Y0 0.000 Z0 0.000 回转模式 沿轴 轴序列 X Y Z X 0.000 ° Y 0.000 ° Z 0.000 ° X1 0.000 Y1 0.000 Z1 0.000 方向 - 刀具 不跟踪 基本设置　取消　接收

3）调用 ϕ 12mm 立铣刀。

按【INPUT】键，使光标换行，再按〖编辑〗软键，然后按〖选择刀具〗软键，出现“刀具选择”表单（参见表 3-2）。操作光标停留在“刀具名称”中“CUTTER 12”一行，按〖确认〗软键，完成 ϕ 12mm 立铣刀的调用。

4）在编辑界面中继续输入如下程序段：

```
M6;
S4000M3;
D1;
G90G54G0X0Y0;
M8;
Z100;
```

5）使用凸台铣削循环 CYCLE76 指令进行矩形凸台的铣削，见表 5-18。

表 5-18　矩形凸台铣削参数的设置

设置方法	操作步骤	基本设置参数
按〖铣削〗软键，再按〖多边形凸台〗软键，然后按〖矩形凸台〗软键，出现“矩形凸台”参数设置对话框，设置参数，最后按〖接收〗软键	铣削→多边形凸台→矩形凸台→接收	矩形凸台 输入 完全 PL G17 (XY) 顺铣 RP 100.000 SC 5.000 F 1000.000 FZ 2000.000 参考点 加工 ▽ 单独位置 X0 0.000 Y0 0.000 Z0 0.000 W1 60.000 L1 60.000 W 58.000 L 58.000 R 10.000 α0 0.000 ° Z1 -25.000 inc DZ 5.000 UXY 0.000 UZ 0.000

6）在编辑界面中继续输入如下程序段：

```
M09;
M05;
M30;
```

7）使用 CYCL800 指令编写削边角处的加工程序，光标移动到 M09 上方，输入表 5-19 中的相关内容。加工此平面分为粗加工和精加工，粗加工时每层下切 2mm，粗加工给精加工留有 0.2mm 的余量。

表 5-19 削边角处加工程序的编写

程序内容	注释
G90G54G00X0Y0	刀具回到 G54 原点
CYCLE800（1，“TC1”，100010，27，0，-29，0，-30，30，0，0，0，0，-1，100，1）	回转平面 PL G17 (XY) TC TC1 回退 Z 回转平面 新建 X0 0.000 Y0 -29.000 Z0 0.000 回转模式 沿轴 轴序列 ZYX Z -30.000 ° Y 30.000 ° X 0.000 ° X1 0.000 Y1 0.000 Z1 0.000 选择刀具
CYCLE61（50，10，2，0，0，0，25，58，2，60，0.2，600，41，0，1，10）	平面铣削 PL G17 (XY) RP 50.000 SC 2.000 F 600.000 加工方向 X0 0.000 Y0 0.000 Z0 10.000 X1 25.000 inc Y1 58.000 inc Z1 0.000 abs DXY 60.000 % DZ 2.000 UZ 0.200
CYCLE61（50，10，2，0，0，0，25，58，2，60，0，600，42，0，1，10）	平面铣削 PL G17 (XY) RP 50.000 SC 2.000 F 600.000 加工方向 X0 0.000 Y0 0.000 Z0 10.000 X1 25.000 inc Y1 58.000 inc Z1 0.000 abs DXY 60.000 % UZ 0.000
CYCLE800（1，“TC1”，100000，57，0，0，0，0，0，0，0，0，0，-1，100，1）	CYCLE800 循环初始化，B 轴和 C 轴回到机床初始位置
M09	关闭切削液
M05	主轴停转
M30	程序结束

8）使用TRAORI指令编写45°倒角加工程序，光标移动到M09上方，输入表5-20中的内容。

表5-20　45°倒角加工程序编写

程序内容	注释
G90G54G00X0Y0	工艺参数
Z100	到达安全距离
G54G00X54Y-54Z10	刀具快速运行至补偿点上方
TRAORI	TRAORI 指令激活
ORIVECT	刀具到达3D半径补偿点
CUT3DC	刀具3D半径补偿
TOFFL=7	刀具长度补偿值增加7mm
TOFFR=0.2	刀具半径补偿值增加0.2mm
START:	程序跳转起始标识
G01Z-8F1000	工进至指定深度
X49Y-29	刀具到达切入点并进行刀具3D半径补偿
G41X29A3=0B3=1C3=1	刀轴矢量："A3=0"，"B3=1"，"C3=1"
G01X-19	加工❶号位置45°倒角
ORICONCW	顺时针圆锥插补指令
G02 X-29 Y-19 CR=10 A3=1 B3=0 C3=1 NUT=90	加工*CD*段圆锥曲面，刀轴矢量："A3=1"，"B3=0"，"C3=1"
ORIVECT	大圆弧插补
G01Y19	加工❷号位置45°倒角
ORICONCW	顺时针圆锥插补指令
G02 X-19 Y29 CR=10 A3=0 B3=-1 C3=1 NUT=90	加工*EF*段圆锥曲面，刀轴矢量："A3=0"，"B3=-1"，"C3=1"
ORIVECT	大圆弧插补
G01X19	加工❸号位置45°倒角
ORICONCW	顺时针圆锥插补指令
G02 X29 Y19 CR=10 A3=-1 B3=0 C3=1 NUT=90	加工*GH*段圆锥曲面，刀轴矢量："A3=-1"，"B3=0"，"C3=1"
ORIVECT	大圆弧插补
G01Y-29	加工❹号位置45°倾斜
G40Y-49A3=0 B3=0 C3=1	刀具取消3D半径补偿，刀轴矢量："A3=0"，"B3=0"，"C3=1"
X54Y-54	
END:	程序跳转结束标识
TOFFL=5	刀具长度补偿值增加5mm
REPEAT START END	

（续）

程序内容	注释
TOFFL=3	刀具长度补偿值增加 3mm
REPEAT START END	
TOFFL=0	刀具长度补偿值增加 0mm
REPEAT START END	
TOFFR=0；	刀具半径补偿值增加 0mm
REPEAT START END	
G00Z100	刀具回到安全位置高度
TRAFOOF	TRAORI 功能取消
M09	关闭切削液
M05	主轴停转
M30	程序结束

9）调用 ϕ 12mm 钻头，光标移动到 M09 上方。按【INPUT】键，使光标换行，再按〖编辑〗软键，然后按〖选择刀具〗软键，出现“刀具选择”表单（见表 3-2）。操作光标停留在“刀具名称”中“DRILL 12”一行，按〖确认〗软键，完成 ϕ 12mm 钻头的调用。

10）在编辑界面中继续输入如下程序段：

```
M6;
S1200M3;
D1;
G90G54G0X0Y0;
M8;
Z100;
```

11）编写钻孔程序，见表 5-21。

表 5-21　钻孔程序编写

程序内容	注释
CYCLE800（1，“TC1”，100010，27，0，−29，0，−30，30，0，0，0，0，−1，100，1）	回转平面 PL　G17 (XY) TC　TC1 回退　Z 回转平面　新建 X0　0.000 Y0　-29.000 Z0　0.000 回转模式　沿轴 轴序列　ZYX Z　-30.000 ° Y　30.000 ° X　0.000 ° X1　0.000 Y1　0.000 Z1　0.000 选择刀具

（续）

程序内容	注释
X10Y20	孔坐标程序
CYCLE83（50，0，3，，18.5，，2，90，0.6，0.6，90，0，0，1.2，1.4，0.6，1.6，0，1，11211111）	深孔钻削1 输入　完全 PL　G17 (XY) RP　50.000 SC　3.000 单独位置 断屑 Z0　0.000 刀尖 Z1　18.500 inc FD1　90.000 % D　2.000 inc DF　90.000 % V1　1.200 V2　1.400 DTB　0.600 s DT　0.600 s
CYCLE800（1，“TC1”，100000，57，0，0，0，0，0，0，0，0，0，-1，100，1）	CYCLE800 循环初始化，B 轴和 C 轴回到机床初始位置
M09	关闭切削液
M05	主轴停转
M30	程序结束

3. 加工参考程序

45° 倒角凸台零件的加工参考程序见表 5-22。

表 5-22　45° 倒角凸台零件的加工参考程序

段号	程序内容	程序段注释
N10	WORKPIECE（，“”，，“RECTANGLE”，0，0，-80，-80，60，60）	定义毛坯
N11	CYCLE800（1，“TC1”，100000，57，0，0，0，0，0，0，0，0，0，-1，100，1）	CYCLE800 循环初始化，B 轴和 C 轴回到机床初始位置
N12	T=“CUTTER 12”M06	调用刀具
N13	D1	调用刀沿
N14	G90G54G00X0Y0	工艺参数
N15	S4000M03	
N16	M08	切削液打开
N17	Z100	到达安全距离
N18	CYCLE76（100，0，5，，-25，58，58，10，0，0，0，5，0，0，1000，2000，0，1，60，60，1，2，1100，1，101）	矩形凸台铣削
N19	G90G54G00X0Y0	TRAORI 指令激活
N20	CYCLE800（1，“TC1”，200010，27，0，-29，0，-30，30，0，0，0，0，1，100，1）	大圆弧插补
N21	CYCLE61（50，10，2，0，0，0，25，58，2，60，0.2，600，41，0，1，10）	刀具 3D 半径补偿

（续）

段号	程序内容	程序段注释
N22	CYCLE61（50，10，2，0，0，0，25，58，2，60，0，600，42，0，1，10）	刀具到达 3D 半径补偿点
N23	CYCLE800（1，“TC1”，100000，57，0，0，0，0，0，0，0，0，0，-1，100，1）	快速进刀
N24	G90G54G00X0Y0	工艺参数
N25	Z100	到达安全距离
N26	G54G00X54Y-54Z10	刀具快速运行至补偿点上方
N27	TRAORI	TRAORI 指令激活
N28	ORIVECT	大圆弧插补
N29	CUT3DC	刀具 3D 半径补偿
N30	TOFFL=7	刀具长度补偿值增加 7mm
N31	TOFFR=0.2	刀具半径补偿值增加 0.2mm
N32	START:	程序跳转起始标识
N33	G01Z-8F1000	工进至指定深度
N34	X49Y-29	刀具到达切入点并进行刀具 3D 半径补偿
N35	G41X29A3=0B3=1C3=1	刀轴矢量：“A3=0”，“B3=1”，“C3=1”
N36	G01X-19	加工❶号位置 45° 倒角
N37	ORICONCW	顺时针圆锥插补指令
N38	G02 X-29 Y-19 CR=10 A3=1 B3=0 C3=1 NUT=90	加工 *CD* 段圆锥曲面，刀轴矢量：“A3=1”，“B3=0”，“C3=1”
N39	ORIVECT	大圆弧插补
N40	G01Y19	加工❷号位置 45° 倒角
N41	ORICONCW	顺时针圆锥插补指令
N42	G02 X-19 Y29 CR=10 A3=0 B3=-1 C3=1 NUT=90	加工 *EF* 段圆锥曲面，刀轴矢量：“A3=0”，“B3=-1”，“C3=1”
N43	ORIVECT	大圆弧插补
N44	G01X19	加工❸号位置 45° 倒角
N45	ORICONCW	顺时针圆锥插补指令
N46	G02 X29 Y19 CR=10 A3=-1 B3=0 C3=1 NUT=90	加工 *GH* 段圆锥曲面，刀轴矢量：“A3=-1”，“B3=0”，“C3=1”
N47	ORIVECT	大圆弧插补
N49	G01Y-29	加工❹号位置 45° 倾斜
N50	G40Y-49A3=0 B3=0 C3=1	刀具取消 3D 半径补偿，刀轴矢量：“A3=0”，“B3=0”，“C3=1”
N51	X54Y-54	
N52	END：	程序跳转结束标识
N53	TOFFL=5	刀具长度补偿值增加 5mm

（续）

段号	程序内容	程序段注释
N54	REPEAT START END	
N55	TOFFL=3	刀具长度补偿值增加 3mm
N56	REPEAT START END	
N57	TOFFL=0	刀具长度补偿值增加 0mm
N58	REPEAT START END	
N59	TOFFR=0	刀具半径补偿值增加 0mm
N60	REPEAT START END	
N61	G00Z100	刀具回到安全位置高度
N62	TRAFOOF	TRAORI 功能取消
N63	T= “DRILL 12” M06	调用刀具
N64	S1200M3	
N65	D1	调用刀沿
N66	G90G54G00X0Y0	
N67	M08	
N68	Z100	达到安全距离
N69	CYCLE800（1，“TC1”，100000，27，0，–29，0，–30，30，0，0，0，0，–1，100，1）	
N70	X10Y20	孔位置坐标
N71	CYCLE83（50，0，3，，18.5，，2，90，0.6，0.6，90，0，0，1.2，1.4，0.6，1.6，0，1，11211111）	钻孔指令
N72	CYCLE800（1，“TC1”，100000，57，0，0，0，0，0，0，0，0，0，–1，100，1）	CYCLE800 循环初始化，B 轴和 C 轴回到机床初始位置
N73	M05	主轴停转
N74	M09	关闭切削液
N75	M30	程序结束

习　题

一、填空题

1. 在五轴加工领域经常将旋转刀具中心点的英文缩写为________。

2. 在五轴加工领域，TCPM 中文含义是________，TCPC 中文含义是________，RPCP 中文含义是________。

3. 通常情况下，RTCP 功能用在________式五轴数控机床结构上，是应用基础主轴上摆头旋转中心点来进行补偿。RPCP 功能主要应用在________式五轴数控机床结构上，补偿的是工件旋转所造成的直线轴的变换。

4. 在 SINUMERIK 840D sl 中激活 RTCP 功能的指令是________，取消 RTCP 功能的指令是________。

5. 分析图 5-23 中矢量 ***a***，矢量 ***a*** 分别在 X 轴和 Z 轴上的矢量相对的字母填写至图中括号内。

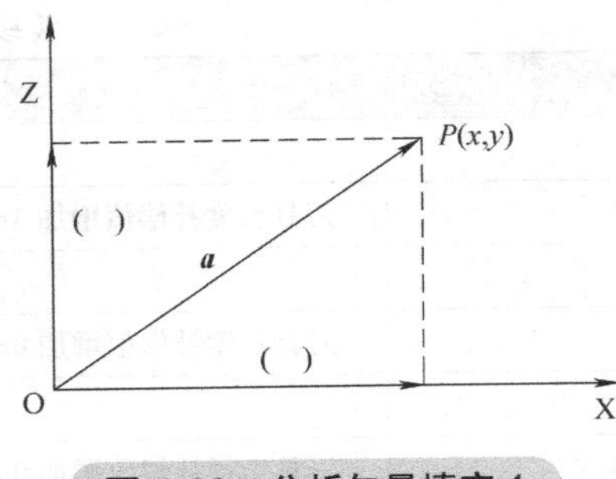

图 5-23 分析矢量填空 1

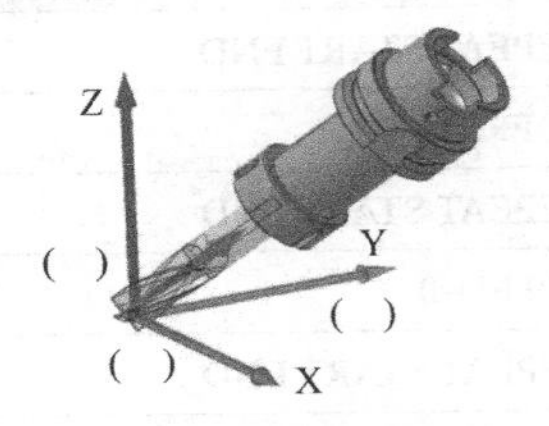

图 5-24 分析矢量填空 2

6. 分析图 5-24 中刀具轴线矢量，刀具轴线矢量分别在 X 轴、Y 轴和 Z 轴上的矢量相对的字母填写至图中括号内。

7. 如图 5-25 所示，刀具指向坐标系原点（X0，Y0，Z0），刀轴方向与 XY 平面的夹角 54.78°，刀具轴线在 XY 平面上的投影与 X 轴的夹角为 0°。因此 *A*3=________，*B*3=________，*C*3=________。

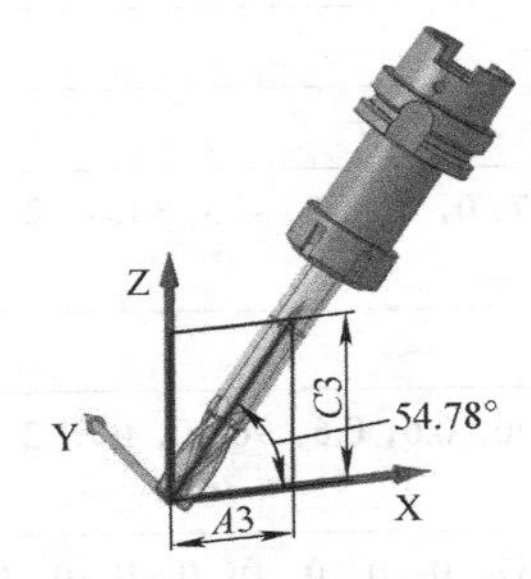

图 5-25 刀轴矢量计算 1

8. 如图 5-26 所示，刀具指向坐标系原点（X0，Y0，Z0），刀轴方向与 XY 平面的夹角为 44.165°，刀具轴线在 XY 平面上的投影与 X 轴的夹角为 60.945°。因此 *A*3=________，*B*3=________，*C*3=________。

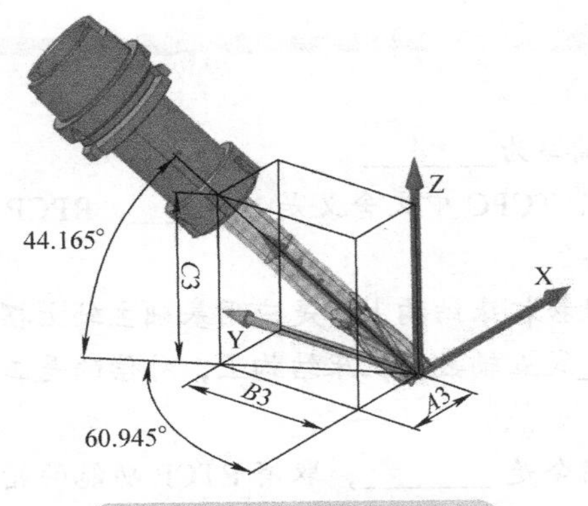

图 5-26 刀轴矢量计算 2

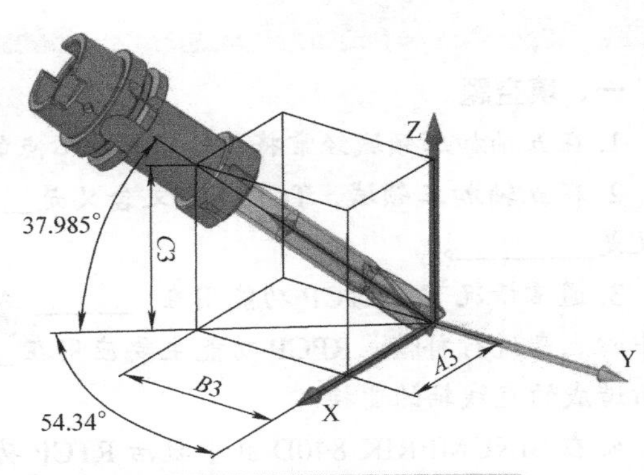

图 5-27 刀轴矢量计算 3

9. 如图 5-27 所示，刀具指向坐标系原点（X0，Y0，Z0），刀轴方向与 XY 平面的夹角为 37.985°，刀具轴线在 XY 平面上的投影与 X 轴的夹角为 54.34°。因此 *A*3=________，*B*3=________，*C*3=________。

二、看图编程

如图 5-28 所示机床为双摆头式机床，机床两个旋转轴分别是 A 轴和 C 轴，刀具有初始状态（X0，Y0，Z0，A0，C0），按照图中路线②移动，其结果位置及刀具姿态为 X200，Y0，Z0，A45，C0。编写其运动程序。

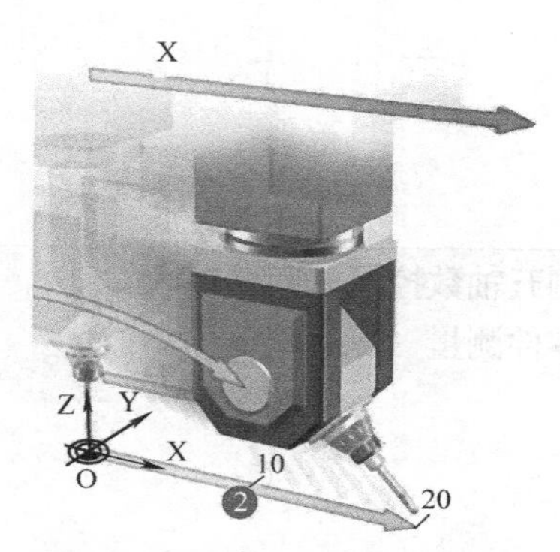

图 5-28 TRAOR 编程刀具轨迹

三、简答题

在加工图 5-6 所示零件时，选择刀具为 *ϕ*12mm 的立铣刀。为了加工出更加合格的 V 形槽，刀具选择时：

1. 刀具直径对零件加工过程有何影响？（提示：刀具直径的大小和切削刃的数量）
2. 刀具端面对零件加工表面有何影响？（提示：刀具的端面刃的形状和切削刃的数量）

项目6
CHAPTER 6
五轴数控机床工件测头应用

学习任务

任务 6.1　利用工件测头检测五轴数控机床回转轴线
任务 6.2　多角度空间斜面零件测量

学习目标

知识目标
- 了解机械式测头的工作原理
- 了解测头标定的意义
- 了解回转轴校准的意义
- 了解测量循环的功能

技能目标
- 掌握组装测头的方法
- 掌握调整测针的方法
- 掌握诊断触发信号的方法
- 掌握标定测头的方法
- 掌握使用 CYCLE996 校准机床回转轴线的方法
- 掌握测量循环的使用方法

本项目学习任务思维导图如下：

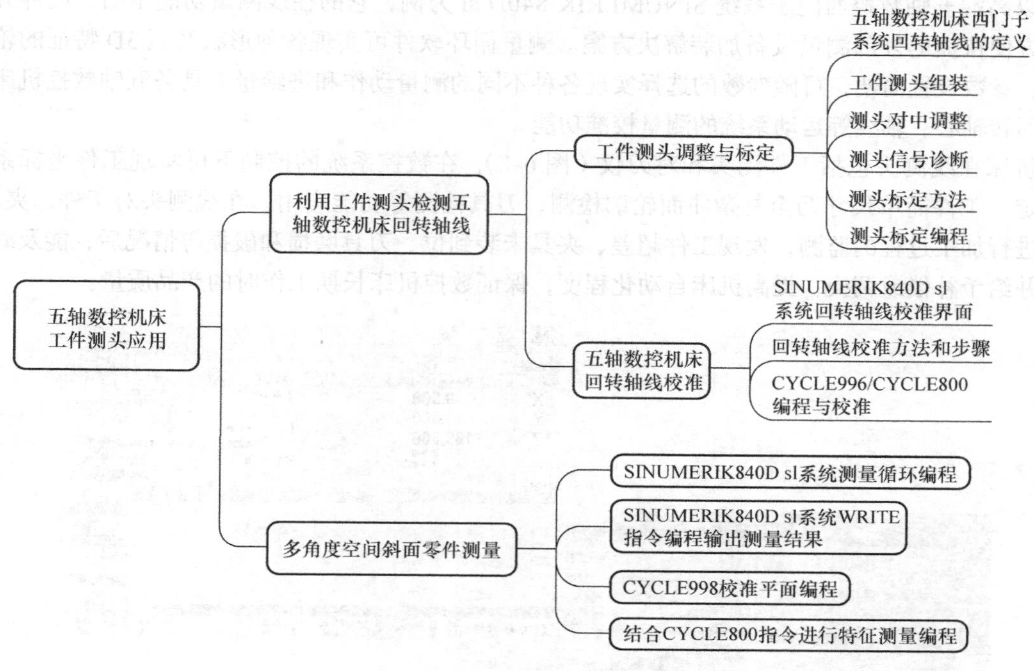

数控机床在线检测的发展为数控加工过程的质量检测提供了一套行之有效的方法。机床测头作为可编程运行、能获取信息、可反馈的监控设备，在制造环节至关重要的地位突显，尤其在五轴数控机床中的应用走在了在线检测应用领域的前列。

以高端五轴数控西门子系统 SINUMERIK 840D sl 为例，它的在线测量功能全面，硬件方面配备方便快捷的外部测量设备加装解决方案。测量循环软件可实现各种形状乃至 3D 特征的轮廓检测，参数设置简便，可随参数的选择实现各种不同的测量动作和进给量，具备五轴数控机床适用的回转轴心、轴线等运动系统的测量校准功能。

机床在线测头包括工件测头和对刀仪（图 6-1），在数控系统的控制下可实现工件坐标系快速设定、工件简单尺寸乃至复杂曲面轮廓检测、刀具检测等功能应用。在线测头对工件、夹具、刀具进行加工过程的监测，发现工件超差、夹具未装到位、刀具磨损和破损等情况后，能及时报警，并给予补偿或调换，提高机床自动化程度，保证数控机床长期工作时的产品质量。

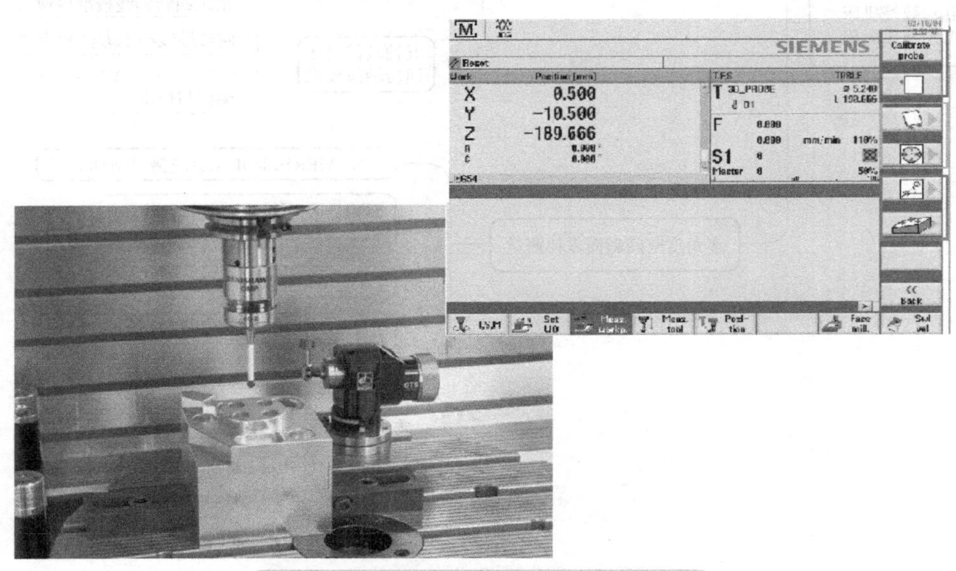

图 6-1　五轴高档数控机床在线测头应用

> **提示：**雷尼绍标准机床测头的重复性精度为 1μm，高精度 3D 测头重复性精度可达 0.25μm。机床的定位精度、重复定位精度也会影响测头的测量精度，一台精度合格的机床配备测头，结合数控系统，如果对测头进行过正确的调整、校准，那么结合 SINUMERIK 840D sl 数控系统本身的测头固定循环，测量精度完全可以满足常规高精度零件的检测要求。

任务 6.1　利用工件测头检测五轴数控机床回转轴线

学习任务书

1. 学习任务描述

本任务首先进行测头的对中调整、测头触发信号的诊断，完成测头的标定，做好工件测头检测前的准备工作。

其次，通过使用标定球，正确调用并编辑西门子 CYCLE996 回转轴线检测程序，同时与 CYCLE800 回转定位指令相配合，使工件测头在回转到不同角度时测量标定球中心，并通过程序自动计算，完成五轴数控机床回转轴线检测与自动补偿的工作。

最后，结合五轴数控机床回转轴线检测实践过程，了解五轴数控机床回转轴线定义和 SINUMERIK 840D sl 系统五轴轴线补偿方法，掌握应用西门子 CYCLE996 回转轴线检测编程方法和实施步骤。通过对工件测头的工作原理和结构的学习，正确理解工件测头工作精度。

2. 学习准备

序号	工作准备	内容	备注
1	机床（数控系统）	五轴数控机床	SINUMERIK 840D sl 系统
2	工件测头	OMP60 工件测头（雷尼绍机械式测头）	配备与机床刀具型号一致的测头刀柄
3	工具	千分表（分度值为 0.002 mm）内六角扳手	内六角扳手与测头调节螺钉大小一致
4	标定球	标定直径 ϕ25mm	带磁力表座

6.1.1　测量任务分析

1. 测量对象分析——测什么

本次测量任务的最终目的是校准五轴数控机床的回转轴线。五轴数控机床在出厂后，经过较长时间间隔或发现回转精度误差较大时，都需要进行回转精度校准。在校准前首先要对五轴数控机床回转轴线在西门子系统中的参数定义有清晰的认知，以图 6-2 所示的摇篮式 B、C 轴的五轴数控机床为例，其回转轴示意图和各回转轴的参数说明如下。

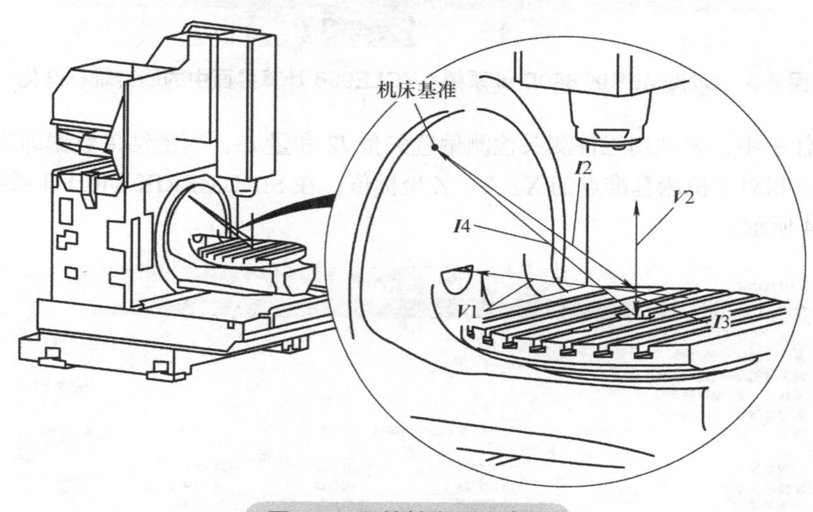

图 6-2　回转轴参数示意图

提示：此任务需要修改西门子系统数控机床回转轴结构参数，做之前请做好回转轴参数备份，防止数据丢失。

回转轴参数定义：

1）回转轴矢量 *V*1 表示：回转轴 B 轴围绕 Y 轴旋转。
2）回转轴矢量 *V*2 表示：回转轴 C 轴围绕 Z 轴旋转。
3）偏置矢量 *I*2 表示：从机床基准点到回转轴 1 中点的距离。
4）偏置矢量 *I*3 表示：从回转轴 1 的中点到回转轴 2 与工作台平面的交点距离。
5）偏置矢量 *I*4 表示：结束矢量链，*I*4=–（*I*2+*I*3）。

注：理论上回转轴是无限长的，回转轴 1 的中点为任意位置，而在西门子系统 CYCLE996 中，则可将该中点位置进行标准化，即定义在某一确定的对应坐标位置，如图 6-3 所示。

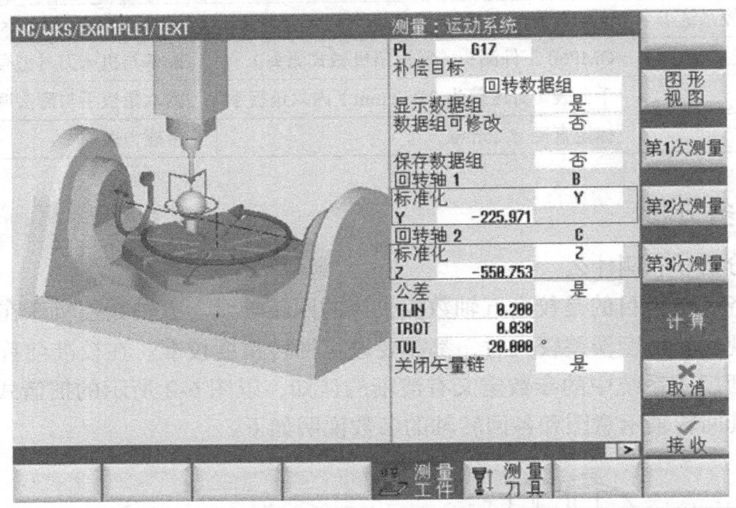

图 6-3 SINUMERIK 840D sl 系统 CYCLE996 计算界面中的回转轴标准化

本次测量任务中，要利用工件测头检测偏置矢量 *I*2 和量 *I*3，测量结果数据即为 B 轴与 C 轴的中心线的交点相对于机床基准点的 X、Y、Z 坐标值，在 SINUMERIK 840D sl 系统中回转轴参数界面如图 6-4 所示。

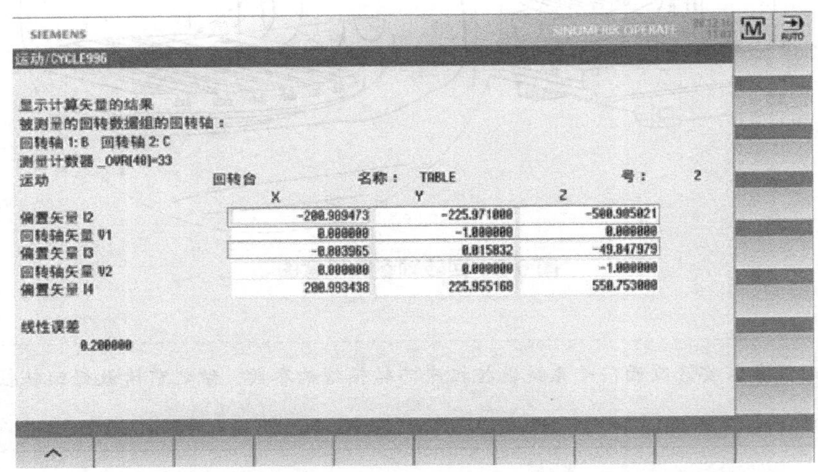

	X	Y	Z
偏置矢量 I2	-200.909473	-225.971000	-500.905021
回转轴矢量 V1	0.000000	-1.000000	0.000000
偏置矢量 I3	-0.083965	0.015832	-49.847979
回转轴矢量 V2	0.000000	0.000000	-1.000000
偏置矢量 I4	200.993438	225.955168	550.753000

图 6-4 SINUMERIK 840D sl 系统界面中所检测的轴线偏置参数

2. 测量方法分析——怎么测

本测量任务要求利用工件测头来进行测量，具体测量步骤如下：

1）将带磁力表座的标定球吸附到机床回转工作台靠近边缘处（要求在机床各坐标轴行程范围内），如图 6-5 所示。

2）用调整好并标定过的工件测头分别测量机床某一轴在不同回转角度的球心坐标。

3）根据不同回转位置球心坐标，利用西门子系统自动测量出回转轴线偏置矢量并自动补偿到机床回转轴参数中。

图 6-5　测头校准五轴数控机床回转轴

为保证回转轴轴线的位置精度，可在适当的时候定期利用工件测头结合 3D- 运动测量循环 CYCLE996 检测运动回转轴轴线位置。

6.1.2　工件测头使用前的熟悉与调试

1. 工件测头使用前的熟悉——了解工作原理

简单来说，测头是一个信号开关。在图 6-6 中，通过测针与被测工件表面接触产生触发信号，接收器将触发信号传输给数控系统。测头本身并没有测量计算功能，需要通过运行测量程序完成测量动作和测量计算，最后输出测量结果。

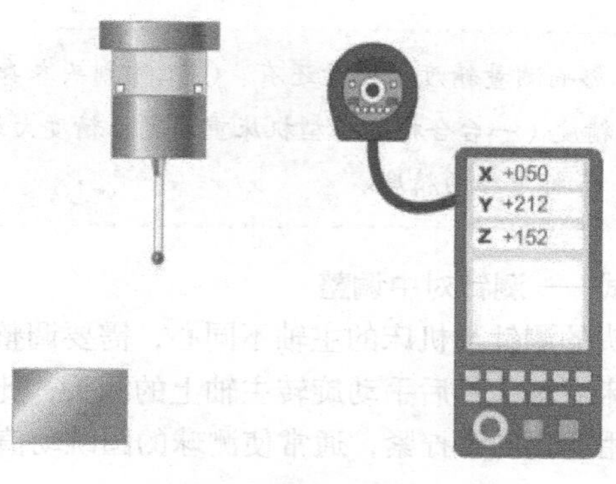

图 6-6　测头的工作原理

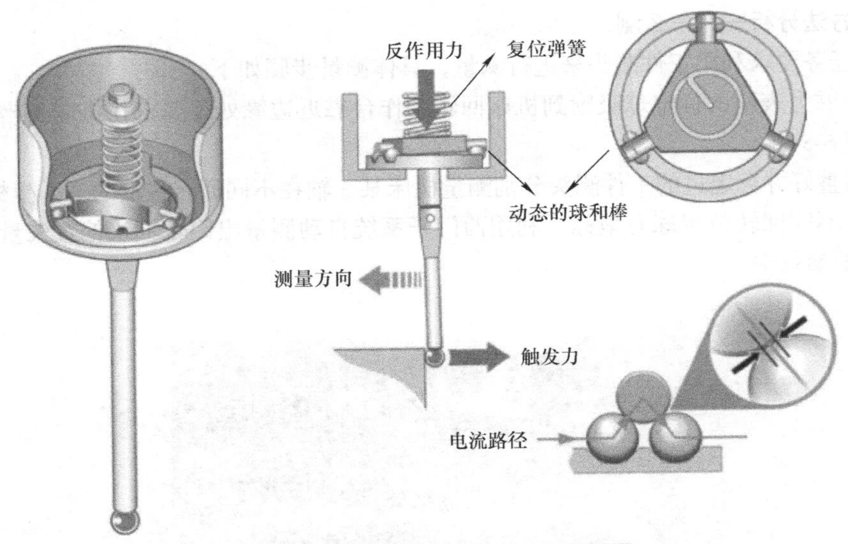

图 6-7 机械式测头的结构和工作原理

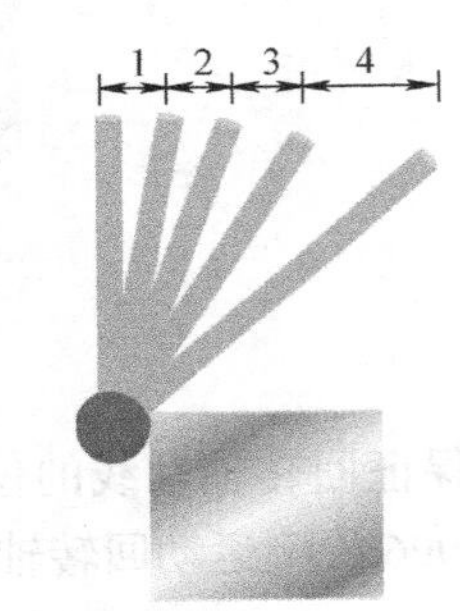

图 6-8 测头测量运动误差

1—机械预行程 2—接口响应时间
3—控制器响应时间 4—减速距离

图 6-7 所示为机械式测头结构，测针部分采用 6 点支撑结构，测针结构中的三个圆棒分别置于两个圆球上，电流通过小球与圆棒的接触形成闭环，当测针接触到被测工件表面时，随着圆棒与小球间接触面积的减小，电流闭环回路的电阻增大，传感器检测到电阻变化产生触发信号。测针接触到工件后，由自由状态到触发信号产生时的位移即为测头触发的预行程，预行程可以通过测头标定进行补偿。当测针离开工件表面时，复位弹簧将测针复位，触发信号也复位。未标定的测头在工作中存在以下运动误差，如图 6-8 所示。

1）触发前的预行程、测针偏摆等误差。

2）机床在读取测量信号时也会由于信号传输、处理信号占用微少的时间而造成信号延迟，从而产生位移误差。

3）机床接收到测量信号后由运动到停止的减速过程中造成的位移误差。

引导提问：既然存在如此多的误差，那么如何保证测量精度呢？

提示： 除运动误差外，影响测量精度的因素还有：①工件测头本身的重复性精度（机械式测头为 1μm）；②机床的重复定位精度（一台合格的小型机床重复定位精度大约是 2μm）；③测头所安装的机床主轴定向；④测量速度；⑤标准件的精度。

2. 工件测头使用前的调试——测针对中调整

工件测头初次组装时测头的测针与机床的主轴不同心，需要调整测针在未工作状态下的偏摆量，可通过先安装测头至机床主轴，然后手动旋转主轴上的测头，此时观察千分表，分别调整两个方向上的两对顶丝，最后用适当的力拧紧，通常使测球的圆跳动值保持在 10μm 以内，如图 6-9 所示。

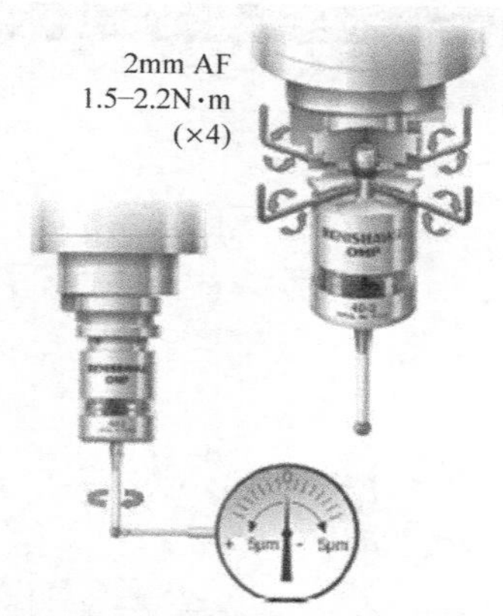

图 6-9　小型测头测针对中调整示意图

实操步骤如下：

1）分别观察相对两螺钉朝向千分表时的压表数据，两边数据差值的 1/2 即为将调整的量。

2）先将压表较少的一端螺钉适当松开，再将压表较多的一端螺钉按顺时针方向向螺纹孔内拧，同时观察千分表转过步骤 1）所观察到的调整量（图 6-10）。重复上述动作，直到两边差值小于 10μm。

3. 工件测头使用前的调试——在线测头信号诊断

机床测头信号传输的形式主要有硬线连接、红外线光学信号、无线电信号，根据机床结构大小、传输距离、布线方式等因素进行选择。五轴数控机床中旋转轴若会因工作台旋转一定角度而阻挡与接收器间的光学传输信号，或者机床较大，传输距离较远，影响正常传输，则应选择无线电信号传输在线测头，如图 6-11 所示。

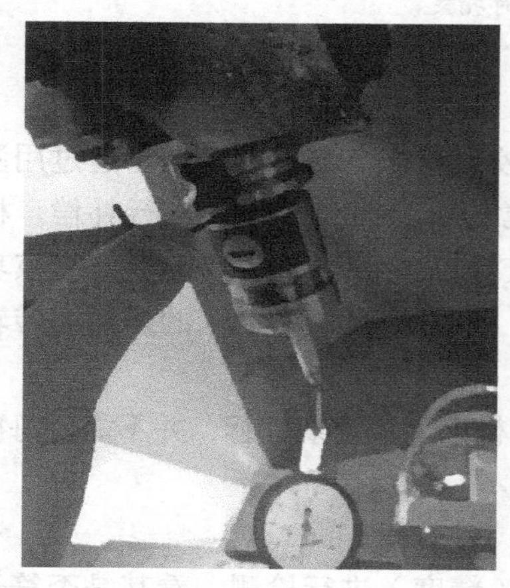

图 6-10　小型测头测针对中调整实物图

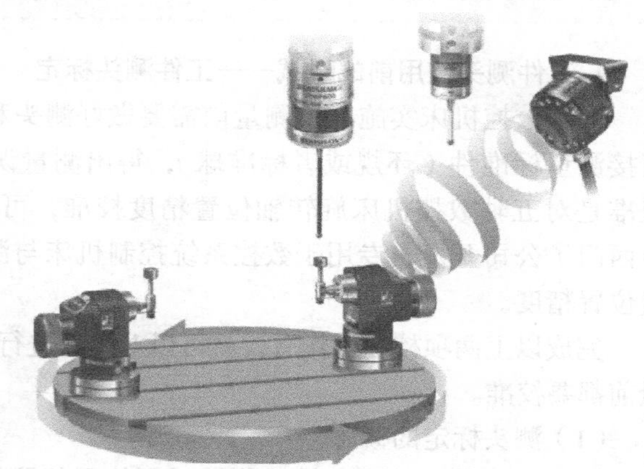

图 6-11　在线测头无线电信号传输示意图

在线测头初次安装使用前，应诊断信号是否正常，否则测头将无法正常运行，甚至有碰撞的危险。以 SINUMERIK 840D sl 系统为例：

（1）诊断信号方法 1

1）进入系统 PLC 变量界面 [诊断] → [NC/PLC variab.]。

2）输入图 6-12 所示 PLC 地址位，手动触发测头 1 或测头 2，图中 PLC 地址位有翻转信号。

图 6-12 信号状态 PLC 变量查看画面

（2）诊断信号方法 2 测量信号也可以根据测头触发时，执行测量余程删除指令 MEAS，通过机床进给是否停止来判断信号正常与否。

操作步骤示例：

1）在 MDA 模式下输入程序段并执行 MEAS=1 G91 G01 X50 Y0 F100。

2）机床 X 轴开始移动时，注意观察 X 坐标变化。

3）在机床 X 轴执行进给动作的过程中，使测头触发，查看 X 轴进给是否停止。

注意：MEAS 等于 1、–1、2 或 –2 的四种情况由测头装调时指定。

4. 工件测头使用前的调试——工件测头标定

五轴数控机床实施在线测量前需要做好测头和机床的校准工作，测头校准是指通过用测头直接测量标准件（环规或者标准球），得出测量误差，在常规测量时将此误差进行补偿。机床校准是对五轴数控机床旋转轴位置精度校准，可通过 CYCLE996 循环完成校准工作。该功能由西门子公司开发，专用于数控系统控制机床与测头结合，定期测量检测机床的运动回转轴轴线位置精度。

完成以上两项校准工作后，就可以对工件进行测量了。校准工作定期进行，并不需要每次测量前都要校准。

（1）测头标定的概念

标定是指使用标准的计量仪器对所使用仪器的准确度（精度）进行检测，看其是否符合标准，大多用于精密度较高的仪器。对于测头来说，则是用测头直接测量标准件，得出测量误差，以便在常规检测时将此误差进行补偿。

（2）测头标定的重要性

为尽量避免预行程、测针偏心等测量误差对测量结果带来的影响，使用机床测头测量之前必须通过标定校准的方式检测出机床测头在正常恒定测量速度、相同的信号响应时间等情况下的各项误差值，以便在测量过程中进行误差补偿，从而得到高精度的测量结果。

引导提问：机床测头在什么情况下必须进行标定校准？

提示：

标定必须在任何可能导致测头测量位置发生变化的情况下进行，如：

1）第一次使用测头时。

2）测头更换测针。

3）怀疑测针弯曲或测头发生碰撞后。

4）机床进行了调整，如补偿位置误差。

5）刀柄因素。刀柄与测头间的连接被移动；如果测头刀柄与主轴间的安装定位的重复性差，在这种特殊情况下，每次调用测头时都要对其重新校准。

6）测量速度发生变化。

7）周期性地进行校准，以补偿机床的机械变化误差。

测量速度需要恒定往往被操作者忽略。因机械式测头结构与触发原理的特点，在标定时的进给倍率与测量时的进给倍率不一致，使得测针分别在标定、测量时的预行程等导致 X、Y 向偏移，Z 向缩进量不一致，从而会较大地影响测量结果的准确性。

（3）测头标定　测头初次使用，发生测针非正常位移或发现测量误差过大时需要对测头进行标定，根据机床使用频率也需要定期标定。

1）设定环规、标定球或量块等标准件的上表面为工件坐标系 Z 向原点。将一把已知准确刀长、半径的基准刀安装至主轴，并在基准刀对应刀沿中输入它的刀长。用基准刀对标准件表面，使用塞尺或块规来辅助进行，将标准件表面设为工件坐标系 Z 向原点，如图 6-13 所示。

2）激活设定过的工件坐标系，调出测头，检测标准件表面，如图 6-14 所示。利用西门子长度标定循环指令，程序将根据环规表面的准确位置和测头触发时的位置，计算出测头工作时的有效刀长值或相对于原先测头近似刀长值的磨损值（直接更改刀长还是写入磨损值，不同的程序有不同的方式），更新测头刀偏值，如图 6-15 所示。

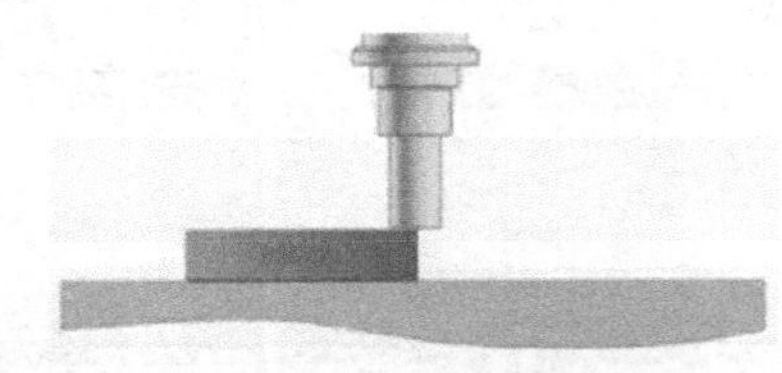

图 6-13　利用基准刀设定标准件上表面

图 6-14　测头在标准件上表面进行长度标定

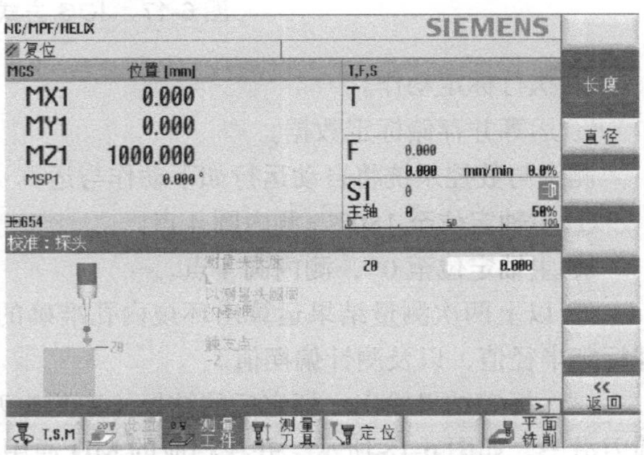

图 6-15　长度标定界面

3）机床测头半径方向标定。

① 找到标准件中心位置。如图 6-16 所示，将测头在 JOG 方式下移动至环规粗略中心位置并探入孔内一定深度，进入编程对话界面设置检测所在平面、环规直径、安全间隙、越程距离等参数后，执行程序。

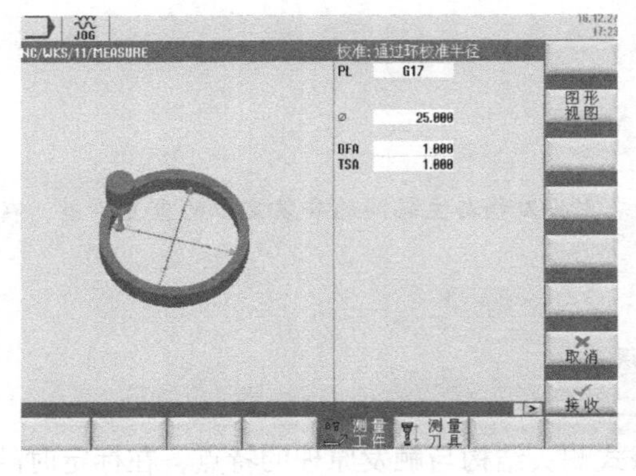

a) 半径标定——环规标定测头　　b) 半径标定——标准球标定测头

图 6-16　编程方式下半径标定循环

JOG 方式下半径标定界面如图 6-17 所示。

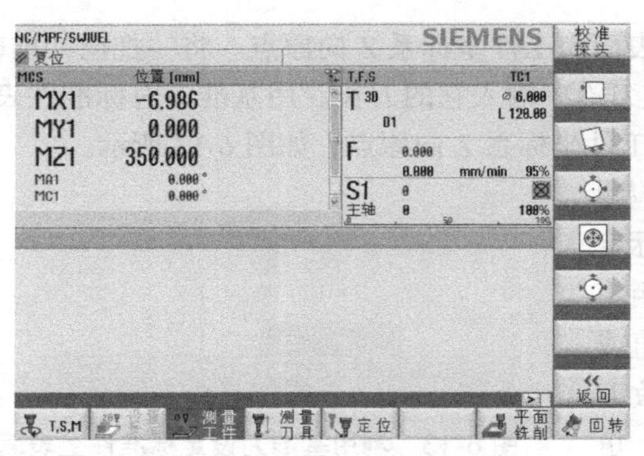

a) 测量工件，校准探头软键位置　　b) 半径校准软键位置

图 6-17　JOG 方式下半径标定界面

② 执行标定动作。

③ 运算并存储标定数据。

测头与数控系统将自动运行如下动作与运算：

① 主轴定位至 180°，测内圆 4 点。

② 主轴定位至 0°，测内圆 4 点。

③ 以上两次测量结果运算出环规内孔准确的中心位置，并计算和更新测球标定数据，如测球标定半径值，以及测针偏摆值。

（4）标定结果输出　标定后的结果（如测头刀长数据、测头半径数据）将分别自动更新到当前刀沿中，如图 6-18 所示，并在相应的 MD 通用机床参数中查看 X、Y 各方向的偏心、半径值。宏程序测量软件则存储至指定的全局用户变量中。

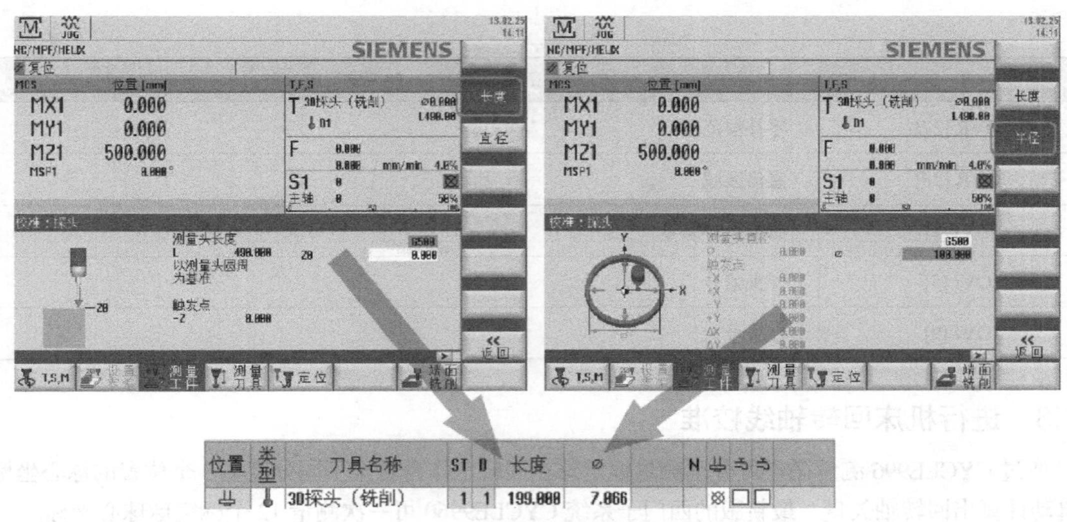

图 6-18　标定数据存储

测量结果参数：上述“半径环规校准”测量循环完成后，测量结果将存入测量结果参数，见表 6-1。测量结果参数可通过查看“通道用户变量”界面查看。

表 6-1　“半径环规校准”测量结果参数

参数	说明
_OVR [4]	探头的直径实际
_OVR [5]	探头的直径差值
_OVR [6]	标准环圆心在第 1 轴的坐标
_OVR [7]	标准环圆心在第 2 轴的坐标
_OVR [8]	触发点在第 1 轴负方向的实际坐标
_OVR [9]	触发点在第 1 轴负方向的坐标差值
_OVR [10]	触发点在第 1 轴正方向的实际坐标
_OVR [11]	触发点在第 1 轴正方向的坐标差值
_OVR [12]	触发点在第 2 轴负方向的实际坐标
_OVR [13]	触发点在第 2 轴负方向的坐标差值
_OVR [14]	触发点在第 2 轴正方向的实际坐标
_OVR [15]	触发点在第 2 轴正方向的坐标差值
_OVR [20]	第 1 轴位置偏差（探头倾斜位置）
_OVR [21]	第 2 轴位置偏差（探头倾斜位置）
_OVR [24]	确定触发点的角度

（续）

参数	说明
_OVR [27]	零补偿范围
_OVR [28]	置信区域
_OVI [2]	测量循环编号
_OVI [5]	探头编号
_OVI [9]	报警号

6.1.3 进行机床回转轴线校准

通过 CYCLE996 测量循环可分别测量标定球在回转工作台转至不同分度上 3 个位置的球心坐标，并自动计算出回转轴矢量。最新版的西门子系统 CYCLE9960 可一次测量 12 个标定球球心坐标。

测头测量标定球校准五轴数控机床回转轴的思路与测量循环设置步骤如下（以回转轴为 B、C 轴的机床为例）：

1）在 B 轴为 0° 时，分别测量标定球 C 轴为 0°、120°、240° 时的球心位置坐标，并将它们设定为 CYCLE996 的 C 轴第一次测量、第二次测量、第三次测量，如图 6-19、图 6-20 和图 6-21 所示。

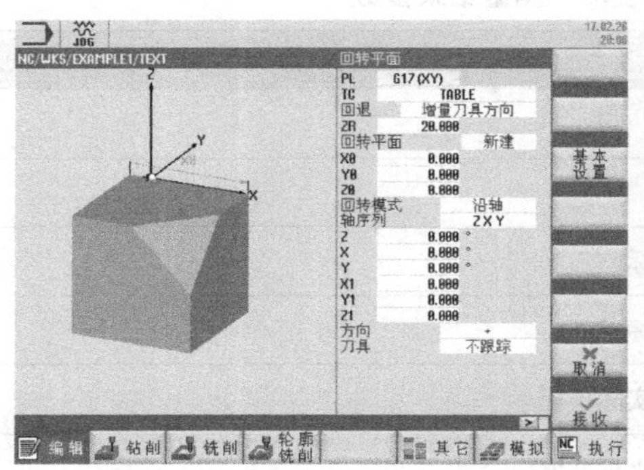

a) CYCLE800界面设置

b) C轴0° 测量实景

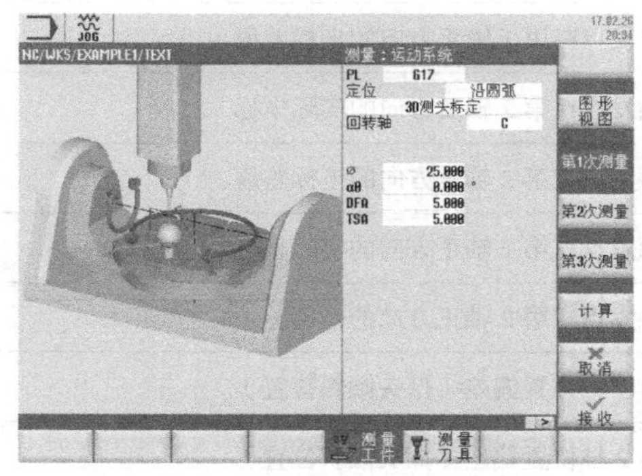

c) CYCLE996界面设置

图 6-19 B 轴、C 轴为 0° 时——B 轴、C 轴测量点 1

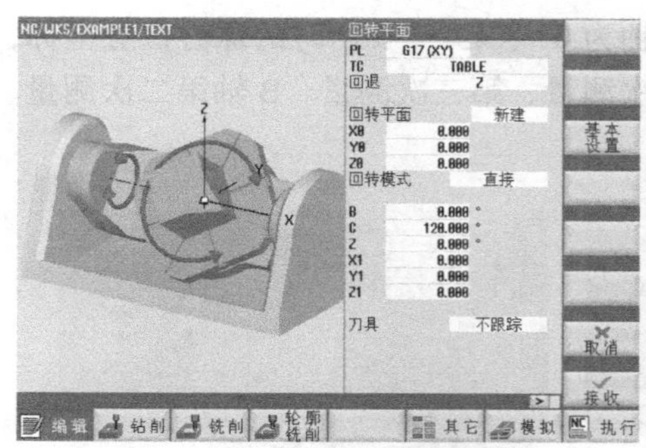

a) CYCLE800界面设置　　b) C轴120° 测量实景

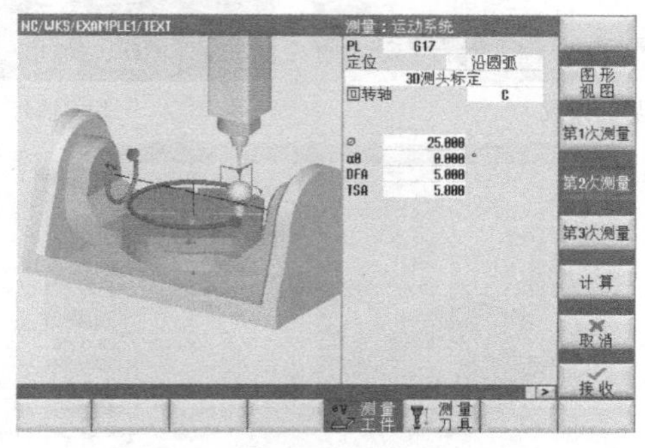

c) CYCLE996界面设置

图 6-20　B 轴 0°、C 轴 120° 时——C 轴测量点 2

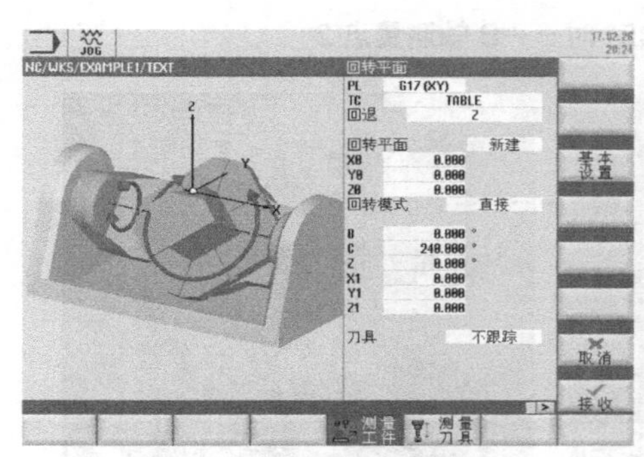

a) CYCLE800界面设置　　b) C轴240° 测量实景

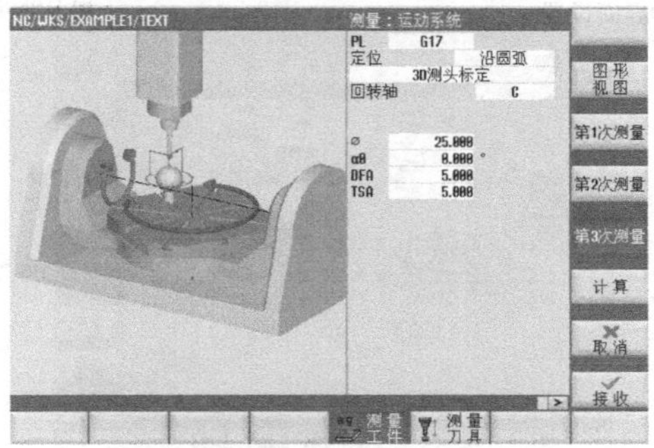

c) CYCLE996界面设置

图 6-21　B 轴 0°、C 轴 240° 时——C 轴测量点 3

2）在 C 轴为 0° 时，分别测量标定球 B 轴为 0°、45°、90° 时的球心位置坐标，并将它们设定为 CYCLE996 的 B 轴第一次测量、第二次测量、第三次测量。B 轴第二次测量、第三次测量如图 6-22、图 6-23 所示。

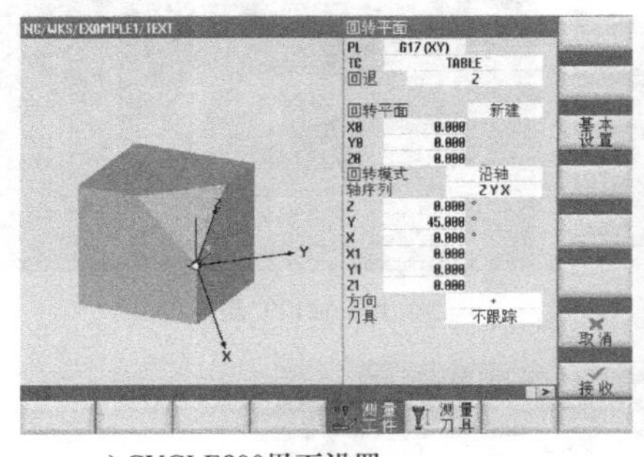

a) CYCLE800界面设置

b) B轴45° 测量实景

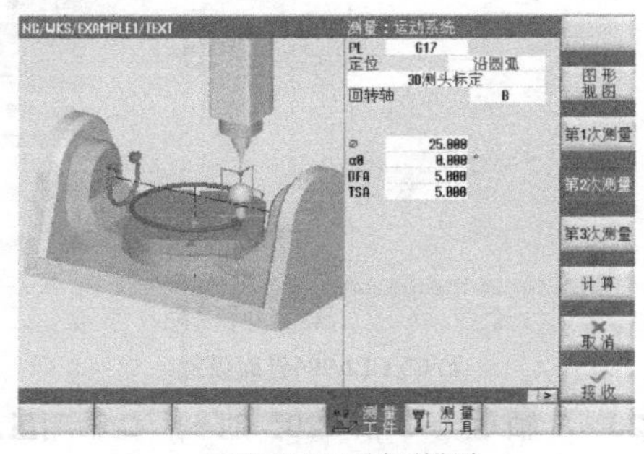

c) CYCLE996界面设置

图 6-22　B 轴为 45° 时——B 轴测量点 2

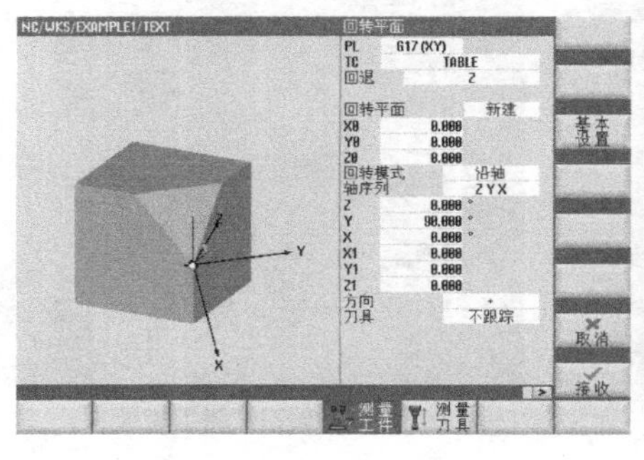

a) CYCLE800界面设置

b) B轴90° 测量实景

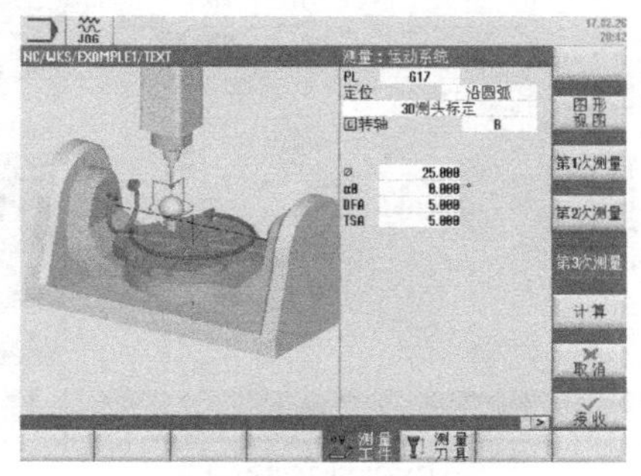

c) CYCLE996界面设置

图 6-23　B 轴为 90° 时——B 轴测量点 3

3）程序运算得出结果，补偿至回转轴各数据。

利用B轴在0°时，分别测C轴3点均布，即位于C轴0°、120°、240°的球心坐标组成三角形计算C轴回转中心实际坐标值。利用C轴在0°时，3个分别位于B轴不同角度的球心坐标计算出B轴中心坐标值。

CYCLE996计算界面（图6-24a）主要参数含义：

① PL：测量所在平面。

② 补偿目标："回转数据组"或"仅测量"，选择"仅测量"将不会将测量结果数据自动补偿至回转轴数据组设置表当中。

③ 显示数据组："是"或"否"，测量后，是否显示回转数据组界面。

④ 数据组可修改："是"或"否"，显示的回转数据组是否可修改。

⑤ 保存数据组："是"或"否"，测量后，回转数据组是否保存。

⑥ 回转轴1、2：回转轴1、2的名称。

⑦ 标准化："X、""Y"、"Z"或"否"，标准化的回转轴的中心位置将确定在某一位置。

4）校准结果输出。回转轴校准测量结果显示如图6-25所示。

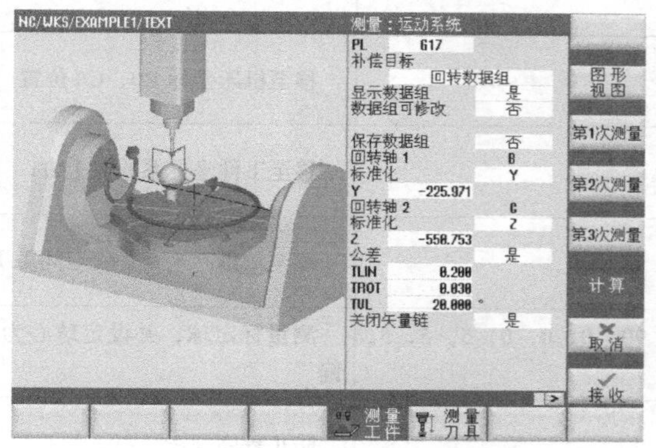

a) CYCLE996计算界面设置　　b) 根据3点计算圆心示意

图6-24　CYCLE996各回转轴计算

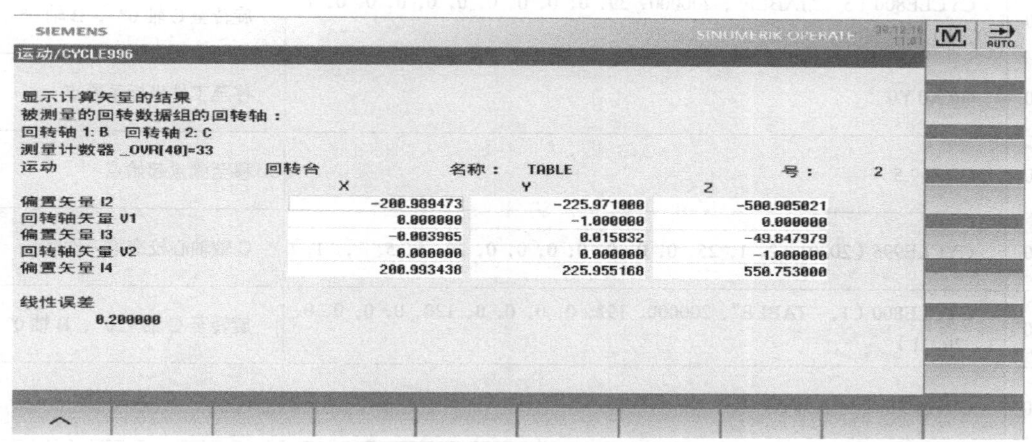

图6-25　回转轴校准测量结果显示

利用 CYCLE996 校准各回转轴参考程序，见表 6-2。

表 6-2　利用 CYCLE996 校准各回转轴参考程序

段号	程序	注释
N10	CYCLE800（）	回转平面清零
N20	CYCLE832（0，_OFF，1）	取消高速加工循环
N30	G54 G17 G90 G64	调用零偏、模态指令
N40	T=“3D_PROBE”	调用测头
N50	M6	调刀到主轴
N60	$SCS_MEA_RESULT_DISPLAY=3	完成后显示测量结果
N70	SUPA G0 B0 C0	移至机床坐标 B0、C0 位置
N80	G0 X0 Y0 Z100	移至工件坐标系原点上方
N90	G1 Z10 F1000	移至测量起始点（安全间隙）
N100	CYCLE997（1102109，1，1，25，5，5，0，90，0，0，0，5，5，5，10，10，10，0，1，，1，）	测量标定球，并设定球心为零偏
N110	STOPRE	防止程序预读
N120	G54	重新调用零偏
N130	CYCLE800（5，“TABLE”，200000，39，0，0，0，0，0，0，0，0，0，1，20，1）	旋转至 C 轴 0°，B 轴 0°
N140	G0 X0 Y0	移至工件坐标系原点
N150	G0 Z17.5	移至测量起始点
N160	CYCLE996（20201，2，1，25，0，0，0，0，0，0，0，20，5，5，1，，1，）	C 轴轴心校准第一次测量
N170	CYCLE800（1，“TABLE”，200000，192，0，0，0，0，120，0，0，0，0，1，20，1）	旋转至 C 轴 120°，B 轴 0°
N180	G0 X0 Y0	

（续）

段号	程序	注释
N190	G0 Z17.5	
N200	CYCLE996（20202，2，1，25，0，0，0，0，0，0，0，20，5，5，1，，1，）	C轴轴心校准第二次测量
N210	CYCLE800（1，“TABLE”，200000，192，0，0，0，0，240，0，0，0，0，1，20，1）	旋转至C轴240°，B轴0°
N220	G0 X0 Y0	
N230	G0 Z17.5	
N240	CYCLE996（20203，2，1，25，0，0，0，0，0，0，0，20，5，5，1，，1，）	C轴轴心校准第三次测量
N250	CYCLE800（1，“TABLE”，200000，192，0，0，0，，0，0，0，0，0，1，20，1）	旋转至B轴0°，C轴0°
N260	G0 X0 Y0	
N270	G0 Z17.5	
N280	CYCLE996（10201，2，1，25，0，0，0，0，0，0，0，20，5，5，1，，1，）	B轴轴心校准第一次测量
N290	CYCLE800（1，“TABLE”，200000，27，0，0，0，0，45，0，0，0，0，1，20，1）	旋转至B轴45°，C轴0°
N300	G0 X0 Y0	
N310	G0 Z17.5	
N320	CYCLE996（10202，2，1，25，0，0，0，0，0，，0，20，5，5，1，，1，）	B轴轴心校准第二次测量
N330	CYCLE800（1，“TABLE”，200000，27，0，0，0，0，90，0，0，0，0，1，20，1）	旋转至B轴90°，C轴0°
N340	G0 X0 Y0	
N350	G0 Z17.5	
N360	CYCLE996（10203，2，1，25，0，0，0，0，0，0，0，20，5，5，1，，1，）	B轴轴心校准第三次测量
N370	CYCLE800（1，“TABLE”，200000，27，0，0，0，0，0，0，0，0，0，1，20，1）	旋转回B轴0°，C轴0°

（续）

段号	程序	注释
N380	CYCLE800（）	回转平面清零
N390	CYCLE996（3201200，2，1，25，0，0，0，-225.971，-550.753，0.2，0.03，20，5，5，1，，1，101）	计算并更新各回转轴数据
N400	M6 T0	测头回刀库
N410	M17	程序结束

任务 6.2　多角度空间斜面零件测量

学习任务书

1. 学习任务描述

本任务需要操作者通过五轴空间坐标转换将工件（图 6-26）调整到测量位置，调用西门子测量循环，对相应的工件特征进行测量。通过本任务的实际操作，掌握五轴数控机床测量工件的方法。

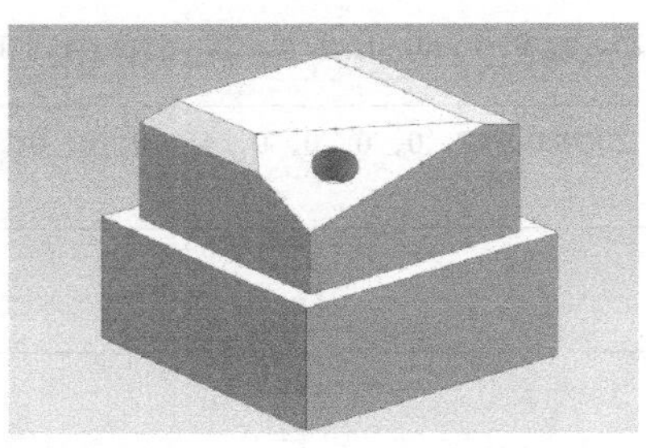

图 6-26　多角度空间斜面零件

2. 识读图样（图 6-27）

3. 学习准备

序号	工作准备	内容	备注
1	机床及数控系统	五轴数控机床	SINUMERIK 840D sl 数控系统
2	工件	多角度斜面零件	2A12
3	工件测头	应变片测头	雷尼绍高精度测头
4	夹具	平口虎钳	注意加工干涉
5	其他		

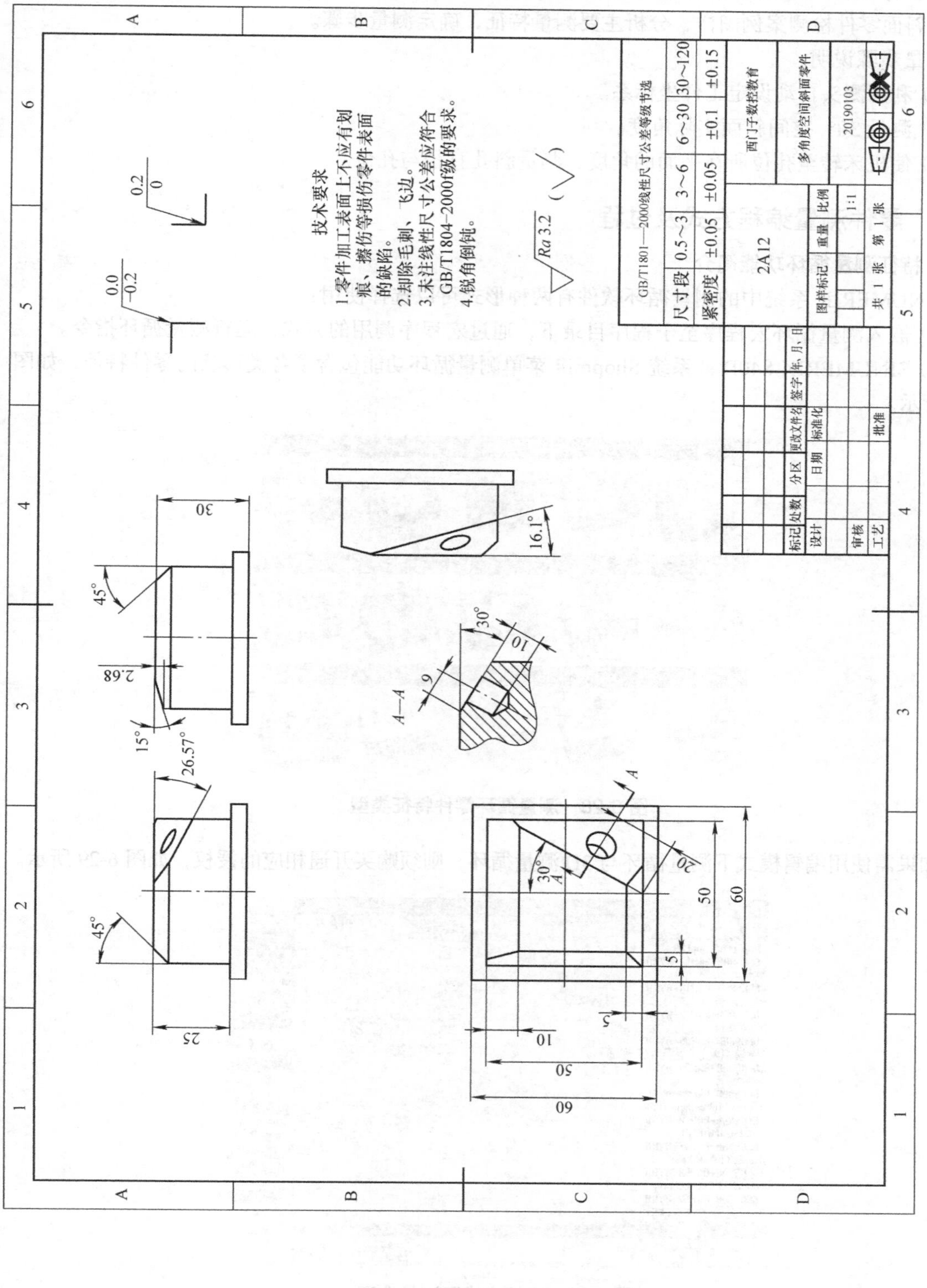

技术要求

1.零件加工表面上不应有划痕、擦伤等损伤零件表面的缺陷。
2.去除毛刺、飞边。
3.未注线性尺寸公差应符合GB/T1804–2000f级的要求。
4.锐角倒钝。

Ra 3.2 (√)

GB/T1801—2000线性尺寸公差等级节选				
尺寸段	0.5～3	3～6	6～30	30～120
紧密度	±0.05	±0.05	±0.1	±0.15

标记	处数	分区	更改文件名	签字	年、月、日	2A12			西门子数控教育
设计		日期	标准化			图样标记	重量	比例	多角度空间斜面零件
								1:1	20190103
审核						共 1 张	第 1 张		
工艺		批准							

图6-27 “多角度空间斜面零件”零件图

6.2.1　测量任务分析

在任务 6.1 中已经完成对测头及机床回转轴的校准，在本任务中，需根据图 6-27 所示多角度空间斜面零件检测案例图样，分析主要测量特征，确定测量步骤。

测量步骤说明：

1）利用测头自动设定工件坐标系。

2）测量 30° 空间斜面实际角度。

3）使机床转至孔位所在平面的角度，测量斜孔直径与孔位。

6.2.2　零件测量编程方式及过程

1. 特征测量循环功能简介

SINUMERIK 系统中的测量循环软件有两种形式可以选择使用：

1）嵌入测量循环宏程序至子程序目录下，通过宏程序调用的方式，运行测量循环指令。

2）SINUMERIK 840D sl 系统 Shopmill 菜单测量循环功能包含了各类形状的零件特征，如图 6-28 所示。

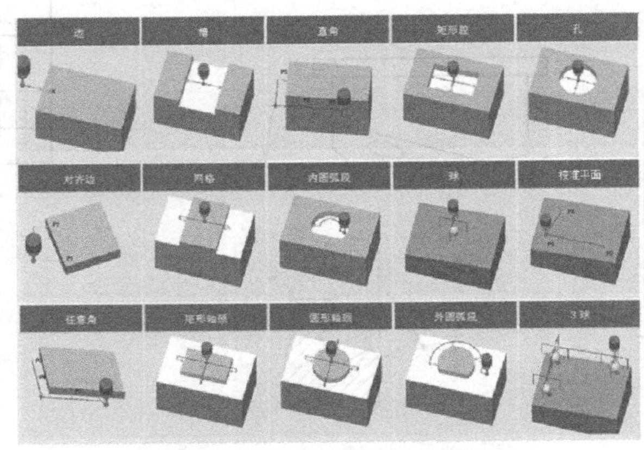

图 6-28　测量循环零件特征类型

如果需使用编辑模式下测量循环与 3D 测量循环，则须购买开通相应的授权，如图 6-29 所示。

授权：全部选件

选件	已设置	已授权
ShopTurn/ShopMill 6FC5800-0AP17-0YB0	☑	☑
测量运动 6FC5800-0AP18-0YB0	☑	☑
同步记录（当前加工的实时模拟） 6FC5800-0AP22-0YB0	☑	☑
3维模拟1（成品） 6FC5800-0AP25-0YB0	☑	☑
3维模拟2（成品及加工空间） 6FC5800-0AP26-0YB0	☑	☑
测量循环 6FC5800-0AP28-0YB0	☑	☑
Access MyMachine /P2P 6FC5800-0AP30-0YB0	☐	☑
Run MyHMI/PRO 6FC5800-0AP47-0YB0	☐	☑
Create MyInterface 6FC5800-0AP50-0YB0	☐	☑
Tool Ident Connection 6FC5800-0AP52-0YB0	☐	☑
电子钥匙系统（EKS）	☐	☑

概览　全部选件　缺少的授权/选件　搜索　复位(po)　导出授权需求　根据授权设置选件　返回

授权　回转数据

图 6-29　编辑方式下测量选项

2. 测量结果查看方法

除查看变量外，西门子系统测头测量结果查看方式还有很多种：

1）在NC程序编写“WRITE”指令，可将测量结果输出至指定NC文本，如图6-30所示。

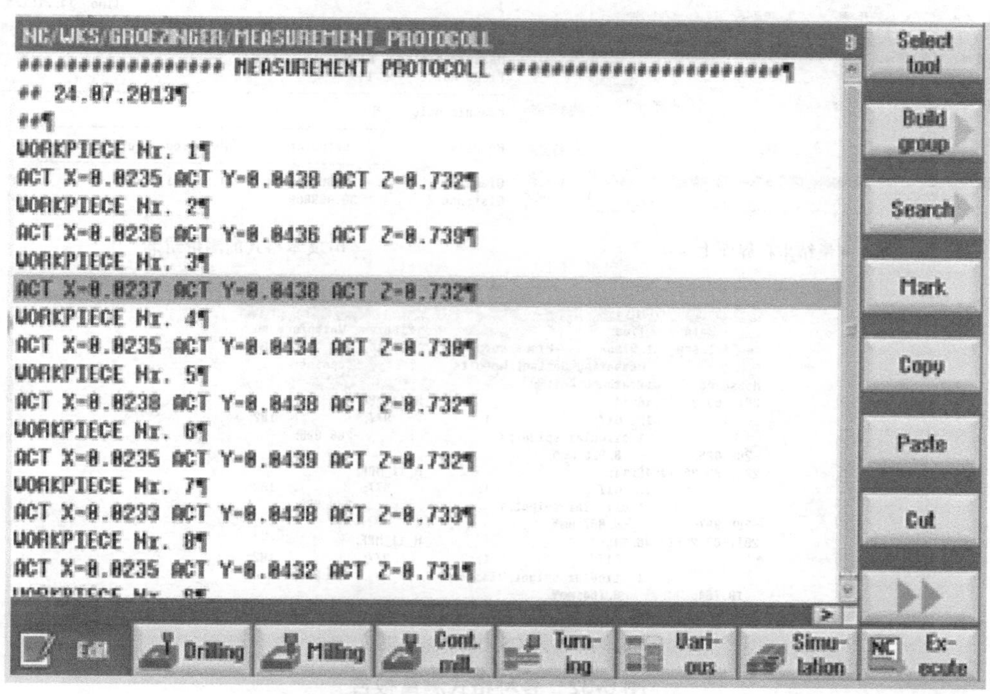

图6-30　应用“WRITE”指令输出测量报告

2）自西门子SW4.7版本起，在功能更加强大的全新测量结果功能菜单（图6-31）或参数界面设置好相应参数，可输出文本格式（TXT）、表格（CSV）格式的测量报告，如图6-32所示。

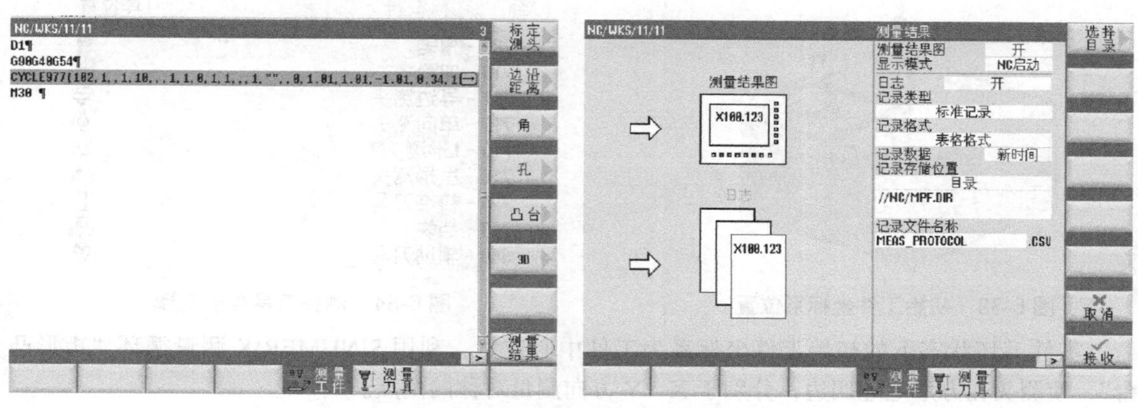

图6-31　新版系统测量结果功能菜单

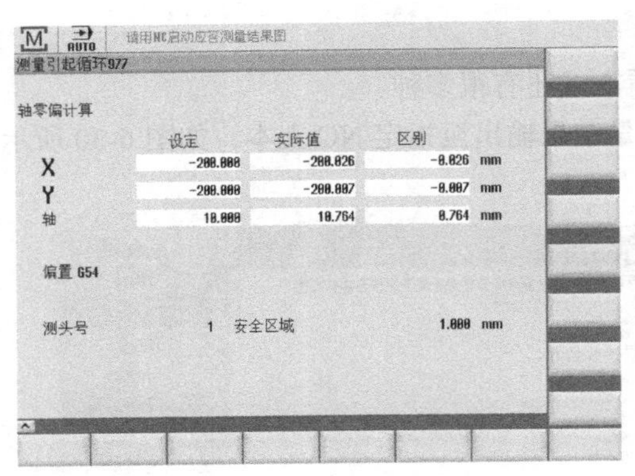

a) 测量结果在界面上显示

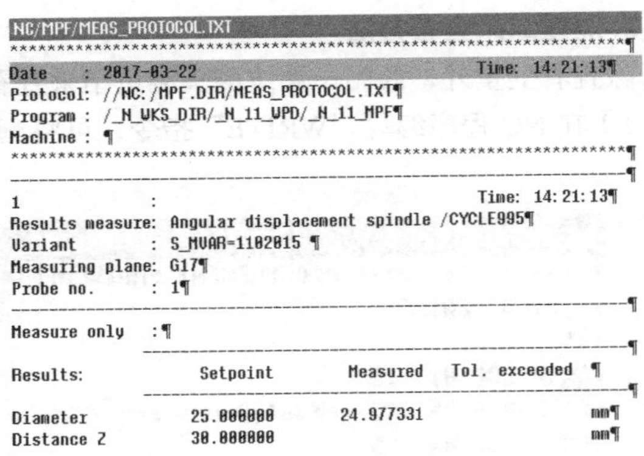

```
NC/MPF/MEAS_PROTOCOL.TXT
****************************************************************¶
Date      : 2017-03-22                        Time: 14:21:13¶
Protocol: //NC:/MPF.DIR/MEAS_PROTOCOL.TXT¶
Program : /_N_WKS_DIR/_N_11_WPD/_N_11_MPF¶
Machine : ¶
****************************************************************¶
----------------------------------------------------------------¶
1               :                             Time: 14:21:13¶
Results measure: Angular displacement spindle /CYCLE995¶
Variant         : S_MVAR=1102015 ¶
Measuring plane: G17¶
Probe no.       : 1¶
----------------------------------------------------------------¶
Measure only    :¶
----------------------------------------------------------------¶
Results:          Setpoint        Measured   Tol. exceeded  ¶
----------------------------------------------------------------¶
Diameter          25.000000       24.977331                mm¶
Distance Z        30.000000                                mm¶
```

b) 文本格式的测量结果

```
NC/MPF/MEAS_PROTOCOL.CSV
      Date;     Time;                               Program; Workpiece no.
;       Testpoint; Plane;      Probe no.;              Cycle;          S_MVAR;
                  Measuring variant; Results:      ;        Setpoint;
Measured;      Difference; Unit¶
2017-03-22; 14:46:14;                            _N_11_MPF;
;                  1;  G17;            1;                977;             102;
                    1 circular spigot; X            ;        -200,000;
-200,026;          -0,026; mm¶
2017-03-22; 14:46:14;                            _N_11_MPF;
;                  1;  G17;            1;                977;             102;
                    1 circular spigot; Y            ;        -200,000;
-200,007;          -0,007; mm¶
2017-03-22; 14:46:14;                            _N_11_MPF;
;                  1;  G17;            1;                977;             102;
                    1 circular spigot; Diameter     ;         10,000;
  10,764;           0,764; mm¶
```

c) 表格格式(CSV)的测量结果

图 6-32　各种格式测量报告

3. 测量编程与操作过程

（1）测量工件外轮廓自动设定工件坐标系　对应图 6-27 所示的零件，工件坐标系零偏设定位置如图 6-33 所示。测头刀具类型一定要选择为 3D 测头（见图 6-34，编号 710），否则执行测量循环时机床会报警。

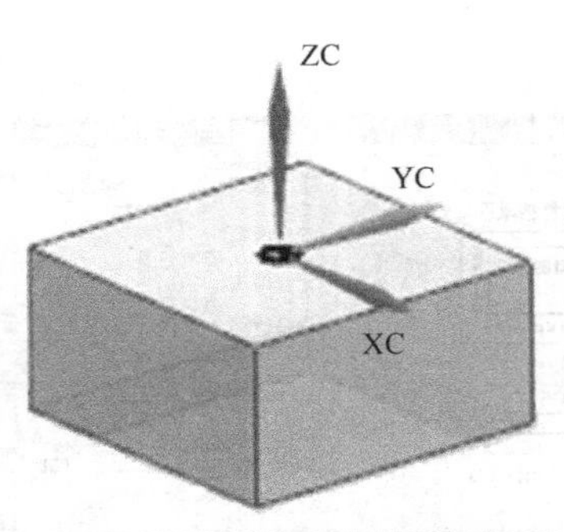

图 6-33　初始工件坐标系位置

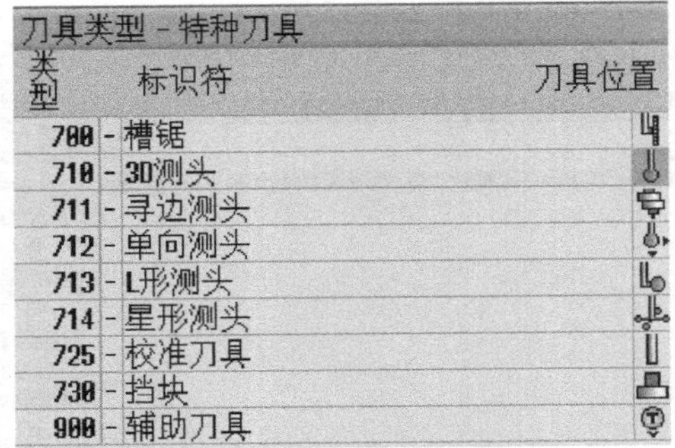

图 6-34　测头刀具类型选择

零件毛坯状态下的初始工件坐标系为工件中心位置，利用 SINUMERIK 测量循环“矩形凸台”，使测头在方形毛坯四边，分别于 X、Y 方向测量对称的两点。

工件坐标系零偏测量，操作过程见表 6-3。

第一次在自动编程方式下完成测量循环指令设定工件坐标系零偏，则需要在初始阶段设置一个粗略的零偏，以便让测头的测量循环路径能沿着工件外形完成检测动作。

表 6-3　“矩形凸台”测量循环编程操作过程

设置方法	系统操作步骤	基本设置参数
在程序编辑界面，进行CYCLE977的基本设置，在程序编辑界面按右扩展键，再按〖测量工件〗软键，然后按〖凸台〗软键，选择矩形特征，完成矩形凸台参数设置	⇨ 测量工件 ⇨ 凸台 ⇨	测量：矩形凸台 标准测量法 PL G17 补偿目标 零偏 G54 W 60.000 L 60.000 α0 0.000 ° DZ 5.000 保护区 否 DFA 5.000 TSA 5.000

参数说明：

1）标准测量法：机床参数设置该选项功能打开后，则可选择“标准测量法”“3D 测头，带主轴旋转”“3D 测头标定”等不同的测头测量动作。机床参数中还包含了很多其他的测量相关选项功能可供勾选。

2）PL 测量平面为 G17 平面。

3）补偿目标为“零偏”，则会自动补偿机床内工作坐标系零偏数据。

4）零件尺寸为 50mm × 50mm × 25mm，宽度“W”与长度“L”均设定为 50mm。

5）毛坯边缘相对于 X 轴正方向旋转角度为 0°。

6）测量深度“DZ”为 5mm。

7）如果工件为台虎钳装夹，外围没有障碍物，则测量路径的“保护区”为否。

编程说明：SINUMERIK 测量循环中，包括了测头开启、关闭，主轴定向，快速移动，测量进给等一系列动作，故而不需要额外编写相应程序代码，见表 6-4。

表 6-4　工件坐标系设定测量参考程序

段号	程序	注释
N10	T=“3D Probe”	选择 3D 测头
N20	M6	换刀到主轴
N30	D1	设置刀沿号
N40	G90G40G17	调用模态指令
N50	G54G0X0Y0Z100	确定零偏
N60	G1Z10F1000	移至测量起始点
N70	CYCLE977（106，1，，1，，60，60，5，5，0，5，1，1，，1，“”，，0，1.01，1.01，-1.01，0.34，1，0，，1，1）	“矩形凸台”测量
N80	M30	结束并返回

（2）30° 空间斜面实际角度测量　首先，用 CYCLE800 循环指令，将斜面按照图样给定的

角度，转至理论上的水平位置。

参数说明：首先将工件坐标系原点沿 Y 轴负方向移动 25mm，然后绕 Z 轴旋转 −30°，最后绕 Y 轴旋转 30°。

然后再利用测量循环 CYCLE998“校准平面”在转正后的斜面上测量三个点，使平面在原 CYCLE800 回转至斜面理论水平角的基础上，用测头测出平面在沿 X、Y 两个方向上与水平面间实际的角度误差，并校正平面。

测量三点的分布应符合测量循环中对各点间距的定义，如图 6-35 所示。

测量空间斜面时选择合适的点位，既需要保证点位尽量分散，又不能被斜孔、边缘等其他元素干涉，根据加工后的工件空间斜面外形特点，点位选择如图 6-36 所示。

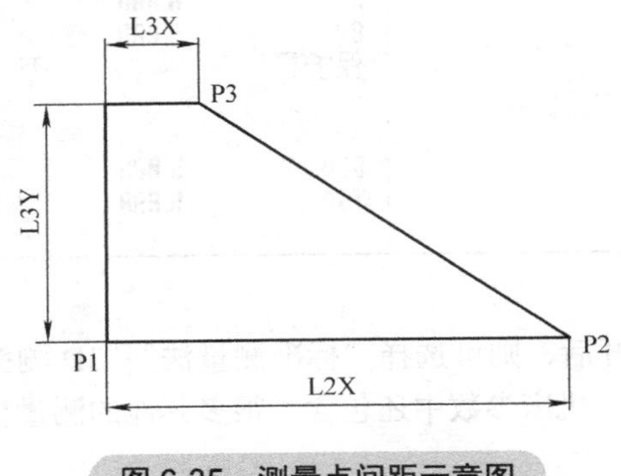

图 6-35　测量点间距示意图

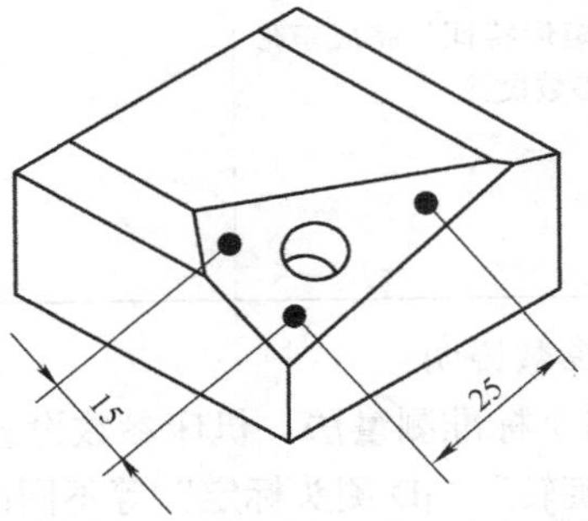

图 6-36　斜面点位分布示意图

参数说明如表 6-5 所列。

表 6-5　空间斜面“回转平面”循环编程操作过程

设置方法	系统操作步骤	基本设置参数
在程序编辑界面进行 CYCLE800 的基本设置，在程序编辑界面中按〖其他〗软键，再按〖回转平面〗软键，选择矩形特征，完成回转平面参数设置	⇨ 其他 ⇨ 回转平面	回转平面 PL G17 (XY) TC TABLE 回退 Max 回转平面 新建 X0 0.000 Y0 −25.000 Z0 0.000 回转模式 沿轴 轴序列 ZYX Z −30.000 ° Y 30.000 ° X 0.000 ° X1 0.000 Y1 0.000 Z1 0.000 选择 − 刀具

1）PL：测量平面为 G17 平面。

2）补偿目标：设为“零偏”，则自动补偿机床内工作坐标系 G54 的角度零偏数据。

3）定位：“与面平行”，则测量路径进给方向为沿空间斜面。

4）α：校准平面中采用投影角回转的摆动方式，α 表示先绕某一轴（X 或 Y）的旋转角度。

5）L2X：P1 点与 P2 点间的距离。

6）β ：表示绕第二次旋转的轴（Y 或 X）的旋转角度。

7）L3X：P1 点与 P3 点在 X 方向的距离。

8）L3Y：P2 点与 P2 点在 Y 方向的距离。

9）若工件为台虎钳装夹，外围没有障碍物，则测量路径的“保护区”为否。

10）DFA：测量行程，由于测针离工件 Z 向安全间隙一般设置较大，故增加 DFA 值至 5mm。

11）TSA：测量结果置信区域，如果测量结果超差则产生报警。

编程说明：在进行“校准平面”测量循环之前注意选择好测量起始点，即第一个测量点的 X、Y 坐标，保证三个测量点各自分布在合理区域，见表 6-6。工件坐标系设定测量参考程序见表 6-7。

表 6-6　“校准平面”测量循环编程操作过程

设置方法	系统操作步骤	基本设置参数
在程序编辑界面进行 CYCLE998 的基本设置，在程序编辑界面按右扩展软键，按〖测量工件〗软键，按〖3D〗软键，按〖校准平面〗软键，完成参数设置	⇨ 测量工件 ⇨ 3D ⇨	测量：校准平面 PL G17 补偿目标 零偏 G54 定位 与面平行 α 16.100 ° L2X 15.000 β 26.570 ° L3X 15.000 L3Y 25.000 保护区 否 DFA 5.000 TSA 1.000 °

表 6-7　工件坐标系设定测量参考程序

段号	程序	注释
N10	T=“3D Probe”	换测头到主轴
N20	M6	换刀到主轴
N30	G54	激活工件坐标系
N40	CYCLE800（4，“TABLE”，100010，57，0，0，0，0，0，0，0，0，0，-1，100，1）	激活回转平面指令
N50	G90G40G17	调用模态指令
N60	CYCLE800（4，“TABLE”，100010，27，0，-25，0，-30，30，0，0，0，0，-1，100，1）	转正斜面
N70	G0X8Y-20Z100	确定零偏，至测量起始点上方
N80	G01Z4F500	移动至测量起始点位置
N90	CYCLE998（6，，，1，1，16.1，26.57，5，5，，，，15，，15，25，1，，1，）	“校准平面”测量循环
N100	M30	结束并返回

斜面测量结果查看与分析：分别查看 _OVR [4] 工件表面与生效 WCS 的平面第 1 轴之间的实际夹角，_OVR [5] 工件表面与生效 WCS 的平面第 2 轴之间的实际夹角。或参考生效 WCS 的

平面第 1、第 2 轴之间的实际与理论夹角的偏差值 _OVR [16]、_OVR [17]，如偏差值超差（角度未注公差按国家标准执行），则可将偏差值分别补偿至加工时各旋转角度数据。测量完毕后，机床系统会提示是否回转至校准后的平面位置，按“是”，斜面将补偿测量出的角度偏差转至实际水平位置。

（3）测量斜孔的直径和孔位　首先需要将测头移动至 30° 空间斜面的矢量方向，即与之垂直，然后再进行内孔特征检测，内孔测量编程操作过程见表 6-8。

表 6-8　空间斜面“内孔”测量循环编程操作过程

设置方法	系统操作步骤	基本设置参数
在程序编辑界面进行内孔测量循环设置，在程序编辑界面按右扩展键，按〖测量工件〗软键，按〖孔〗软键，选择内孔特征，完成内孔参数设置	⇨ 测量工件 ⇨ 孔 ⇨	测量：1个孔 标准测量法 PL G17 补偿目标 仅测量 ⌀ 10.000 α0 0.000 ° 保护区 否 DFA 1.000 TSA 1.000

参数说明：

1）补偿目标为“仅测量”，因为孔位不需要作为新的工件坐标系零偏值。

2）由于精加工后，孔位相对于工件坐标系的位置已非常准确，DFA 测量行程，TSA 置信区间可缩小，提高测量效率。

编程说明：SINUMERIK 测量循环中，包括了测头开启、关闭，主轴定向，快速移动，测量进给等一系列动作，故而不需要额外编写相应程序代码，见表 6-9。

表 6-9　空间斜面“内孔”测量参考程序

段号	程序	注释
N10	T=“3D Probe”	选择 3D 测头
N20	M6	换刀到主轴
N30	G54	激活工件坐标系
N40	CYCLE800（4，“TABLE”，100010，27，0，-25，0，-30，30，0，0，0，0，-1，100，1）	转至斜孔所在回转平面
N50	G90G40G17	调用模态指令
N60	G0X20Y-9Z100	确定零偏，至测量起始点上方
N70	G1Z-4F1000	移动至测量起始点位置
N80	CYCLE977（101，1，，1，10，，，1，1，0，1，1，，，1，“”，，0，1.01，1.01，-1.01，0.34，1，0，，1，1）	“内孔”测量循环
N90	M30	结束并返回

斜孔测量结果的查看与分析：

_OVR [4] 孔的实际直径，_OVR [5] 孔中心在平面第 2 轴的实际坐标，_OVR [6] 孔中心在平面第 2 轴的实际坐标。

若孔实际直径超差，则可根据数据调整刀具半径补偿数值或直接更换刀具后加工下一个零件。若孔位超差，则需要检查刀具是否垂直、机床主轴轴线角度偏差或机床定位精度。

习　题

1. 什么情况下，要进行五轴数控机床回转轴线精度校准？

2. 请用右手法则判断 B、C 轴旋转的正方向。

3. 请试着判断 A 轴为摆头式的 A、C 轴机床，即机床某一轴为绕 X 轴旋转的回转轴矢量方向和偏置矢量。

4. 以机械式测头为例，说明工件测头如何将触发信号传输给数控系统。

5. 怎么诊断测头的触发信号在数控系统中是否生效？

6. 执行“MEAS=1 G91 G01 X50 Y0 F100”与执行“G1 G91 G01 X50 Y0 F100”效果有什么不同？

7. 如果测头不标定，会有哪些误差？误差产生原因分别是什么？

8. 使用 SINUMERIK 系统测量循环怎么输出测量报告？

9. 请描述测头测量斜面后，如何使西门子系统将垂直于斜面的方向自动设置成工件坐标系 Z 向？

10. 为什么需要对测头进行标定后才能测量？

11. 测头长度方向怎么标定？

12. 测头径向方向怎么标定？

13. 标定完成后怎么查看标定结果？

14.CYCLE996 用于检测什么参数？

15. 请描述利用西门子系统设置五轴数控机床回转轴校准的步骤。

附 录

APPENDIX

附录 A　西门子数控工业级仿真学习软件免费下载及安装

A.1　软件简介

SinuTrain for SINUMERIK Operate 是一款优秀的西门子数控培训软件，如附图 A-1 所示，基于个人计算机，简单易用，深受客户认可。它基于真实的 SINUMERIK 数控内核，可完美地模拟系统的运行，适用于机床操作的学习和数控编程调试等。无论初学者还是专业人员，无论做加工规划还是培训，无论对机床制造商还是机床销售人员，都能上手使用该软件工具，并提供基本版的免费下载（下载地址参照附录 B）。

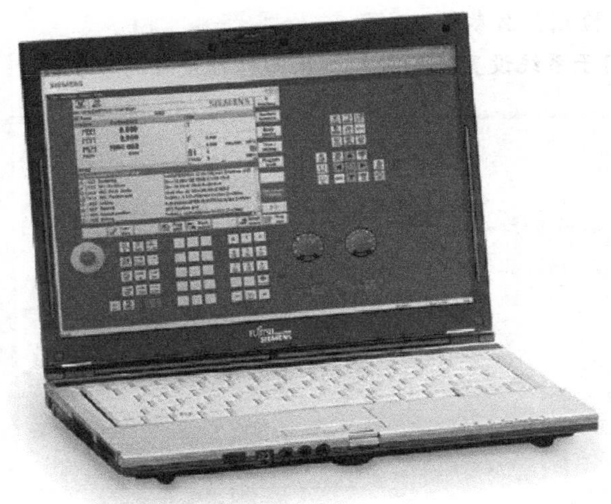

附图 A-1　西门子工业级编程仿真培训及离线调试软件 SinuTrain

A.2　软件安装要求（见附表 A-1）。

附表 A-1　SinuTrain 安装要求

<table>
<tr><th>软件版本</th><th>个人计算机
操作系统要求</th><th>个人计算机
硬件要求</th></tr>
<tr><td>V4.7 Ed.2-basic
（基本版，无试用时间限制）</td><td rowspan="2">● MS Windows7 基础家用版、高级家用版、专业版、旗舰版、企业版（32 ／ 64 位）
● MS Windows8.1/MS Windows8.1 专业版、企业版（32 ／ 64 位）
● 不支持 MS Windows XP 平台
● Adobe Reader，及管理员权限</td><td rowspan="2">● CPU：2GHz 或更高
● 内存条：4GB
● 硬盘容量：约 3GB（完整安装）
● 显卡：DirectX9 或更高（带 WDDM1.0 驱动），分率最小 800 × 600
● 鼠标、键盘等</td></tr>
<tr><td>V4.5 Ed.3-basic
（基本版，无试用时间限制）</td></tr>
<tr><td>V4.5 Ed.2
（试用有效期为 60 天）</td><td>● MS Window XP 专业版、家用版 SP3
● MS Windows7 出家用版，高级家用版、专业版、旗舰版、企业版（32 ／ 64 位）
● Adobe Reader，管理员权限</td><td>● CPU：2GHz 或更高
● 内存条：最小 1GB
● DVD 光驱
● 硬盘容量：约 3GB（完整安装）
● 鼠标、键盘等</td></tr>
<tr><td>V4.4 Ed.3 – WIN7 32/64bit
（试用有效期为 60 天）</td><td>● MS Window XP 专业版、家用版 SP3
● MS Windows7 家用版、高级家用版、专业版、旗舰版、企业版（32 ／ 64 位）
● Adobe Reader，管理员权限</td><td>● CPU：2GHz 或更高
● 内存条：最小 1GB
● DVD 光驱
● 硬盘容量：约 3GB（完整安装）
● 鼠标、键盘等</td></tr>
</table>

A.3　软件安装步骤及问题解决

为方便介绍安装，以安装 Sinutrain for SINUMERIK Operate V4.7Ed.2 – Basic 版本软件为例进行介绍。

在 Windows7 和 Windows8.1 操作系统下，安装 Sinutrain V4.7Ed.2 – Basic 非常简单，只需要复制安装包到计算机 C 盘或 D 盘根目录下（提示：安装包存放路径必须是英文名称），双击安装包中的“setup. Exe”图标，按照安装提示，依次进行安装即可。

有时候会出现如下问题（附图 A-2），需要重启 Windows 系统，但即使系统重启后还是会出现一样的问题，反复重启也不能解决问题。

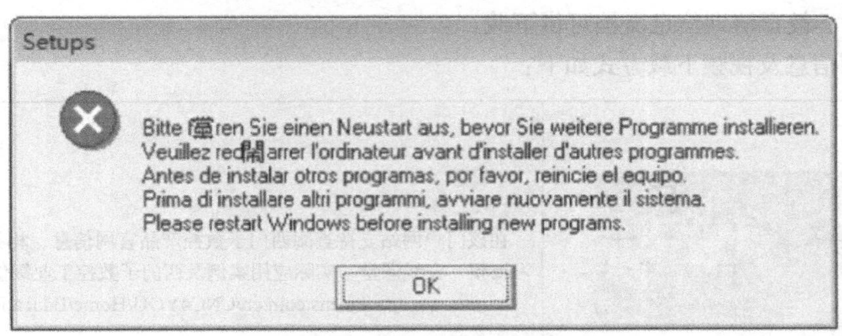

附图 A-2　安装出现重启问题

其实，只要修改一下 Windows 的注册表就可以解决问题，如附图 A-3 所示。

第一步，在 Windows 系统“开始”菜单中找到“运行”，单击。

第二步，在打开运行界面，输入 regedit 后单击“确定”，进入系统注册表。

第三步，按照下图中下方的路径（HKEY LOCAL MACHINE\ SYSTEM\CurrentControl\SessionManager）找到“SessionManager”文件夹。

第四步，选中“Pendingfile Operations”项目并且单击鼠标右键，然后在弹出的菜单选项中选择“删除”，即可解决反复出现重启的问题。

附图 A-3　解决步骤图

附录 B　西门子数控技术与教育培训信息查询与文档免费下载

西门子公司为了方便客户，提供了一系列信息源可供使用。除了用户和制造商文档外，网上还有用户论坛、教育培训信息文档可供下载。

教育培训信息及视频下载方式如下：

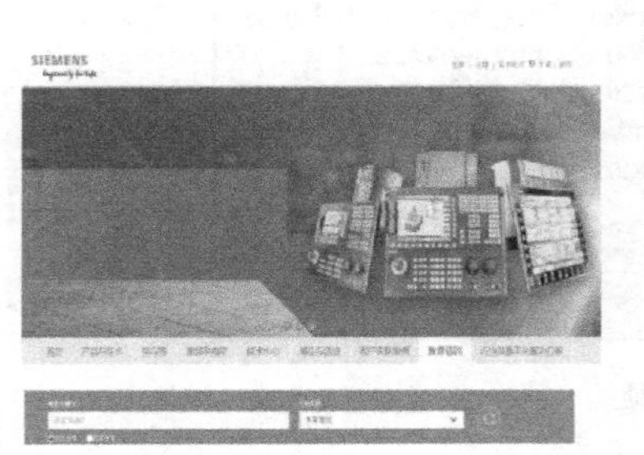	在该门户网站支持查阅西门子数控产品官网信息、相关教育培训及学习视频、在线课堂、实际应用案例及西门子数控工业级仿真软件下载 http://www.ad.siemens.com.cn/CNC4YOU/Home/EducationTraining

西门子数控 SINUMERIK 技术文档下载方式如下：

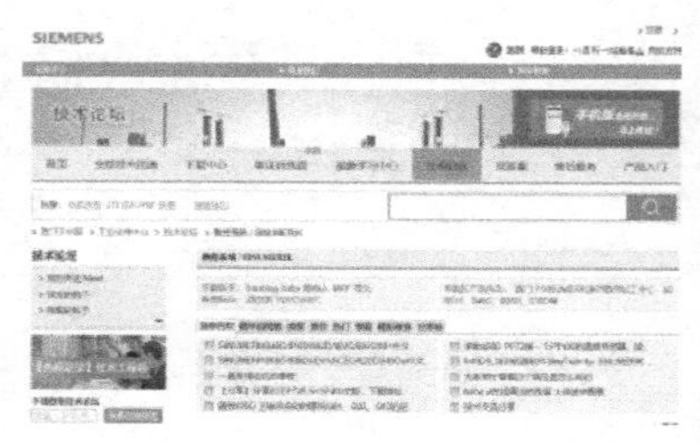	完整的西门子数控 SINUMERIK 文档、应用示例和常见问题参见网址，也可下载（可以通过页面切换语言至中文版面） https://support.industry.siemens.com/cs/ww/en/view/108464614

西门子数控 SINUMERIK 用户论坛如下：

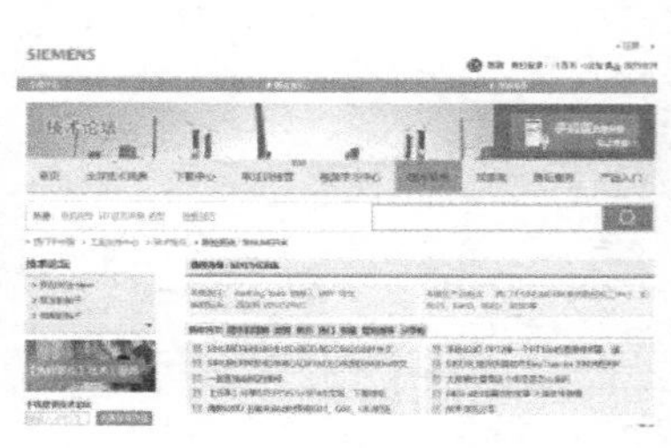	在 SINUMERIK 用户论坛上可以与其他 SINUMERIK 用户一起探讨技术问题。论坛由经验丰富的西门子技术人员和用户主持 http://www.ad.siemens.com.cn/club/bbs/